"十四五"职业教育国家规划教材　　　　　　　名校名师精品系列教材

Java Language Program Design
and Implementation

Java语言

程序设计与实现

微课版｜第2版

张桓　徐丽 ◉ 主编

赵慧 ◉ 副主编

人民邮电出版社

北　京

图书在版编目（CIP）数据

Java语言程序设计与实现：微课版 / 张桓，徐丽主编. -- 2版. -- 北京：人民邮电出版社，2023.8
名校名师精品系列教材
ISBN 978-7-115-61941-9

Ⅰ．①J… Ⅱ．①张… ②徐… Ⅲ．①JAVA语言—程序设计—教材 Ⅳ．①TP312.8

中国国家版本馆CIP数据核字(2023)第105512号

内 容 提 要

本书从学习 Java 语言程序设计与实现的角度出发，通过通俗易懂的语言、丰富多样的案例，详细介绍基于 Java 语言的程序设计应掌握的各项核心技术。本书共 12 个项目，主要内容包括 Java 开发环境的搭建与使用、Java 语言的基础语法、数组与字符串的处理、类的定义与对象的创建、继承与多态等面向对象程序设计思想的应用、Java 程序的异常处理、Java 程序的图形用户界面开发、Java 程序的事件处理、Java 程序的数据库开发、Java 程序的文件处理、Java 程序的多线程处理以及综合案例项目开发等。

本书采用理论与项目案例相结合的方式（所有核心知识点都结合相关典型案例）进行详细的讲解。本书内容丰富，系统性和应用性强，融入了作者多年教学和项目开发的经验及体会。通过对本书的学习，读者能够了解基于 Java 语言的计算机程序开发的过程和精髓，快速掌握相关的知识和技能。

本书既可作为应用型本科、高职高专等院校计算机相关专业的教材，同时也适合初级、中级 Java 程序开发人员自学或参考使用。

◆ 主　编　张　桓　徐　丽
　　副主编　赵　慧
　　责任编辑　刘　佳
　　责任印制　王　郁　焦志炜
◆ 人民邮电出版社出版发行　　北京市丰台区成寿寺路 11 号
　　邮编　100164　　电子邮件　315@ptpress.com.cn
　　网址　https://www.ptpress.com.cn
　　山东华立印务有限公司印刷
◆ 开本：787×1092　1/16
　　印张：18.25　　　　　　　　2023 年 8 月第 2 版
　　字数：446 千字　　　　　　 2024 年 12 月山东第 7 次印刷

定价：69.80 元

读者服务热线：(010)81055256　印装质量热线：(010)81055316
反盗版热线：(010)81055315
广告经营许可证：京东市监广登字 20170147 号

第 2 版 前 言 FOREWORD

习近平总书记在党的二十大报告中指出：教育是国之大计、党之大计。培养什么人、怎样培养人、为谁培养人是教育的根本问题。育人的根本在于立德。本书在内容上，采取恰当方式自然融入中华优秀传统文化、科学精神、职业素养和爱国情怀等元素，注重挖掘学习与生活之间的紧密联系，将"为学"和"为人"有机地结合在一起。

《Java 语言程序设计与实现（微课版）》第 1 版自 2018 年 2 月出版以来，已连续入选"十三五"和"十四五"职业教育国家规划教材，备受许多院校师生的青睐。编者在本书第 1 版的基础上结合 Java 语言发展趋势及广大读者的反馈意见，在保留原书特色的基础上，对其进行了全面修订。本次第 2 版中修订的主要内容如下。

（1）对本书第 1 版中存在的一些问题加以修正，并更新和新增了很多阶段性案例和拓展实训案例，意在培养读者的实践能力。

（2）对 Java 语言知识体系进行了更加合理的调整规划，使知识点排布更加符合实际程序开发的需求，并对相关知识点进行了更为深入的分析讲解。

（3）采用"理论知识+案例讲解+拓展实训"的模式，确保既有知识性的介绍，又提供了充足的案例，确保读者在理解核心知识的前提下可以做到学以致用。

《Java 语言程序设计与实现（微课版）》第 2 版更加符合职业能力培养、教学职场化、教材实践化的特点，更适合高等教育应用型本科院校和高职高专院校的使用。

经过多年的发展，Java 语言已经成为面向对象程序设计的主流语言之一。本书以培养读者掌握 Java 程序开发的基本技能为出发点，结合作者从事 Java 教学与开发工作积累的实践经验，进行体系结构设计与知识内容的编排。本书能够使 Java 语言的初学者建立起程序设计理念，为今后的学习和工作打下坚实的基础。对于有一定基础的读者，本书能够使其更好地完善相关知识体系，将分散的知识点凝聚到 Java 程序开发这条主线上。

本书将 Java 语言的精髓知识分解为 12 个项目，划分成 3 个部分：项目 1 至项目 6 为第一部分，主要围绕 Java 程序开发的基础展开，内容包括 Java 开发环境的搭建、集成开发工具 Eclipse 的使用、Java 程序的基本结构、Java 程序的输入/输出处理、Java 语言的基础语法、类的定义与对象的创建、继承与多态等面向对象程序设计思想的应用以及 Java 程序的异常处理等；项目 7 至项目 11 为第二部分，主要围绕 Java 程序开发中不同类型的业务需求展开，内容包括 Java 程序的图形用户界面开发、Java 程序的事件处理、Java 程序的数据库开发、Java 程序的文件处理以及 Java 程序的多线程处理等；项目 12 为第三部分，主要围绕综合性的实际项目开发的实现展开，内容包括项目的需求分析、项目的规划设计、项目的开发实现以及项目的发布部署等。

在本书的教学中，建议采用理论与实践一体化教学模式，参考学时见下面的学时分配表。

学时分配表

项目	课程内容	学时
项目 1	Java 语言简介	6
项目 2	Java 程序基础	8
项目 3	数组与字符串的处理	4
项目 4	Java 面向对象程序基础	10
项目 5	Java 面向对象程序进阶	8
项目 6	Java 程序的异常处理	4
项目 7	Java 程序的图形用户界面开发	8
项目 8	Java 程序的事件处理	4
项目 9	Java 程序的数据库开发	6
项目 10	Java 程序的文件处理	4
项目 11	Java 程序的多线程处理	4
项目 12	综合案例项目开发	6
学时总计		72

本书提供了丰富的配套资源，主要包括教学大纲、电子教案（PPT）、教学视频、教学案例源码、案例配套素材、课后习题答案和模拟试卷等，可供读者学习或教学使用。

本书的成稿得益于工学结合的编写团队。参与本书编写的成员均为高水平专业群建设高校的一线骨干教师，具备丰富的专业教学经验及项目实践经历，了解将理论知识转化为实际应用能力的过程。本书的项目 1、项目 7、项目 8、项目 9 和项目 12 由张桓编写；项目 2、项目 3、项目 4 和项目 5 由徐丽编写；项目 6、项目 10 和项目 11 由赵慧编写；统稿工作由张桓负责。

在本书的成稿与出版过程中，有很多专家及行业企业人员提出了许多的宝贵意见，出版社的编辑同志以高度负责的敬业精神付出了大量的心血。在此，对所有为本书提供过帮助的同志表示衷心的感谢！

由于编者水平有限，书中难免有不妥之处，敬请各位读者与专家批评指正。

编　者

2023 年 3 月

目 录 CONTENTS

项目 ① Java 语言简介

软件产业是信息产业的核心之一，是引领我国新一轮科技革命和产业变革的关键力量。Java 作为一种编程语言，在软件产业中应用非常普遍。我们常用的办公软件、图像处理软件等桌面应用程序，信息管理系统、电子商务平台等 Web 应用程序，以及智能手机、平板电脑的各种应用程序中，都有 Java 编程的身影。Java 是一种怎样的编程语言？它跟 C 语言、C++语言等相比，有什么特点？我们如何来进行 Java 程序的开发？就让我们一起在本项目中走进Java 语言的世界，来了解一下 Java 语言的基础知识，搭建 Java 开发环境的方式，以及熟悉相关集成开发工具的使用。

学习目标

知识目标：
1. 熟悉程序设计语言的基本发展历程
2. 熟悉 Java 开发环境的搭建

能力目标：
1. 掌握 Java 语言的基本概念
2. 掌握 JDK 的安装与配置方法
3. 掌握 Eclipse 的安装与配置方法

素养目标：
1. 培养具有主观能动性的学习能力
2. 培养动手安装环境的实践能力

程序人生

在本项目中，我们将开始学习 Java 语言基础知识，进而开始编写第一个 Java 程序。大家在实践中会发现，即使是一个简单的程序，如果在编写过程中有一个名称的错误，都可能会导致程序无法正常运行。程序语言和大家日常的交流语言不一样，它的语法格式要求非常严谨。这就要求我们在学习和实践过程中要有意识地养成认真和细心的程序编写习惯，这是对软件开发人员的一种职业素养要求。同时，如果出现程序错误，大家不要着急和慌张，应该仔细查找错误的原因，进行相应的修改工作。越是对常见程序错误的修改积累丰富的经验，我们以后的程序开发过程就会越顺利。

Java 语言概述

任务 1.1　Java 语言概述

本任务的目标是简要介绍 Java 语言，包括理解程序设计思想、Java 语言概述。通过本任务的学习，读者可以对基于面向对象的程序设计思想的 Java 语言有宏观的了解，对 Java 语言的三大开发平台有基本的认知。

1.1.1　理解程序设计思想

程序设计思想，是指用计算机来解决人们实际问题的思维方式。常用的程序设计思想有面向过程的程序设计思想和面向对象的程序设计思想两种。

1. 面向过程的程序设计思想

面向过程的程序设计思想是一种以事件为中心的编程思想，即分析出解决问题所需要的步骤，然后用函数把这些步骤一步一步地实现，使用的时候依次调用。例如，一个学生早上起来通常要做的事情可以大致概括为以下几个步骤：起床—穿衣—洗漱—去学校。而这 4 步就是一步一步地完成的，它们的顺序很重要。

一般的面向过程思想是自上向下、步步求精的，将一个复杂任务按照功能进行拆分，并逐层细化到便于理解和描述的程度，最终形成由若干独立模块组成的树状层次结构，所以面向过程思想最重要的是模块化的设计思想，即结构化程序设计。比较著名的面向过程的程序设计语言有：C 语言、Pascal 语言、BLISS 语言等。

当程序规模不是很大时，面向过程的程序设计思想比较具有优势，因为程序的流程很清楚，按照模块与函数的结构可以很好地组织程序流程。但面向过程的程序设计思想也有缺陷，主要表现在以下方面。

① 难以满足大型软件开发的设计需求。在大型多文件软件系统中，随着数据量的增加，由于数据与数据处理相对独立，程序流程变得越来越难以理解，文件之间的数据沟通也变得非常复杂。随着软件开发复杂度的不断提高，面向过程的程序设计思想就容易出现更多的不可控问题。

② 程序可重用性差。面向过程的程序设计思想即使是面对已经处理过的问题，伴随着数据类型的变化或者处理方法的改变都必将导致程序的重新设计。这种额外开销与可重用性相互矛盾，称为"重复投入"。

这些由面向过程的程序设计思想所导致的缺陷，其本身是无法弥补的，而越来越多的大型程序设计又要求必须弥补这些缺陷。这就导致了面向对象的程序设计思想的产生。

2. 面向对象的程序设计思想

面向对象的程序设计思想是相对于面向过程的程序设计思想而言的。它是从现实世界中客观存在的事物出发来构造软件系统，并在系统构造中尽可能地运用人类的自然思维方式，强调直接以现实世界中的事物为中心来思考问题和认识问题，并根据这些事物的本质特点，把它们抽象地表示为系统中的对象，作为系统的基本构成单位。简单来说，就是将我们编程时相关的数据和处理方法都"打包"，整体来对待，也就是将我们现实世界的事物看成由属性（数据）和它本身的操作（方法）所构成。把数据和方法整合到一起就形成了面向对象的程序设计思想中的一个重要概念"类"，然后通过类的声明得到对象。编程时有效地利用类的继承性，也会在很大程度上提高编程的效率。当应用程序功能发生改变时，只需要修改相关的对象，使得代码的维护更容易。如果用面向对象的程序设计思想来处理前文提到的"学生"这个例子，就可以抽象出一个学生类。它可以包括两个属性（姓名、年龄），4 个方法（起床、穿衣、洗漱、去学校）。小明这个学生就可以声明成学生类的一个对象。比较著名的面向对象的程序设计语言有：Java 语言、C++语言、C#语言等。

面向对象的程序设计思想具有以下优点。

① 数据抽象可以在保持外部接口不变的情况下改变内部实现，从而减少甚至避免对外界的干扰。

② 通过继承大幅减少冗余的代码，并且可以方便地扩展现有代码，提高编码效率，降低出错率和软件维护的难度。

③ 结合面向对象分析、面向对象设计，允许将问题中的对象直接映射到程序中，减少软件开发过程的中间环节转换。

④ 通过对对象的辨别、划分可以将软件系统分割为若干相对独立的部分，在一定程度上更便于控制软件的复杂度。

⑤ 通过对象的聚合、联合可以在保证封装与抽象的原则下，实现包括对象在内的结构以及外在功能的扩充。

1.1.2　Java 语言综述

随着软件功能需求的不断增加，软件的规模越来越大、复杂度越来越高。面向对象的程序设计思想逐步成为当前主流的程序设计思想。Java 语言是当前最为流行的面向对象的程序设计语言之一，被广大程序开发人员普遍使用。下面让我们对 Java 语言进行初步的了解。

1. Java 语言的起源

1991 年，Sun 公司为了进军家用电子消费市场，成立了一个代号为 Green 的项目组。之后 Oak（橡树）项目出现。Oak 以 C++语言为蓝本，吸收了 C++语言中符合面向对象程序设计要求的部分，同时加入了一些满足网络设计要求的内容。1994 年，Green 项目组成员认真分析计算机网络应用的特点，认为 Oak 满足网络应用所要求的平台独立性、系统可靠性和安全性等。1995 年 5 月 23 日，Sun 公司正式发布了 Java 语言。

Java 语言一经推出，就受到了业界的关注。Netscape 公司第一个认可了 Java 语言，并于 1995 年 8 月将 Java 的解释器集成到它的主打产品 Navigator 浏览器中。接着，Microsoft 公司在 Internet Explorer 浏览器中认可了 Java 语言。从这时起，Java 语言开始了它的发展历程。

2. Java 语言的特点

Java 语言是简单的、面向对象的语言，它具有分布式、安全性等特点，又可以实现多线程，更主要的是它与平台无关，解决了困扰软件开发界多年的软件移植问题。

（1）面向对象

面向对象程序设计是近代软件工业的一种革新，它提高了软件的弹性度、模块化程度与重复使用率，降低了软件的开发时间与成本。Java 语言是完全对象化的程序设计语言，编程重点在于产生对象、操作对象以及如何使对象能一起协调工作，以实现程序的功能。

（2）语法简单

Java 语言的语法类似于 C 语言和 C++语言的语法，熟悉 C++语言的程序开发人员不会对 Java 语言感到陌生。与 C++语言相比，Java 语言对复杂特性的省略和实用功能的增加使得开发变得更加简单、可靠。

（3）平台无关性

平台无关性是指 Java 语言能运行于不同的硬件和操作系统之上。Java 语言引进了虚拟机的概念。Java 虚拟机（Java Virtual Machine，JVM）是建立在硬件和操作系统之上的，用于实现对 Java 字节码文件的解释和执行，为不同的操作系统提供统一的 Java 接口。这使得 Java 程序可以跨平台运行，非常适合网络应用。

（4）安全性

安全性是网络应用必须考虑的重要问题之一。Java 语言的设计目的就是提供一个网络/分布式计算环境，因此，Java 语言特别强调安全性。Java 程序运行之前会利用字节确认器进行代码的安全检查，确保程序不会存在非法访问本地资源、文件系统的可能性，保证程序在网络间运行的安全性。

（5）分布式应用

Java 语言为程序开发提供了 java.net 包，该包提供了一组类，使程序开发人员可以轻松实现基于传输控制协议/互联网协议（Transmission Control Protocol/Internet Protocol，TCP/IP）的分布式应用。此外，Java 语言还提供了专门针对互联网应用的一整套类库，供程序开发人员进行网络程序开发使用。

（6）多线程

Java 语言内置了多线程控制，可以使用户程序并行执行。利用 Java 的多线程编程接口，开发人员可以方便地写出多线程的应用程序。Java 语言提供的同步机制，还可保证各线程对共享数据的正确操作。在硬件条件允许的情况下，这些线程可以直接分布到各个中央处理器（Central Processing Unit，CPU）上，充分发挥硬件性能，提高程序执行效率。

3．Java 语言的三大开发平台

Java 语言发展到今天，已从一种编程语言发展成为全球第一大通用开发平台。Java 的程序开发技术已被计算机行业主要公司所接受和采纳。1999 年，Sun 公司推出了以 Java 2 平台为核心的 J2SE、J2EE 和 J2ME 三大开发平台。随着三大开发平台的迅速推进，全球形成了一股巨大的 Java 应用浪潮。

（1）J2SE

J2SE（Java 2 Standard Edition，Java 2 平台标准版）适用于个人计算机以及低端的服务器桌面系统应用程序的开发。J2SE 包含构成 Java 语言的核心类库。

（2）J2EE

J2EE（Java 2 Enterprise Edition，Java 2 平台企业版）是一种利用 Java 2 平台来简化企业级应用程序开发、部署和管理等相关复杂问题的解决方案。J2EE 主要用于分布式的网络应用程序的开发，构建企业级的服务器应用程序等，例如电子商务系统、企业资源计划（Enterprise Resource Planning，ERP）系统等。J2EE 除了包含 J2SE 的类，还包含用于开发企业级应用程序的类库。

（3）J2ME

Sun 公司将 J2ME（Java 2 Micro Edition，Java 2 平台微型版）定义为"一种以广泛的消费性产品为目标、高度优化的 Java 运行环境"。自 1999 年 6 月 Sun 公司在 JavaOne Developer Conference 上声明之后，J2ME 进入了小型设备开发的行列。基于 Java 语言特性、遵循 J2ME 规范开发的 Java 程序可以运行在各种不同的小型设备上，如手机、平板电脑、智能卡、机顶盒等设备。

简单地说，J2SE 用于小型应用程序开发，J2EE 用于大型网络应用程序开发，J2ME 用于手机等嵌入式消费类产品应用程序开发。J2SE 包含于 J2EE 中，J2ME 包含 J2SE 的核心类，但添加了一些专用的类库。这三大开发平台所使用的语言都是 Java 语言，只是捆绑的类库不同。

任务 1.2　Java 开发环境搭建

本任务将讲解 Java 开发环境的搭建过程，主要包括 JDK 的安装与配置、Eclipse 的安装与配置、Eclipse 的基本使用方法，为后续 Java 程序的编写和运行提供开发环境上的支持。

Java 开发环境
搭建

1.2.1　JDK 的安装与配置

Java 开发工具包（Java Development Kit，JDK）是 Sun 公司提供的 Java 开发环境和运行环境，是所有 Java 程序的基础。从 JDK 1.7 开始，这个产品由 Oracle 公司负责后续的版本升级及扩展服务的支持。JDK 包括一组应用程序接口（Application Program Interface，API）和 Java 运行环境（Java Runtime Environment，JRE）。

JDK 为开源、免费的 Java 开发环境，任何 Java 程序的开发人员和使用人员都可以直接从其官方网站中下载获得相关的安装程序。本书中的 Java 程序案例开发使用的是 JDK 1.8。

1. JDK 的安装

① 双击 JDK 安装程序，弹出安装对话框，如图 1-1 所示。

② 单击"下一步"按钮，进入定制安装界面，如图 1-2 所示。

图 1-1　安装对话框　　　　　　　　　　图 1-2　定制安装界面

③ 选择安装路径。如果需更换安装路径，就单击"更改"按钮，在弹出的对话框中选择新的安装目录位置。单击"下一步"按钮，进入正在安装界面，开始安装，如图 1-3 所示。

④ 安装过程中会出现 JRE 安装路径选择界面，处理方式同步骤③。再单击"下一步"按钮，进入自动安装状态，最后进入安装完成界面，如图 1-4 所示。

⑤ 单击"关闭"按钮，完成 JDK 的安装。

2. JDK 环境变量的配置

在 JDK 环境中对 Java 源程序进行编译和执行时，需要知道编译器和解释器所在的位置，以及所用到的相关类库位置。这时，需要通过配置 JDK 环境变量来为 Java 程序配置对应的类搜索路径（CLASSPATH），以及为编译器和解释器配置对应的搜索路径（Path）等相关信息。

图 1-3　正在安装界面　　　　　　　图 1-4　安装完成界面

① 用鼠标右键单击桌面上的"计算机"图标，在弹出的快捷菜单中选择"属性"命令，在弹出的窗口中选择"高级系统设置"，打开"系统属性"对话框，如图 1-5 所示。

② 单击"环境变量"按钮，弹出"环境变量"对话框，如图 1-6 所示。

图 1-5　"系统属性"对话框　　　　　图 1-6　"环境变量"对话框

③ 在"环境变量"对话框的"系统变量"选项组中单击"新建"按钮，弹出"新建系统变量"对话框。在"变量名"文本框中输入"JAVA_HOME"，在"变量值"文本框中输入 JDK 的安装路径，如图 1-7 所示。单击"确定"按钮，完成设置，返回到"环境变量"对话框。

④ 在"环境变量"对话框的"系统变量"选项组中选择"Path"选项，单击"编辑"按钮，弹出"编辑系统变量"对话框。保留"变量值"文本框中的原有内容，在原有内容后加入";;%JAVA_HOME%\bin;%JAVA_HOME%\jre\bin"信息，如图 1-8 所示。单击"确定"按钮，完成设置，返回到"环境变量"对话框。

图 1-7　新建 JAVA_HOME 变量　　　图 1-8　编辑 Path 变量

⑤ 在"环境变量"对话框中，再次单击"新建"按钮，弹出"新建系统变量"对话框。在"变量名"文本框中输入"CLASSPATH"，在"变量值"文本框中输入".;%JAVA_HOME%\lib; %JAVA_HOME%\lib\tools.jar"信息，如图 1-9 所示。单击"确定"按钮，完成设置，返回到"环境变量"对话框。

图 1-9　新建 CLASSPATH 变量

⑥ 在"环境变量"对话框中单击"确定"按钮，返回到"系统属性"对话框。在"系统属性"对话框中单击"确定"按钮，退出该对话框，完成环境变量的配置。

1.2.2 Eclipse 的安装与配置

1. 集成开发环境简介

集成开发环境（Integrated Development Environment，IDE）是用于提供程序开发环境的应用程序，一般包括代码编辑器、编译器、调试器和图形用户界面（Graphical User Interface，GUI）等工具。它是集程序代码编写功能、分析功能、编译功能、调试功能等于一体的软件开发服务套件。所有具备这一特性的应用软件或者软件套件都可以称为集成开发环境。

从 Java 语言诞生到如今，为它量身定做的开发编译平台已不下几十种。除了 Sun 公司自身的产品以外，还有许多的软件开发厂商提供了多种产品。下面介绍几款常用的 Java 集成开发环境。

（1）JCreator

JCreator 是一款轻便型的开发工具，它采用 Windows 界面风格，集 Java 程序的编写、编译、运行和调试于一体，提供了一个小巧、灵活的集成开发环境。JCreator 与 JDK 完美结合，支持 Java 程序的开发。JCreator 具有智能感知与语法着色等功能，还具有项目管理、项目模板等功能，非常适合初学者使用。

（2）NetBeans

Sun 公司推出的 NetBeans 平台是开放源码的 Java 集成开发环境，能够对 Java 应用系统的编码、编译、调试与部署提供全功能支持，并将版本控制和可扩展标记语言（Extensible Markup Language，XML）编辑融入它众多的功能之中。NetBeans 的最大优势在于，不仅能够开发各种桌面应用系统，而且能够很好地支持 Web 应用开发，支持基于 J2ME 的移动设备应用开发。

（3）Eclipse

2001 年 11 月，IBM、Borland、Red Hat 等多家软件公司成立了 Eclipse.org 联盟，IBM 公司向该联盟捐赠并移交了 Eclipse 的源码，由该联盟继续推动 Eclipse 的后续研发与更新。与商业软件不同，Eclipse 是一个完全免费的、开放源码的和可扩展的 Java 集成开发环境。目前 Eclipse 得到 IBM 等软件"巨头"及众多软件开发人员的倾力支持，极具发展前途。

（4）MyEclipse

MyEclipse 企业级工作平台是对 Eclipse 集成开发环境的扩展，是在 Eclipse 基础上加上扩展的插件，开发而形成的功能强大的企业级集成开发环境。MyEclipse 主要用于 Java、Java EE 及移动应用的开发。MyEclipse 的功能非常强大，支持的产品也十分广泛，尤其对各种开源产品的支持，其表现相当不错。MyEclipse 包括完备的编码、调试、测试和发布功能，完整支持超文本标记语言（Hypertext Markup Language，HTML）、Struts、服务器页面（Java Server Pages，JSP）、串联样式表（Cascading Style Sheets，CSS）、JavaScript、Spring、Hibernate 等技术和产品。

（5）JBuilder

Borland 公司推出的 JBuilder 是世界上第一个实现跨平台的 Java 集成开发环境，也是被广泛使用的 Java 集成开发环境之一。它是纯 Java 语言编写的编译器，系统代码中不含任何专属代码和标记，支持新的 Java 技术。JBuilder 秉承了 Borland 公司产品一贯的高度集成的开发环境、豪华美观的图形用户界面、优质高效的编译效率等特点。它适合企业级的 Java 应用系统的开发，能够轻松胜任 EJB、Web 以及数据库等各类应用程序的开发与部署。

（6）IntelliJ IDEA

IntelliJ IDEA 集成开发环境（以下简称 IDEA），是 JetBrains 公司推出的产品。IDEA 在业界被公认为最好的 Java 集成开发环境之一，尤其在智能代码助手、代码自动提示、重构、J2EE 支持、EJB 支持、各类版本管理工具、JUnit、代码分析、创新的 GUI 设计等方面的功能可以说是非常完善的。

2. 安装 Eclipse 集成开发环境

考虑到流行性和开源性等因素，本书使用的集成开发环境是 Eclipse。Eclipse 为开源、免费的集成开发环境，任何 Java 开发人员都可以直接从其官方网站中下载获得相关的安装文件。

在安装 Eclipse 之前，最好先安装好 JDK 环境。

在官方网站下载得到的 Eclipse 安装文件是一个压缩文件，只需将该压缩文件直接解压缩到指定的安装目录（比如 C:\eclipse）下，即可完成 Eclipse 的安装工作。

双击安装目录下的 eclipse.exe 文件，就可以启动 Eclipse 集成开发环境。Eclipse 在首次启动时，会提示用户选择一个工作区，以便可以将今后开发的项目文件保存在这个工作区中。在此，可以输入一个工作区路径位置（比如 C:\eclipse-workspace）。单击"确定"按钮后，Eclipse 会出现一个欢迎界面。关闭欢迎界面后，便进入 Eclipse 的主工作界面，如图 1-10 所示。

图 1-10　Eclipse 的主工作界面

3. 配置 Eclipse 集成开发环境

在 Eclipse 的主工作界面中，选择 Window→Preferences 命令，打开 Preferences 对话框。展开对话框左侧树形列表框内的 Java 节点，选择该节点下的 Installed JREs 子节点，对话框右侧出现 Installed JREs 列表框，如图 1-11 所示。检查列表框中 JRE 的名称、位置与所安装的 JRE 是否一致。如果不一致，修改列表框中的内容；如果一致，单击 Apply 按钮。

图 1-11 Preferences 对话框

1.2.3 Eclipse 的基本使用方法

安装和配置好 Eclipse 后，就可以开始使用 Eclipse 建立 Java 程序。下面我们通过一个简单的 Java 程序的开发过程，来了解一下 Eclipse 的基本使用方法。

1. 创建 Java 程序项目

① 在 Eclipse 菜单栏中选择 File→New→Project 命令，打开 New Project 窗口，在该窗口中选择 Java 节点下的 Java Project，如图 1-12 所示。

② 单击 Next 按钮，打开 New Java Project 窗口，在 Project name 文本框中输入项目名MyProject，如图 1-13 所示。

图 1-12 New Project 窗口

图 1-13 New Java Project 窗口

③ 单击 Next 按钮，进入 Java Settings 界面，如图 1-14 所示。选择系统默认值，配置项目。

④ 单击 Finish 按钮，Eclipse 的项目资源管理器中显示出新建的 MyProject 项目，其目录结构如图 1-15 所示。

图 1-14　Java Settings 界面　　　　　图 1-15　新建的 MyProject 项目

2．创建 Java 公共类

① 选择 File→New→Class 命令，在项目中新建 Java 公共类，如图 1-16 所示。

② 弹出 New Java Class 窗口，在 Name 文本框中输入类名 MyTest，选中"public static void main（string [] args）"复选框，如图 1-17 所示。

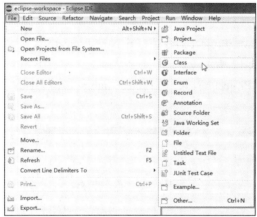

图 1-16　新建类的命令　　　　　图 1-17　New Java Class 窗口

③ 单击 Finish 按钮，在 MyProject 项目中生成 MyTest.java 文件。

3．Java 程序的编写和运行

① 在 MyTest.java 文件的 main() 方法中添加代码，如图 1-18 所示。

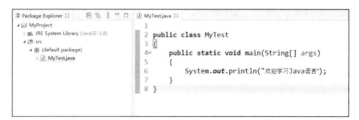

图 1-18　MyTest.java 中的代码

② 在项目资源管理器中右击 MyTest.java 文件，在弹出的快捷菜单中选择 Run As→Java Application 命令，如图 1-19 所示。

图 1-19 选择 Java Application 命令

③ 程序运行结果如图 1-20 所示。

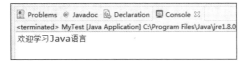

图 1-20 程序运行结果

4. 关闭或删除 Java 程序项目

① 如需关闭项目，在项目资源管理器中用鼠标右键单击 MyProject 项目，在弹出的快捷菜单中选择 Close Project 命令，如图 1-21 所示。

② 如需删除项目，则用鼠标右键单击 MyProject 项目，在弹出的快捷菜单中选择 Delete 命令。在弹出的删除窗口中，如需将物理磁盘文件一起删除，则选中对应的复选框，然后单击 OK 按钮，如图 1-22 所示。

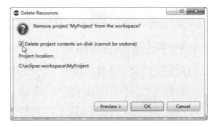

图 1-21 选择 Close Project 命令   图 1-22 删除窗口

5. 打开已存在的 Java 程序项目

① 选择 File→Open Projects from File System 命令，如图 1-23 所示。

② 在弹出的窗口中，单击 Directory 按钮，选择已存在项目所在的目录位置，如图 1-24 所示。

③ 单击 Finish 按钮，在项目资源管理器中显示出所打开的项目文件，如图 1-25 所示。

图 1-23 选择 Open Projects from File System 命令   图 1-24 打开项目窗口   图 1-25 打开的项目文件

任务 1.3　Java 程序的入门案例

本任务讲解 Java 程序的基本输入/输出的处理方式，主要包括 Java 程序的基本结构、控制台程序的输入/输出处理、图形化程序的输入/输出处理、为今后实现 Java 程序与用户的交互打下坚实的基础。

Java 程序的入门案例

1.3.1　Java 程序的基本结构

Java 程序，根据运行界面是以图形化要素为主，还是以文本字符为主，可分为两种类型。

- GUI 应用程序（GUI Application）。
- 控制台程序（Console Application）。

认识事物的正确方法应该是从简单到复杂。因此，我们先从一个简单的实例入手，来逐步认识这两种 Java 程序的基本结构，为后面的程序开发建立良好的基础。

计算机语言和其他语言一样，都是为了描述事物而产生的，都有自身特定的语义、语法和语言结构。在本任务中，为了能够使大家更快进入 Java 语言的程序世界，我们先不做过多语法方面的叙述，只简单介绍任务案例中所用到的基本语法知识。更多细节性内容，将在本书后续相关位置中进一步地讲解。

1. Java 程序的基本结构概述

作为面向对象的编程语言，Java 程序的核心要素是类。类是组成 Java 程序的最小结构单位。一个 Java 源程序文件中可以包括一个或多个类的定义。定义类时，必须使用关键字 class。类名称可以自己命名，但需符合基本的标识符定义规则。标识符定义规则是以字母、下画线（＿）、美元符号（＄）开头，其后面是任意字母、数字（0～9）、下画线和美元符号的字符序列。Java 标识符区分大小写，对长度没有限制。同时，用户定义的标识符不可以是 Java 的关键字。习惯上，类名称每个单词的首字母大写。

例如，定义一个名称为 HelloWorld 的类，其基本结构如下。

Java 程序的入口方法是 main()方法。所谓入口方法是指在运行 Java 程序时最先执行的方法。一个 Java 程序必须有且只有一个 main()方法。包含 main()方法的类被称为 Java 程序的主类，主类必须被定义为公共类。

在类关键字前面，可以附加一个类的访问修饰符，表明该类的访问控制级别。public 修饰符使一个类成为公共类。

作为程序执行的起点，main()方法定义的基本格式必须遵循以下形式。

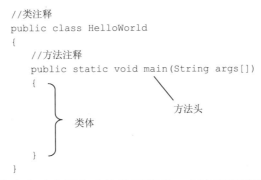

main()方法的定义分为方法声明和方法体两部分。方法声明说明了方法的属性、返回值类型、名称及参数；方法体定义了 main()方法的行为，功能语句必须放置在块语句界定符之内。以下是 main()方法定义格式中关键字及参数的说明。

• public 关键字，表明 main()方法为公共方法。由于应用程序一旦执行，系统进程就要调用入口方法。因此，main()方法必须设置为公共的访问属性，以便让外界对象都能够访问它。

• static 关键字，表明 main()方法为静态方法。由于 main()方法的调用先于主类对象的创建，因此 static 关键字对 main()方法是必不可少的。

• void 关键字，表明 main()方法没有返回值。main()方法属于功能型方法，没有返回值。

• String []args 是 main()方法的参数定义，用来向入口方法传递命令行参数。其中，String 是 Java 语言提供的字符串类的名称，不能出现拼写错误，其中第一个字母必须大写；args 为数组名，可以被其他合法的标识符名称所代替。

2. 基于 JDK 环境的 Java 程序开发

在 JDK 环境下，进行一个简单的 Java 程序的开发可归结为如下步骤。

① 用任意文本编辑器创建 Java 源程序，以扩展名为.java 的文件进行保存。

② 使用 JDK 中的编译命令将源程序文件编译成扩展名为.class 的类（字节码）文件。

③ 使用 JDK 中的运行命令运行 Java 程序。

下面编写一个 Java 程序，本着由简入繁的原则，这个程序只实现控制台程序中的输出功能。程序的编写、编译和运行，将利用记事本工具和 JDK 环境完成。

控制台程序的主要特征如下。

- 程序界面为非图形化的文本字符风格界面。
- 程序运行的逻辑由预定的流程来控制。
- 人机交互以文本字符为主。
- 输入设备以键盘为主，输出设备以显示器为主。

【例 1-1】编写 Java 程序，在计算机显示器上输出一行文本信息："欢迎访问 Java 世界"。

① 创建 Java 程序。选择 Windows 系统的"开始"→"所有程序"→"附件"→"记事本"命令，打开记事本程序，在新建的文本文件中输入如下程序代码。

```
//这是名称为"HelloWorld.java"的简单输出程序
public class HelloWorld{
    public static void main(String []args){
        System.out.println("欢迎访问 Java 世界");
    }
}
```

下面结合程序代码进行说明。语句"//这是名称为"HelloWorld.java"的简单输出程序"为注释行。在程序中插入注释，有利于提高程序的可读性，便于他人理解程序。在程序运行时，注释行不起任何作用，Java 程序编译环境将忽略所有注释内容。以"//"开始的注释，称为单行注释；以"/*……*/"开始和结束的注释，称为多行注释，这种注释能够连续跨越多行文本，中间的所有行都为注释内容。语句"System.out.println("欢迎访问 Java 世界");"为控制台的输出语句，用来实现信息字符串的输出。控制台程序引入了 java.lang 包中的 System 类。java.lang 包是 Java 程序开发必不可少的一个基础包，Java 开发环境会自动引入该包中所有的类。out 为 System 类中的一个标准输出流对象，默认为显示器。println()为 out 对象的一个方法，其功能是向输出设备输出该方法参数所包含的信息并自动换行。println()方法如果没有参数，则只起到换行的作用。与之对应，System.out 也提供了不换行的输出方法 print()，其功能是输出参数的内容后不自动换行，而是将光标定位在输出内容最后一个字符的后面。

② 保存 Java 程序。在记事本程序中，选择"文件"→"保存"命令保存程序文件。在弹出的"另存为"对话框中选择文件保存的路径，如图 1-26 所示。

在"另存为"对话框的"保存类型"下拉列表中默认选择"文本文档(*.txt)"选项，需将其更换为"所有文件"选项，如图 1-27 所示。

图 1-26 "另存为"对话框

图 1-27 选择文件类型

Java 程序要求文件名必须与公共类名完全相同，包括字母的大小写形式，其扩展名为.java。在"另存为"对话框的"文件名"下拉列表框中输入文件名 HelloWorld.java，如图 1-28 所示。保存后的源文件如图 1-29 所示。

图 1-28 输入文件名

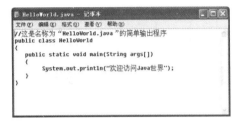

图 1-29 保存后的源文件

③ 编译 Java 程序。选择 Windows 系统的"开始"→"运行"命令，在打开的"运行"对话框中输入"cmd"命令（见图 1-30），进入命令提示符窗口。在命令提示符窗口中，使用 cd 命令进入源文件所在目录，如图 1-31 所示。编译源程序的命令是 javac，如图 1-32 所示。注意，调用 JDK 中的 javac 命令，需要配置好 JDK 的环境变量。如果编译成功，会产生一个和源程序同名的.class 文件，如图 1-33 所示。

图 1-30 "运行"对话框

图 1-31 进入源文件所在目录

图 1-32 编译源程序

图 1-33 编译成功

如果程序没有语法错误，系统将自动返回命令提示符状态。如果程序有语法错误，系统将显示错误信息。此时需检查源码，修正错误并保存文件，再次执行编译命令，直至编译通过。

④ 运行 Java 程序。运行编译好的程序的命令是 java，如图 1-34 所示。注意，调用 JDK 中的 java 命令也需要配置好 JDK 的环境变量。例 1-1 程序运行结果如图 1-35 所示。

编写和运行 Java 程序看似很简单，但初学者在实际操作过程中会遇到很多意想不到的问题，如字母大小写形式输入不正确、单词拼写错误等。因此，程序的编写和调试需要开发人员有足够的细心和耐心，这也是成为一名优秀的程序员所需具备的良好素质。

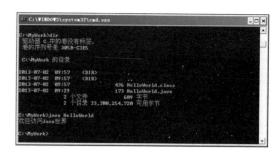

C:\MyWork>java HelloWorld

图 1-34 运行程序 　　　　　　　　　图 1-35 例 1-1 程序运行结果

1.3.2 控制台程序的输入/输出处理

前文简单介绍了 Java 控制台程序的基本输出方法。在实际的程序编写过程中，除了输出环节之外，还包括输入和处理环节。下面给出了一个 Java 程序处理任务的通用结构：输入数据、处理数据和输出数据。

```
//类注释
public class 类名称
{
    //方法注释
    public static void main(String []args)
    {
        //输入数据
        //处理数据
        //输出数据
    }
}
```

计算机系统通常都有默认的标准输入设备和标准输出设备。对于一般的系统，标准输入设备通常是指键盘，标准输出设备通常是指显示器。Java 控制台程序从键盘输入数据，向显示器输出数据，是十分常见的数据通信操作。为了方便程序员的开发工作，Java 语言预先定义了两个流对象，分别与系统的标准输入设备和标准输出设备相联系，它们就是 System.in 和 System.out，位于 Java 的语言类库包 java.lang 中。Java 语言提供了大量预先定义好的类和接口供程序员使用。Java 语言把预先定义的类和接口按包的形式进行组织管理。一个包就是一系列 Java 类和接口的集合。所有包组成了 Java 的类库，即 Java API。Java API 包分为核心包和扩展包，分别为 java 和 javax。

【例 1-2】编写 Java 程序，完成从键盘输入两个运算数据，计算两数之和并输出计算结果的功能。

在例 1-1 中利用了"记事本 +JDK"的开发模式。对 Java 开发人员来说，这个开发模式中的过程过于烦琐，也不便于程序的编写和调试。在本书后续的内容中，将统一使用集成开发环境 Eclipse 来完成 Java 程序的开发工作。

参照前文介绍的方法，在 Eclipse 中建立 Java 程序项目，输入如下程序代码。

```
public class MyTest{
    public static void main(String []args){
        //输入数据
        //赋值语句输入方案
```

```
    int  a = 5;
    int  b = 3;
    //处理数据
    int  c = a + b;
    //输出结果
    //控制台输出方案
    System.out.println("计算的结果为: "  +  c);
  }
}
```

结合程序代码进行分析，如下。

① 输入数据部分，对程序而言，最简单的输入方式就是赋值语句。例如，参与运算的数据为整数 5 和 3，可利用赋值语句，将数据赋值给定义好的对应程序变量。

② 处理数据部分，利用加法运算符和表达式完成计算求和的任务，并将计算结果赋值给对应程序变量。

③ 输出结果部分，利用字符串连接运算符，将字符串常量"计算的结果为:"和计算的结果值输出至显示器屏幕。

参照前文介绍的方法，运行 Java 程序，结果如图 1-36 所示。

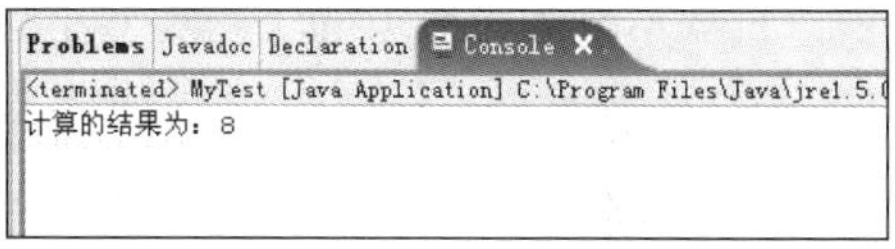

从上面的程序中可以看出，如果参与运算的数据发生变化，如变为 8 和 12，则必须修改源程序代

图 1-36　例 1-2 程序运行结果

码，并重新编译。显然，利用赋值语句提供运算数据是很不灵活的方式。更为常见的输入方式是在程序执行后，由用户从键盘输入程序运行所需的数据，进而实现更加灵活的用户与程序之间的交互过程。

将 MyTest.java 源程序中的程序代码进行修改，以实现用户从键盘输入参与运算的两个数据，程序完成计算两数之和并显示结果的功能，修改后的程序代码如下。

```
import java.io.*;
public class MyTest{
    /*两数求和*/
    public static void main(String []args) throws IOException{
        //输入数据
        //控制台输入方案
        System.out.println("输入一个整数: ");
        byte t[] = new byte[10];
        System.in.read(t);
        String s1 = new String(t);
        int a = Integer.parseInt(s1.trim());
        System.out.println("输入一个小数: ");
        System.in.read(t);
        String s2 = new String(t);
        double b = Double.parseDouble(s2.trim());
        //处理数据
        double c = a + b;
        //输出结果
```

```
        //控制台输出方案
        System.out.println("计算的结果为: " + c);
    }
}
```

结合程序代码进行分析，如下。

① 以 import 关键字引导的语句称为导入语句，作用是将 java.io 包中所有的类导入当前程序，以便在程序中调用相关的类和方法。

② Java 语言要求在控制台进行标准输入时，必须有异常处理。这里采用了异常抛出的 throws 语法格式，当发生输入异常时，程序自动抛出异常 IOException，异常将由 JVM 自行处理。Java 中的异常处理机制分为两种：一种是捕获异常，另一种是抛出异常。更详细的内容将在本书后续的异常处理部分进行进一步的说明。

③ System.in.read(t)方法用于获得用户从键盘输入的数据，存入字节数组 t 中。Java 是强类型语言，要求先定义后使用。因此，之前已定义了字节数组 byte t[]。数组在 Java 中是引用类型，需要通过 new 关键字完成内存空间的分配。

④ 键盘输入的数据保存在字节数组中，但最后的加法运算需要数值类型的数据来参与完成。Java 系统为整数（int）和实型小数（double）都提供了对应的转换方法来实现数据转换。Integer.parseInt(String)的作用是将参数由数字组成的字符串转换为对应的整数型数据。Double.parseDouble(String)的作用是将参数由数字和小数点组成的字符串转换为对应的实型数据。在存储键盘输入数据时，如果字节数组中的存储空间未全部使用，在将字节数组转换为字符串时，将用空格进行填充。字符串中的空格是无法转换为数值的，因此需要利用 trim()方法去除掉多余的空格。Integer 类和 Double 类都定义在 java.lang 包中，因此可以直接使用。

参照前文介绍的方法，运行 Java 程序，结果如图 1-37 所示。

Java 语言的系统类库中对控制台程序处理用户键盘输入还提供了其他的处理方案，比如可以使用封装程度更高的 java.util.Scanner 类来完成获得用户键盘输入数据这个任务。下面这段程序代码是

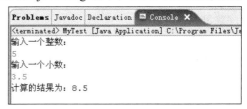

图 1-37　改进后程序的运行结果

使用 Scanner 类来完成用户从键盘输入两个数据（即一个整数和一个小数），然后计算两数之和并显示结果这个任务的，程序的运行结果同图 1-37 所示。

```
import java.util.Scanner;
public class MyTest2
{
    /*两数求和*/
    public static void main(String args[])
    {
        //输入数据
        //控制台输入方案
        Scanner scan = new Scanner(System.in);
        System.out.println("输入一个整数: ");
        int a = scan.nextInt();
        System.out.println("输入一个小数: ");
        double b = scan.nextDouble();
```

```
        //处理数据
        double c = a + b;
        //输出结果
        //控制台输出方案
        System.out.println("计算的结果为: " + c);
    }
}
```

我们在处理控制台程序键盘输入任务时，可以根据需求选择上述两个程序代码段中的任意一个解决方案进行使用，获得的结果是相同的。

1.3.3 图形化程序的输入/输出处理

上面的程序是使用控制台方式来完成 Java 程序的输入/输出处理过程的。除此之外，在 Java 程序中还可以使用图形化方式来完成与用户的交互过程。

图形化交互方式是当今程序开发的主流方式，其主要特征如下。

- 程序界面主要由图形化的要素（如窗体、菜单、按钮等）构成。
- 程序没有预定好的运行流程，而是由随机事件来驱动。
- 人机交互由消息机制来支持。
- 输入设备以鼠标、键盘为主，输出设备以显示器为主。

在下面的例子中，将使用 Java 语言中提供的对话框类 JOptionPane 来完成图形化的输入和输出过程。更复杂的 Java 图形化程序的开发实现，将在本书后续相关部分进行讲解。

【例 1-3】编写 Java 程序，利用图形用户界面，完成从键盘输入两个运算数据，计算两数之和并输出结果的功能。

参照前文介绍的方法，在 Eclipse 中建立 Java 程序项目，输入如下程序代码：

```java
import javax.swing.JOptionPane;
public class MyTest{
    public static void main(String []args){
        //输入数据
        //图形化输入方案
        String s1 = JOptionPane.showInputDialog("输入一个整数: ");
        int a = Integer.parseInt(s1);
        String s2 = JOptionPane.showInputDialog("输入一个小数: ");
        double b = Double.parseDouble(s2);
        //处理数据
        double c = a + b;
        //输出结果
        //图形化输出方案
        JOptionPane.showMessageDialog(null,"结果为:"+ a + "+" + b + "=" + c);
    }
}
```

结合程序代码进行分析，如下。

① javax.swing 包中包含很多创建 Java 图形用户界面应用程序所必需的类。第 1 行将 JOptionPane 类引入当前程序，以便在程序中调用相关的方法，实现相关输入/输出功能。

② 调用类 JOptionPane 的 showInputDialog()方法显示"输入"对话框，如图 1-38 和

图 1-39 所示。showInputDialog()方法的参数为提示信息，用以提示用户输入相关内容。用户在文本框中输入相关字符信息后，单击"确定"按钮或按 Enter 键可以把文本框中的字符信息返回给 Java 程序。

③ 调用类 JOptionPane 的 showMessageDialog()方法，打开"消息"对话框显示结果信息，如图 1-40 所示。这个方法包含两个参数，参数之间用逗号分隔。第一个参数表示对话框的父窗口对象，当使用关键字 null 时，表示对话框的父窗口不存在，对话框将直接显示在计算机的显示器屏幕上；第二个参数为对话框中要显示的信息，类型为字符串。

参照前文介绍的方法，运行 Java 程序。按照提示输入第一个计算数据 5，如图 1-38 所示。按照提示输入第二个计算数据 3.5，如图 1-39 所示。显示计算结果，如图 1-40 所示。

图 1-38　输入第一个计算数据　　图 1-39　输入第二个计算数据　　图 1-40　例 1-3 的计算结果

任务 1.4　拓展实践任务

本任务通过一组拓展实践任务，将前文介绍的 Java 程序的基本结构和基本输入/输出等知识点结合起来进行综合应用。通过拓展实践环节，读者将强化语法知识点的实际应用能力，进一步熟悉 Java 程序的编写、编译和运行过程。

拓展实践任务

1.4.1　计算圆的周长和面积

在初步掌握了 Eclipse 集成开发环境的使用、Java 程序的基本结构和控制台程序的输入/输出处理方式后，下面通过实践任务来考核一下大家对相关知识点的掌握情况。

【实践任务 1-1】编写 Java 控制台程序，实现从键盘输入圆的半径，计算圆的周长和面积并输出结果的功能，如图 1-41 所示。

```
Problems Javadoc Declaration  Console ✕
<terminated> Circle [Java Application] C:\Program Files\Java\j
请输入一个圆的半径：
3.5
圆的周长为：21.98
圆的面积为：38.465
```

图 1-41　计算圆的周长和面积

① 解题思路：先完成圆的半径的输入，然后利用圆的周长和面积的计算公式进行求解，最后显示计算后的周长和面积的结果。

- 圆的周长 = 2×3.14×半径。
- 圆的面积 = 3.14×半径×半径。

② 参考代码。

```java
import java.io.* ;
public class Circle {
    /*从键盘输入圆的半径，计算圆的周长和面积*/
    public static void main(String[] args) throws IOException
    {
        //定义常量 PI
        final double PI = 3.14;
```

```
        //定义变量
        byte    buf[] = new byte[50] ;
        double  r,girth,area;
        //输入圆的半径
        System.out.println("请输入一个圆的半径：");
        System.in.read(buf) ;
        String  str = new String(buf) ;
        r = Double.parseDouble(str.trim()) ;
        //计算圆的周长和面积
        girth = 2 * PI * r;
        area = PI * r * r;
        //输出结果
        System.out.println("圆的周长为：" + girth);
        System.out.println("圆的面积为：" + area);
    }
}
```

1.4.2　超市计价器的实现

在初步掌握了 Eclipse 集成开发环境的使用、Java 程序的基本结构和图形化程序的输入/输出处理方式后，下面通过实践任务来考核一下大家对相关知识点的掌握情况。

【实践任务 1-2】小明在超市购买了一瓶饮料和一个面包，请编写一个图形化的超市计价器程序，帮助他计算一下商品总价格，如图 1-42 所示。

图 1-42　超市计价器的实现

① 解题思路：先获得小明输入的两种商品的价格，然后利用加法运算计算商品总价格，最后显示计算后的商品总价格。

商品总价格 = 饮料价格 + 面包价格。

② 参考代码。

```java
import javax.swing.JOptionPane;
public class Calculator{
    public static void main(String[] args) {
        //定义所需变量
        String temp;
        double oneprice,twoprice,totalprice;
        //输入两种商品的价格
        temp = JOptionPane.showInputDialog("请输入饮料的价格");
        oneprice = Double.parseDouble(temp);
        temp = JOptionPane.showInputDialog("请输入面包的价格：");
        twoprice = Double.parseDouble(temp);
        //计算两种商品的总价格
        totalprice = oneprice + twoprice;
```

```
                //输出计算后的商品总价格
                JOptionPane.showMessageDialog(null,"饮料价格: " + oneprice + "元\n" +
"面包价格: " + twoprice + "元\n" + "商品总价格: " + totalprice + "元");
    }
}
```

项目小结

本项目首先介绍了 Java 语言，包括面向过程的程序设计思想与面向对象的程序设计思想的概述，Java 语言的发展情况以及 Java 语言的三大开发平台；其次讲解了 Java 开发环境的搭建，包括 JDK 的安装与配置，集成开发环境 Eclipse 的安装、配置与使用；接着讲解了 Java 程序的基本输入/输出的处理方式，包括控制台程序的输入/输出处理和图形化程序的输入/输出处理；最后通过一组拓展实践任务，将前文介绍的知识点结合起来进行综合应用，帮助读者强化知识点的综合应用能力，进一步熟悉 Java 程序的编写和集成开发环境的使用。

课后习题

1. 填空题

① Sun 公司推出了以 Java 2 平台为核心的 J2ME、（　　　　）和 J2EE 三大平台。

② Java 源程序一般包括两部分：（　　　　）和（　　　　）。

③ Java 源程序文件和字节码文件的扩展名分别为（　　　　）和（　　　　）。

2. 选择题

① Java 语言具有许多优势和特点，以下（　　　）特点能保证软件的可移植性。

    A. 健壮性　　　　　　B. 安全性　　　　　　C. 跨平台　　　　　　D. 动态性

② 下面（　　　）不是 Java 语言的特点。

    A. 分布式计算　　　B. 健壮性　　　　　　C. 跨平台　　　　　　D. 静态性

③ 一个 Java 源程序文件中可以有（　　　）公共类。

    A. 一个　　　　　　B. 两个　　　　　　　C. 多个　　　　　　　D. 零个

④ 一个 Java 程序的执行是从（　　　　）。

    A. 本程序的 main()方法开始，到 main()方法结束

    B. 本程序文件的第一个方法开始，到本程序文件的最后一个方法结束

    C. 本程序的 main()方法开始，到本程序文件的最后一个方法结束

    D. 本程序文件的第一个方法开始，到本程序的 main()方法结束

⑤ 关于 main()方法的方法头，以下各项中合法的是（　　　　）。

    A. public static void main()　　　　　　　B. public static void main(String []args)

    C. public static int main(String[] args)　　　D. public void main(String []args)

⑥ 在编写 Java 程序时，若需要使用标准输入/输出语句，应在程序的开头写上（　　　　）语句。

    A. import java.awt.*;　　　　　　　　　　B. import java.applet.Applet;

    C. import java.io.*;　　　　　　　　　　　D. import java.awt.Graphics;

3. 判断题

① Java 程序只支持控制台编程方式，不支持图形化编程方式。　　　　　　（　　）

② Java 源程序的文件名应和定义的公共类名保持一致，包括字母大小写的匹配。（　　）

4. 简答题

① 简述面向对象的程序设计思想的特点。

② 简述 Java 语言的三大开发平台。

③ 简述图形化程序的主要特征。

项目 ❷ Java 程序基础

Java 是一种功能强大并且简单易用的编程语言。Java 语言允许程序员以优雅的思维方式进行复杂的编程。Java 是如何编程的？Java 的程序基础是什么？我们如何应用 3 种程序结构来开发 Java 程序？本项目中就让我们一起来了解一下 Java 的标识符、关键字、变量、常量、数据类型、运算符和表达式，以及结构化程序设计的 3 种基本流程。

学习目标

知识目标：
1. 熟悉 Java 语言的基础语法
2. 熟悉 Java 语言的流程控制

能力目标：
1. 掌握 Java 语言的组成元素与数据类型
2. 掌握 Java 常量和变量的使用方法
3. 掌握条件分支结构流程控制
4. 掌握循环结构流程控制

素养目标：
1. 培养自主学习的能力
2. 培养不断探索的实践能力

程序人生

程序员的进修之道：阅读与模仿开源软件项目，我们会学到一些优秀编码规范与软件设计架构；浏览行业相关网站，我们可以了解目前行业的发展情况，做到与时俱进；参加编码训练，要不断训练自己的编码能力，运用现代的编码语法，而不是运用过时、落后的编码语法；掌握一门外语，最好是英语，英语是国际通用语言，也是与计算机编程语言关系最密切的语言之一；善用搜索引擎，如何准确表达出要搜索的关键字也是程序员重要的能力，如果关键字不准确，那么总是找不到想要的结果；尝试技术文章写作，写工作笔记对提高工作效率会起到很大的作用，有些常见的问题就能在工作笔记中找到解决方法，可以节省不少时间。

任务 **2.1** Java 语言的基础语法

本任务将简要介绍 Java 的标识符、关键字、数据类型、常量、变量、运算符和表达式等。大家如果已经对其他的程序设计语言有所了解，只要注意比较一下它们的相同和不同之处，学习起来就会比较轻松。

Java 语言的基础
语法

2.1.1 Java 语言的组成元素

1. 标识符

标识符是程序员对程序中各个元素加以命名时使用的命名记号。

在 Java 语言中，标识符是以字母、下画线或美元符号开始，后面可以跟字母、下画线、美元符号和数字的一个字符序列。

userName、User_Name、_sys_val、Name、name、$change 等为合法的标识符。3mail、room#、#class 等为非法的标识符。

注意，标识符中的字母是区分大小写的。例如，Name 和 name 被认为是两个不同的标识符。

2. 关键字

Java 关键字是对 Java 编译器有特殊含义的字符串，是编译器和程序员的一个约定，程序员利用关键字来告诉编译器其声明的变量类型、类、方法特性等信息。表 2-1 列出了 Java 语言中的关键字。

表 2-1 Java 语言中的关键字

关键字名				
abstract	assert	boolean	break	byte
case	catch	char	class	const
continue	default	do	double	else
enum	extends	final	finally	float
for	goto	if	implements	import
instanceof	int	interface	long	native
new	package	private	protected	public
return	strictfp	short	static	super
switch	synchronized	this	throw	throws
transient	try	void	volatile	while

3. 注释

一般程序设计语言都提供了程序注释的方式，要想让别人读懂自己编写的程序，没有注释是比较困难的。

Java 提供了两种注释方式：程序注释和程序文档注释。

（1）程序注释

如前文所述，程序注释主要是为了提高程序的可读性。阅读一个没有注释的程序是比较痛苦的事情，因为对同一个问题，不同的人可能有不同的处理方式，要从一行行的程序语句中来理解他人的处理思想是比较困难的，特别是对初学者来说。因此必要时都应该用注释简要说明程序语句、程序段和程序的作用。

程序中的注释不是程序的语句部分，它可以放在程序的任何地方，系统在编译时会忽略它。

注释可以在一行上，也可跨越多行，其有如下两种方式。

① 以"//"开始，后跟注释文字。这种注释方式可单独占一行，也可放在程序语句的后面。

例如，在下面的程序段中使用注释。

```
//下面定义程序中所使用的变量
int  age;          //定义整数型变量 age，表示年龄
String  name;      //定义字符串变量 name，表示名字
```

② 以"/*"开始，以"*/"结束。当需要多行注释时，一般使用"/*……*/"格式作注释，中间为注释内容。

（2）程序文档注释

程序文档注释是 Java 特有的注释方式，它规定了一些专门的标记，用于自动生成独立的程序文档。

程序文档注释通常用于注释类、接口、变量和方法。下面看一个注释类的例子。

```
/*
 * 该类包含一些操作数据库常用的基本方法，诸如：在库中建立新的数据表、
 * 在数据表中插入新记录、删除无用的记录、修改已存在的记录中的数据、查询
 * 相关的数据信息等功能
 * @author  Li
 * @version 1.0, 30/01/2023
 * @since   JDK
 */
```

在上面的程序文档注释中，除了说明文字之外，还有一些以@字符开始的专门的标记，说明如下。

- @author：用于说明本程序代码的作者。
- @version：用于说明程序代码的版本及推出时间。
- @since：用于说明开发程序代码的软件环境。

还有一些其他的标记没有列出，有需要的读者可参阅相关的手册及帮助文档。此外，程序文档注释中还可以包含 HTML 标记。

JDK 提供的文档生成工具 javadoc.exe 能识别注释中这些特殊的标记，并根据这些标记生成超文本 Web 页面形式的文档。

2.1.2　Java 语言的数据类型

Java 语言的数据类型可划分为基本数据类型和引用数据类型，如图 2-1 所示。本项目主要介绍基本数据类型，引用数据类型将在后面的项目中介绍，数组和字符串本身属于类，由于它们比较特殊且常用，因此也在图 2-1 中列出。

Java 的基本数据类型如表 2-2 所示。下面将简要介绍这些数据类型。

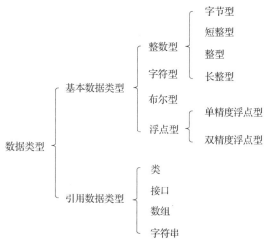

图 2-1　Java 语言的数据类型

表 2-2　Java 的基本数据类型

数据类型	所占二进制位	所占字节	取值
byte	8	1	$-2^7 \sim 2^7-1$
short	16	2	$-2^{15} \sim 2^{15}-1$
int	32	4	$-2^{31} \sim 2^{31}-1$
long	64	8	$-2^{63} \sim 2^{63}-1$
char	16	2	任意字符
boolean	8	1	true、false
float	32	4	$-3.4E38$（-3.4×10^{38}）$\sim 3.4E38$（3.4×10^{38}）
double	64	8	$-1.7E308$（-1.7×10^{308}）$\sim 1.7E308$（1.7×10^{308}）

1. 整数型

Java 的整数型是用于存放整数值的，提供了 byte（字节型）、short（短整型）、int（整型）、long（长整型）等 4 种整数型数据类型。在给定的 4 种整数型数据类型里，常用的数据类型是 int 型，在 Java 程序中，任何一个整数型数字的常量默认对应的类型都是 int 型。

● byte 数据是 8 位的、有符号的、以二进制补码表示的整数。其最小值是-128（-2^7），最大值是 127（2^7-1），默认值是 0。byte 数据用在大型数组中节省空间，主要代替整数，因为 byte 型变量所占空间只有 int 型变量所占空间的 1/4。例如，byte a = 100,byte b = −50。

● short 数据是 16 位的、有符号的、以二进制补码表示的整数。其最小值是-32768（-2^{15}），最大值是 32767（$2^{15}-1$），默认值是 0。short 数据类型也可以像 byte 数据类型一样节省空间，一个 short 型变量所占空间是 int 型变量所占空间的 1/2。例如，short s = 1000,short r = −20000。

● int 数据是 32 位的、有符号的、以二进制补码表示的整数。其最小值是-2147483648（-2^{31}），最大值是 2147483647（$2^{31}-1$），默认值是 0。一般的整型变量默认为 int 型。例如，int a = 100000, int b = −200000。

● long 数据是 64 位的、有符号的、以二进制补码表示的整数。其最小值是-9223372036854775808（-2^{63}），最大值是 9223372036854775807（$2^{63}-1$），默认值是 0L。这种数据类型主要使用在需要比较大的整数的系统上。例如，long a = 100000L,long b = −200000L。"L"理论上不区分大小写，但是若写成小写字母"l"则容易与数字"1"混淆，不容易分辨，所以最好使用大写字母。

（1）整数型常量的表示方法

整数型常量可以使用十进制、八进制和十六进制表示。一般情况下使用十进制表示整数型常量，如 362、−734、2、73583。在特定情况下，根据需求可以使用八进制或十六进制表示整数型常量。使用八进制表示整数型常量时，以 0 开头，如 0213 表示十进制数 139、−012 表示十进制数-10。使用十六进制表示整数型常量时，以 0x 或 0X 开头，如 0x131 表示十进制数 305、−0X24 表示十进制数-36。此外，长整数型常量的表示方法是在数值的尾部加一个拖尾的字符 L 或 l，如 672l、0427L、0x36l。

（2）整数型变量的定义

整数型变量用于表示没有小数部分的数值，它允许是负数。整数型变量的范围与运行 Java 代码的机器无关，这正是 Java 程序具有很强的移植性的原因之一。

```
int x=215;          //指定变量 x 为 int 型，且赋初值为 215
byte b=6;           //指定变量 b 为 byte 型，且赋初值为 6
short s=27;          //指定变量 s 为 short 型，且赋初值为 27
long y=243L,z=14261; //指定变量 y,z 为 long 型，且分别赋初值为 243 和 1426
```

2. 字符型

字符型数据占据两个字节。

① 字符型常量是用单引号括起来的一个字符，如'a'和'A'等。

② 字符型变量的定义。

```
char c='m';          //指定变量 c 为 char 型，且赋初值为'm'
```

3. 布尔型

① 布尔型数据的值只有两个：true 和 false。因此布尔型常量值也只能取这两个值。

② 布尔型变量的定义。

```
boolean b1=true, b2=false;   //定义布尔型变量 b1、b2 并分别赋予真值和假值
```

4. 浮点型（实型）

Java 提供了两种浮点型数据——单精度浮点数和双精度浮点数，如表 2-2 所示。

（1）浮点型常量的表示方法

一般情况下浮点型常量以如下形式表示：0.315、1.36、217.0 等表示双精度浮点数；213.6f、214.75F、0.4268f 等表示单精度浮点数。

当表示的数字比较大或比较小时，采用科学计数法的形式表示，如：1.35e13 或 135E11 均表示 135×10^{11}；0.1e-5 或 1E-6 均表示 1×10^{-6}。我们把 e 或 E 之前的常数称为尾数部分，e 或 E 后面的常数称为指数部分。注意，使用科学计数法表示常数时，指数部分和尾数部分均不能省略，且指数部分必须为整数。

（2）浮点型变量的定义

在定义变量时，可以赋予它一个初值，例如：

```
float x=213.6f, y=3.34e7f;      //定义单精度浮点型变量 x,y 并分别赋予初值 213.6、3.34×10⁷
double d1=363.86, d2=3.3e57 ;   //定义双精度浮点型变量 d1,d2 并分别赋予初值 363.86、3.3×10⁵⁷
```

2.1.3　常量和变量的使用

常量和变量是程序的重要元素。

1. 常量

所谓常量就是在程序运行过程中保持不变的量即不能被程序改变的量，也把它称为最终量。常量可以分为标识常量和直接常量（字面常量）。

（1）标识常量

标识常量使用一个标识符来替代一个常数值，其定义的一般格式如下。

```
final 数据类型 常量名=value[,常量名=value ...];
```

其中，final 是关键字，说明后面定义的是常量；数据类型是常量的数据类型，它可以是基本数据类型之一；常量名是标识符，它表示常数值 value，在程序中凡是用到 value 值的地方均可用常量名替代。

```
final double  PI=3.1415926;  //定义标识常量PI，其值为3.1415926
```

注意，在程序中，为了区分常量标识符和变量标识符，常量标识符一般全部使用大写字母书写。

（2）直接常量

直接常量就是直接出现在程序语句中的常量值，例如上面的3.1415926。直接常量也有数据类型，系统会根据字面量识别。

34、28、396、1563、-328 表示整数型量。

32L、425l、-26364L（尾部加大写字母 L 或小写字母 l）表示长整型量。

324.23、-4859、857.462 表示双精度浮点型量。

3725.3285F、62374.5f（尾部加大写字母 F 或小写字母 f）表示单精度浮点型量。

2. 变量

变量是程序中的基本存储单元，在程序的运行过程中可以随时改变其存储单元的值。

（1）变量的定义

所谓变量，就是可以变化的量。Java 是一种强类型语言，每个变量都必须声明其类型。其要素包括：变量名、变量类型和变量作用域。

变量的一般定义如下：

```
数据类型  变量名[=value] [，变量名[=value] …];
```

其中，数据类型表示后面定义变量的数据类型；变量名是一个标识符，应遵循标识符的命名规则。可以在说明变量的同时为变量赋初值。

```
int a1=364,a2=586;
float f1=5394.2f,f2=3.528f;
double d1=7235.1;
```

（2）变量作用域

变量作用域是指从变量自定义的地方起，可以使用的有效范围。在程序中不同的地方定义的变量具有不同的作用域。一般情况下，在本程序块（即使用花括号"{}"括起来的程序段）内定义的变量在本程序块内有效。

【例 2-1】说明变量作用域的示例程序。

```
public class Var_Area{
    static int n_var1=10;   //类变量，对整个类都有效
  public void display(){
    int n_var2=200;   //方法变量，只在该方法内有效
    n_var1=n_var1+n_var2;
    System.out.println("n_var1="+n_var1);
    System.out.println("n_var2="+n_var2);
    }
    public static void main(String []args){
        int n_var3;  //方法变量，只在该方法内有效
        n_var3=n_var1*2;
        System.out.println("n_var1="+n_var1);
        System.out.println("n_var3="+n_var3);
    }
}
```

2.1.4 运算符和表达式

运算符和表达式是构成程序语句的要素，必须切实掌握并灵活运用。Java 提供了多种运算符，分别用于不同运算处理。表达式是由操作数（变量或常量）和运算符按一定的语法形式组成的符号序列。一个常量或一个变量是最简单的表达式。表达式是可以计算值的运算式，一个表达式有确定类型的值。

1. 算术运算符和算术表达式

算术运算符用于数值量的算术运算，它们是+（加）、-（减）、*（乘）、/（除）、%（求余数）、++（自加 1）、--（自减 1）。

按照 Java 语法，大家把由算术运算符连接数值型操作数的运算式称为算术表达式。例如 x+y*z/2、i++、(a+b)%10 等。

加、减、乘、除四则运算大家已经很熟悉了，下边看一下其他运算符的运算：%用于求两数相除后的余数，例如，5%3 的值为 2，5.5%3 的值为 2.5；++、--是一元运算符，参与运算的是单变量，其功能是自身加 1 或减 1。它分为前置运算和后置运算，如++i、i++、--i、i--等。

【例 2-2】使用算术运算符及表达式的示例程序。

```
class Example2_2{
    public static void main(String [] args){
        int a=0,b=1;
        float x=5f,y=10f;
        float s0,s1;
        s0=x*a++;                //5*0=0
        s1=++b*y;                //2*10=20
        System.out.println("a="+a+"  b="+b+"  s0="+s0+" s1="+s1);
        s0=a+b;          //1+2=3
        s1++;            //20+1=21
        System.out.println("x%s0="+x%s0+"  s1%y="+s1%y);
    }
}
```

2. 关系运算符和关系表达式

关系运算符用于两个量的比较运算，它们是>（大于）、<（小于）、>=（大于等于）、<=（小于等于）、==（等于）、!=（不等于）。

关系运算符组成的关系表达式（或称为比较表达式）产生一个布尔值。若关系表达式成立则产生一个 true 值，否则产生一个 false 值。

例如：当 x=90，y=78 时，x>y 产生 true 值，x==y 产生 false 值。

3. 逻辑运算符和逻辑表达式

逻辑运算符用于布尔量的运算，有 3 个逻辑运算符。

（1）!

!（逻辑非）是一元运算符，用于单个逻辑或关系表达式的运算。! 运算的一般形式是：!A。其中 A 是逻辑或关系表达式。若 A 的值为 true，则!A 的值为 false，否则为 true。

例如：若 x=90，y=80，则表达式!(x>y)的值为 false（由于 x>y 产生 true 值），!(x==y)的值为 true（由于 x==y 产生 false 值）。

（2）&&

&&（逻辑与）用于两个逻辑或关系表达式的与运算。&&运算的一般形式是：A&&B。其中，A、B 是逻辑或关系表达式。若 A 和 B 的值均为 true，则 A&&B 的值为 true，否则为 false。

例如：若 x=50，y=60，z=70，则表达式(x>y)&&(y>z)的值为 false，由于两个表达式 x>y、y>z 的关系均不成立；(y>x)&&(z>y)的值为 true，由于两个表达式 y>x、z>y 的关系均成立；(y>x)&&(y>z)的值为 false，由于表达式 y>z 的关系不成立。

（3）||

||（逻辑或）用于两个逻辑或关系表达式的运算。||运算的一般形式是：A||B。其中 A、B 是逻辑或关系表达式。A 和 B 的值只要有一个为 true，则 A||B 的值为 true；若 A 和 B 的值均为 false，则 A||B 的值为 false。

例如：若 x=50，y=60，z=70，则表达式(x>y)||(y>z)的值为 false，由于两个表达式 x>y、y>z 的关系均不成立；(y>x)||(z>y)的值为 true，由于两个表达式 y>x、z>y 的关系均成立；(y>x)||(y>z)的值为 true，由于表达式 y>x 的关系成立。

【例 2-3】逻辑运算符及表达式的示例。

```
class LogicExam2_3{
public static void main(String [] args){
    int a=0,b=1;
    float x=5f,y=10f;
    boolean b1,b2,b3,b4,b5;
    b1=(a==b)||(x>y);        //b1=false
    b2=(x<y)&&(b!=a);        //b2=true
    b3=b1&&b2;               //b3=false
    b4=b1||b2||b3;           //b4=true
    b5=!b4;                  //b5=false
    System.out.println("b1="+b1+" b2="+b2+" b3="+b3+" b4="+b4+" b5="+b5);
  }
}
```

程序的运行结果如图 2-2 所示。

```
b1=false b2=true b3=false b4=true b5=false
```

图 2-2　例 2-3 程序的运行结果

4. 位运算符及表达式

位运算符主要用于整数的二进制位运算，可以将其分为移位运算和按位运算。

（1）移位运算

① 位右移运算（>>）。>> 用于整数的二进制位右移运算，在移位操作过程中，符号位不变，其他位右移。例如，将整数 a 进行右移 2 位的操作：a>>2。

② 位左移运算（<<）。<< 用于整数的二进制位左移运算，在移位操作过程中，左边位移出（舍弃），右边位补 0。例如，将整数 a 进行左移 3 位的操作：a<<3。

③ 不带符号右移运算（>>>）。>>> 用于整数的二进制位右移运算，在移位操作过程中，右边位移出，左边位补 0。例如，将整数 a 进行不带符号右移 2 位的操作：a>>>2。

（2）按位运算

① &（按位与）：&运算符用于两个整数的二进制按位与运算。在按位与操作过程中，如果对应两位的值均为 1，则该位的运算结果为 1，否则为 0。例如，将整数 a 和 b 进行按位与操作：a & b。

② |（按位或）：|运算符用于两个整数的二进制按位或运算。在按位或操作过程中，对应

两位的值只要有一个为 1，则该位的运算结果为 1，否则为 0。例如，将整数 a 和 b 进行按位或操作：a | b。

③ ^（按位异或）：^运算符用于两个整数的二进制按位异或运算。在按位异或操作过程中，如果对应两位的值相异（即一个为 1，另一个为 0），则该位的运算结果为 1，否则为 0。例如，将整数 a 和 b 进行按位异或操作：a ^ b。

④ ~（按位取反）：~是一元运算符，用于单个整数的二进制按位取反操作（即将二进制位的 1 变为 0，0 变为 1）。例如，将整数 a 进行按位取反操作：~a。

【例 2-4】整数二进制位运算的示例。为了以二进制形式显示，程序中使用 Integer 类的方法 toBinaryString()将整数值转换为二进制形式的字符串，程序代码如下：

```
class BitExam2_4{
 public static void main(String [] args){
    int  i1=-213,i2=126;
    System.out.println(" i1="+Integer.toBinaryString(i1));
    System.out.println(" i1>>2 ="+Integer.toBinaryString(i1>>2));
    System.out.println("i1>>>2="+Integer.toBinaryString(i1>>>2));
    System.out.println(" i2="+Integer.toBinaryString(i2));
    System.out.println(" i2>>>2="+Integer.toBinaryString(i2>>>2));
    System.out.println(" i1&i2="+Integer.toBinaryString(i1&i2));
    System.out.println(" i1^i2="+Integer.toBinaryString(i1^i2));
    System.out.println(" i1|i2="+Integer.toBinaryString(i1|i2));
    System.out.println(" ~i1="+Integer.toBinaryString(~i1));
  }
}
```

程序运行结果是以二进制形式显示的，如果是负值，32 位二进制位数全显示；如果是正值，前导 0 忽略，只显示有效位。

5. 赋值运算符和赋值表达式

赋值运算符（=）是常用的运算符，用于把一个表达式的值赋给一个变量（或对象）。在前面的示例中，大家已经看到了赋值运算符的应用。

与 C、C++语言类似，Java 语言也提供了复合的（或称为扩展的）赋值运算符。对算术运算有+=、-=、*=、/=、%=。对位运算有&=、^=、|=、<<=、>>=、>>>=。

例如，x*=x+y 相当于 x=x*(x+y)；x+=y 相当于 x=x+y；y&=z 相当于 y=y&z；y>>=2 相当于 y=y>>2。

6. 条件运算符和条件表达式

条件运算符（?:）是三元运算符，由条件运算符组成的条件表达式的一般使用格式是：

逻辑（关系）表达式 ? 表达式 1:表达式 2

其功能是若逻辑（关系）表达式的值为 true，则取表达式 1 的值，否则取表达式 2 的值。

条件运算符及条件表达式常用于简单分支的取值处理。例如，若已定义 a、b 为整数型变量且已赋值，求 a、b 两个数中的最大者，并赋给另一个量 max，可以用如下式子处理：max=(a>b) ? a : b。

7. 对象运算符

对象运算符包括构造对象运算符、分量运算符和对象测试运算符。

（1）构造对象运算符

构造对象运算符（new）主要用于构建类的对象，它的使用将在后面的项目中进行详细的介绍。

（2）分量运算符

分量运算符（.）主要用于获取类或对象的属性与方法。

（3）对象测试运算符

对象测试运算符（instanceof）主要用于对象的测试。

8. 其他运算符

（1）数组下标运算符

数组下标运算符（[]）主要用于数组。

（2）强制类型转换运算符（(类型)）

在高类型的数据向低类型的数据转换时，一般需要强制转换。

（3）()运算符

()运算符用在表达式中，用于改变运算的优先次序；用在方法调用时，作为方法的调用运算符。

（4）字符串连接符（+）

在表达式中，如果+运算符前面的操作数是一个字符串，此时该+运算符是字符串连接符，例如："i1*i2="+i1*i2。在程序的 System.out.print()输出方法的参数中，大家常常使用这种形式的表达式。

9. 表达式的运算规则

最简单的表达式是一个常量或一个变量，当表达式中含有两个或两个以上的运算符时，就称为复杂表达式。在组成一个复杂的表达式时，要注意以下两点。

（1）Java 运算符的优先级

表达式中运算先后顺序由运算符的优先级确定，掌握运算的优先次序是非常重要的，它确定了表达式的表达是否符合题意，表达式的值是否正确。当然，大家不必刻意去死记硬背这些优先次序，使用多了，自然也就熟悉了。在书写表达式时，如果不太熟悉某些优先次序，可使用()运算符改变优先次序。表 2-3 列出了 Java 中所有运算符的优先级顺序。

表 2-3　Java 中所有运算符的优先级顺序

序号	运算符	序号	运算符
1	. 、 [] 、 ()	9	&
2	+、-、++、--、!、~（用于一元运算）	10	^
3	new、（类型）	11	|
4	* 、/、%	12	&&
5	+ 、-	13	||
6	>>、>>>、<<	14	?:
7	>、<、>=、<=、instanceof	15	=、+=、-=、*=、/=、%=、^=
8	==、!=	16	&=、|=、<<=、>>=、>>>=

（2）类型转换

整数型、浮点型数据、字符型数据可以混合运算。运算中，不同类型的数据先转换为同一类型，然后进行运算。一般情况下，系统自动将两个运算数中低级的运算数转换为和另一个较高级运算数的类型相一致的数，然后进行运算。

类型从低级到高级顺序示意如下。

byte→short→char→int→long→float→double

应该注意的是，如果将高类型数据转换成低类型数据，则需要进行强制类型转换，这样做有可能会导致数据溢出或精度下降。例如：

```
long     num1 = 8L;
int      num2 = (int)num1;
long     num3 = 547892L;
short    num4=(short)num3;   //将导致数据溢出
```

Java 语言的流程控制

任务 2.2　Java 语言的流程控制

本任务讲解 Java 语言的流程控制。在 Java 程序中，所写的代码是按照逻辑一行一行地执行的。但是在现实中我们经常会遇到很多的选择性问题，需要根据不同的情况进行不同的处理。在 Java 程序中同样也有这样的处理方式。这些处理方式主要有顺序结构、条件分支结构和循环结构。

2.2.1　顺序结构流程控制

顺序结构是最简单、最基本的程序控制结构，程序中的语句将自顶向下逐条执行，即按语句的排列顺序从第一条顺序执行到最后一条，且每条语句只执行一遍，无须专门的控制语句实现。顺序结构的流程如图 2-3 所示。

【例 2-5】输入三角形的 3 条边长，求三角形的面积。

```
import java.util.*;
import java.lang.Math;
//输入三角形边长，并计算面积
public class Mianji{
public static void main(String args[]){
int a, b, c;
double s,area;
Scanner rd = new Scanner(System.in);
System.out.print("请输入三角形第 1 个边长(按 Enter 键继续):");
a = rd.nextInt();
System.out.print("请输入三角形第 2 个边长(按 Enter 键继续):");
b = rd.nextInt();
System.out.print("请输入三角形第 3 个边长(按 Enter 键继续):");
c = rd.nextInt();
if (a + b > c && b + c > a && a + c > b){
 System.out.println("可以构成三角形");
//半周长
s = (a + b + c) / 2;
```

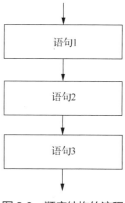

图 2-3　顺序结构的流程

```
//面积
area = Math.sqrt(s * (s - a) * (s - b) * (s - c));
System.out.println("面积为:" + area);
}
else
System.out.println("不可以构成三角形!");
}
}
```

在执行例 2-5 的程序时，随意从键盘输入 3 个数即可获得由这 3 个数构成的三角形的面积。例 2-5 中的程序是根据逻辑顺序一条一条地编写的，执行时也按这个顺序一步一步地执行。

运行 Java 程序，结果如图 2-4 所示。

```
请输入三角形第1个边长(按Enter键继续): 5
请输入三角形第2个边长(按Enter键继续): 6
请输入三角形第3个边长(按Enter键继续): 7
可以构成三角形!
面积为: 14.696938456699069
```

图 2-4　例 2-5 程序运行结果

2.2.2　条件分支结构流程控制

Java 程序通过一些控制结构的语句来执行程序流，完成一定的任务。程序流是由若干个语句组成的，语句可以是单个语句，如 c=a+b;，也可以是用花括号"{}"括起来的复合语句即语句块。

Java 语句包含一系列的流程控制语句，这些流程控制语句表达了一定的逻辑关系，所以可选择性或者可重复性地执行某些代码行，这些流程控制语句与其他编程语言中使用的流程控制语句大体相近，Java 的流程控制语句基本上是仿照 C / C++中的流程控制语句。每一个流程控制语句实际上是一个代码块，块的开始和结束都是用花括号来进行表示的，其中"{"表示开始，"}"表示结束。本节先介绍分支控制语句。

1. if 条件分支语句

一般情况下，程序是按照语句的先后顺序依次执行的，但在实际应用中，往往会出现这些情况，例如计算一个数的绝对值，若该数是一个正数，其绝对值就是本身；否则取该数的负值（负负得正）。这就需要根据条件来确定所需要执行的操作。类似这样情况的处理，要使用 if 条件分支语句来实现。有 3 种不同形式的 if 条件分支语句，其格式如下。

（1）if 语句

if 语句用来判定所给定的条件是否满足，根据判定的结果（真或假）决定执行相应的操作。

if 语句语法如下。

```
if (布尔表达式)  语句;
```

功能：若布尔表达式（关系表达式或逻辑表达式）产生 true（真）值，则执行语句，否则跳过该语句。if 语句执行流程如图 2-5 所示。

其中，语句可以是单个语句或语句块。

例如，求浮点型变量 x 的绝对值的程序段如下。

```
float  x = -33.6327f;
if(x<0)   x = -x;
System.out.println("x=" + x);
```

（2）if...else 语句

if...else 语句也称为双分支语句，是我们在编写程序时常用的判断语句。当满足某种条件时，就进行某种处理，否则进行另一种处理。具体语法及示例如下。

```
if (布尔表达式)   语句1;
else   语句2;
```

if...else 语句的流程如图 2-6 所示。如果布尔表达式的值为 true，则执行语句 1，否则执行语句 2。

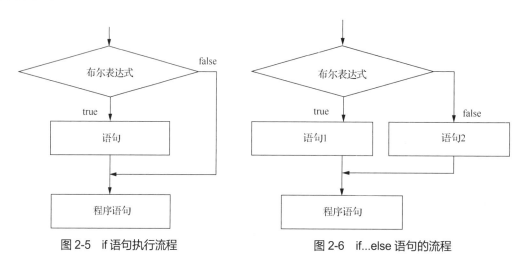

图 2-5　if 语句执行流程　　　　　　　图 2-6　if...else 语句的流程

例如，下边的程序段用于测试一门课程的成绩是否通过。

```
int score = 68;
boolean b = score>=60; //布尔型变量b是true
if (b) System.out.println ("你通过了测试");
else   System.out.println ("你没有通过测试");
```

当然，大家可以将上述程序段写为如下形式。

```
int score = 68;
if (score>=60) System.out.println("你通过了测试");
else   System.out.println("你没有通过测试");
```

（3）if...else if...else 语句

if...else if...else 语句可以看作多条 if...else 语句的嵌套使用，这种语句可以检测到多种可能的情况。使用 if...else if...else 语句的时候，if 语句可以有若干个 else if 语句，它们必须在 else 语句之前。一旦其中一个 else if 语句检测为 true，其他的 else if 以及 else 语句都将跳过执行。具体语法及示例如下。

```
if (布尔表达式1)   语句1;
else if (布尔表达式2)   语句2;
……
else if (布尔表达式n-1)   语句n-1;
else   语句n;
```

这是一种多者择一的多分支结构，其功能是：如果布尔表达式 i（$i=1\sim n-1$）的值为 true，则执行语句 i；否则（布尔表达式 i 的值均为 false）执行语句 n。if...else if...else 语句的流程如图 2-7 所示。

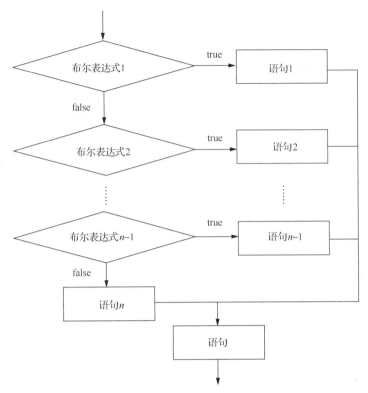

图 2-7   if...else if...else 语句的流程

【例 2-6】为考试成绩划定 5 个级别，当成绩大于或等于 90 分时，划定为优；当成绩大于或等于 80 分且小于 90 分时，划定为良；当成绩大于或等于 70 分且小于 80 分时，划定为中；当成绩大于或等于 60 分且小于 70 分时，划定为及格；当成绩小于 60 分时，划定为差。

```java
public class ScoreExam2_6{
 public static void main(String args[]){
  int score = 82;
  if(score>=90) System.out.println("成绩为优="+score);
  else if(score>=80) System.out.println("成绩为良="+score);
  else if(score>=70) System.out.println("成绩为中="+score);
  else if(score>=60) System.out.println("成绩为及格="+score);
  else System.out.println("成绩为差="+score);
 }
}
```

2. switch 条件语句

switch 语句也是多分支语句，功能与 if...else if...else 语句相同，不同的是它只能针对某个表达式的值做出判断，从而决定执行哪一段代码。该语句能够使代码更加清晰和简洁、便于阅读。switch 语句的一般格式如下。

```
switch(表达式)
  {
    case 常量1: 语句组1;[break;]
    case 常量2: 语句组2;[break;]
```

```
      ......
        case 常量 n-1: 语句组 n-1;[break;]
        case 常量 n: 语句组 n;[break;]
default: 语句组 n+1;
}
```

① 表达式是可以生成整数或字符值的整数型表达式或字符型表达式。

② 常量 i（$i=1\sim n$）是对应表达式类型的常量值。各常量值必须是唯一的。

③ 语句组 i（$i=1\sim n+1$）可以是空语句，也可以是单个或多个语句。

④ break 关键字的作用是结束本 switch 语句的执行，跳转到该语句外的下一个语句执行。

switch 语句的执行流程是先计算表达式的值，根据计算值查找与之匹配的常量 i，若找到，则执行语句组 i，遇到 break 语句后跳出 switch 语句，否则继续执行下边的语句组。如果没有查找到与计算值相匹配的常量 i，则执行 default 关键字后的语句组 $n+1$。

【例 2-7】使用 switch 语句重写例 2-6。

```java
public class SwitchExam2_7{
  public static void main(String [] args){
int score = 75;
int n=score/10;
switch(n){
    case 10:
    case  9: System.out.println("成绩为优="+score);
             break;
    case  8: System.out.println("成绩为良="+score);
             break;
    case  7: System.out.println("成绩为中="+score);
             break;
    case  6: System.out.println("成绩为及格="+score);
             break;
    default: System.out.println("成绩为差="+score);
}
  }
}
```

通过比较可以看出，用 switch 语句处理多分支问题，结构比较清晰，程序易读、易懂。使用 switch 语句的关键在于表达式的处理，程序中 n=score/10，当 score=100 时，n=10；当 score 大于等于 90 且小于 100 时，n=9，因此常量 10 和 9 共用一个语句组。此外，当 score 为 60 以下时，n=5、4、3、2、1、0 统归为 default，共用一个语句组。

【例 2-8】给出年份、月份，计算并输出该月的天数。

```java
public class DayofMonthExam2_8{
  public static void main(String [] args){
int year = 1980;
int month = 2;
int day=0;
switch(month){
    case 2:  day=28;  //非闰年有 28 天，下边判断是否为闰年，闰年有 29 天
             if((year%4==0)&&((year%400==0)||(year%100!=0))) day++;
         break;
```

```
   case  4:
   case  6:
   case  9:
   case  11: day=30;
                break;
   default:  day=31;
   }
  System.out.println(year+"年"+month+"月有"+day+"天");
 }
}
```

当然你也可以使用 if...else if...else 语句结构来编写该程序的代码，这一任务作为作业留给大家。大家可以比较一下哪种方式更好一些，更容易被接受。

2.2.3　循环结构流程控制

在程序中，重复地执行某段程序代码是十分常见的，Java 语言也和其他的程序设计语言一样，提供了循环执行代码的功能。

1．for 循环语句

for 循环语句是常见的循环语句。for 循环语句的一般格式如下：

```
for (表达式 1；表达式 2；表达式 3)
{
  语句组；//循环体
}
```

① 表达式 1 一般用于设置循环控制变量的初始值，例如：int i=1。

② 表达式 2 一般是关系表达式或逻辑表达式，用于确定是否继续进行循环体语句的执行。例如：i<100。

③ 表达式 3 一般用于循环控制变量的增减值操作。例如：i++或 i--。

④ 语句组是要被重复执行的语句，也称为循环体。语句组可以是空语句（什么也不做）、单个语句或多个语句。

for 循环语句的执行流程如图 2-8 所示。具体如下。先计算表达式 1 的值；再判断表达式 2 的值，若其值为 true，则执行一遍循环体语句，然后计算表达式 3。之后又一次判断表达式 2 的值，若其值为 true，则再执行一遍循环体语句，又一次计算表达式 3。再一次判断表达式 2 的值……如此重复，直到表达式 2 的值为 false，结束循环，执行循环体下边的语句。

【例 2-9】计算 sum=1+2+3+4+5+…+100 的值。

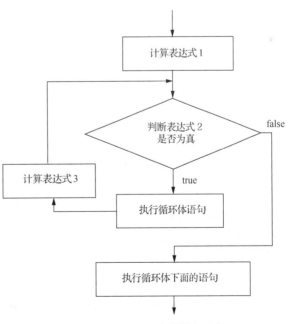

图 2-8　for 循环语句的执行流程

```
/* 这是一个求和的程序
 * 程序的名字是 SumExam2_9.java
 * 主要是演示 for 循环语句的应用
 */
public class SumExam2_9{
public static void main(String [] args){
    int sum=0;
    for(int i=1; i<=100; i++){
      sum+=i;
      }
    System.out.println("sum="+sum) ;
}
}
```

例 2-9 中的程序使用的是 for 循环语句标准格式的书写形式，在实际应用中，可能会使用一些非标准但符合语法和应用要求的书写形式。不管何种形式，大家只要掌握 for 循环的控制流程即可。

【例 2-10】这是一个古典数学问题：一对兔子从它出生后第 3 个月起，每个月都生一对小兔子，小兔子 3 个月后又生一对小兔子，假设兔子都不死，求每个月的兔子对数。该数列为 1,1,2,3,5,8,13,21,…，即从第 3 项开始，每一项是前两项之和。求 100 以内的斐波那契数列。

```
public class FibonacciExam2_10{
  public static void main(String []args){
    System.out.println("斐波那契数列:");
    /*采用 for 循环，声明 3 个变量:
      i—— 本月的兔子数(输出);
      j—— 上个月的兔子数;
      m—— 中间变量，用来记录本月的兔子数
     */
    for(int i=1, j=0, m=0;  i<100;){
        m=i;      //记录本月的兔子数
        System.out.print(""+i);  //输出本月的兔子数
        i=i+j;   //计算下个月的兔子数
        j=m;   //记录本月的兔子数
      }
    System.out.println("");
  }
}
```

在该程序中使用了非标准形式的 for 循环格式，缺少表达式 3。在实际应用中，根据程序设计人员的喜好，3 个表达式中哪一个都有可能被省去。但无论哪种形式，即便 3 个表达式都省去，两个表达式之间的分隔符 ";" 也必须存在，缺一不可。

2. while 和 do...while 循环语句

一般情况下，for 循环用于处理确定次数的循环，while 和 do...while 循环语句用于处理不确定次数的循环。

（1）while 循环语句

while 循环语句的一般格式如下。

```
while(布尔表达式)
{
语句组;    //循环体
}
```

① 布尔表达式可以是关系表达式或逻辑表达式，它产生一个布尔值。

② 语句组是循环体，是要重复执行的语句序列。

while 循环语句的执行流程如图 2-9 所示。当布尔表达式产生的值是 true 时，重复执行循环体（语句组）操作；当布尔表达式产生的值是 false 时，结束循环操作，执行 while 循环体下边的语句。

【例 2-11】计算 $n!$（$n=9$），并分别输出 1! ～9! 各阶乘的值。

```java
public class FactorialExam2_11{
  public static void main(String [] args){
    int i=1;
    int product=1;
    while(i<=9){
      product*=i;
      System.out.println(i+"!="+product);
      i++;
    }
  }
}
```

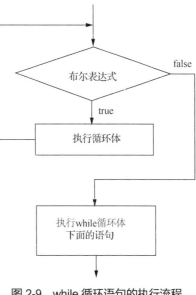

图 2-9　while 循环语句的执行流程

【例 2-12】修改例 2-10，使用 while 循环语句计算 100 以内的斐波那契数列（请注意和 for 循环程序之间的差别）。

```java
public class Fibo_whileExam2_12{
  public static void main(String []args){
    int i=1;
    int j=0;
    int m=0;
    System.out.println("斐波那契数列:");
    while(i<100)
      {
        m=i;
        System.out.print(""+i);
        i=i+j;
        j=m;
      }
    System.out.println("");
  }
}
```

（2）do...while 循环语句

do...while 循环语句的一般格式如下。

```
do
{
    语句组；   //循环体
}
while(布尔表达式);
```

　　注意 do...while 循环和 while 循环语句在格式上的差别，然后留意它们在执行流程上的差别。图 2-10 所示为 do...while 循环语句的执行流程。

　　从两种循环的格式和执行流程大家可以看出它们的差别在于：while 循环语句先判断布尔表达式的值，如果表达式的值为 true 则执行循环体，否则跳过循环体的执行。因此如果一开始布尔表达式的值就为 false，那么循环体一次也不被执行。do...while 循环语句是先执行一遍循环体，然后判断布尔表达式的值，若为 true 则再次执行循环体，否则执行 do...while 下面的语句。

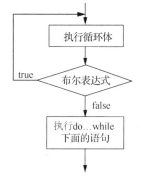

图 2-10　do...while 循环语句的执行流程

无论布尔表达式的值如何，do...while 循环语句都至少会执行一遍循环体。下边大家看一个测试的例子。

　　【例 2-13】while 循环和 do...while 循环语句比较测试示例。

```java
public class Test_while_do_whileExam2_13{
  public static void main(String []args){
    int i=0;  //声明一个变量
    System.out.println("准备进行 while 循环操作");
    while (i<0)
    {
      i++;
      System.out.println("进行第"+i+"次 while 循环操作");
    }
    System.out.println("准备进行 do...while 循环操作");
    i=0;
    do
    { i++;
      System.out.println("进行第"+i+"次 do...while 循环操作");
    }
    while(i<0);
  }
}
```

2.2.4　流程跳转语句

1. break 语句

　　在前文介绍的 switch 语句结构中，大家已经知道，break 语句用于结束它所在的 switch 语句，使程序跳转到 switch 语句结构后的第一个语句去执行。

　　break 语句的另一个作用是在循环结构中结束它所在的循环，使程序跳转到循环结构后面的语句去执行。break 语句的格式如下。

```
break;
```

【例 2-14】输出 50～100 的所有素数。

```
public class Sushu{
  public static void main(String[] args){
   int n,i;
   for( n=50; n<100; n++){
      for( i=2; i<=n/2; i++){
        if(n%i==0)  break;   //被 i 除尽，不是素数，跳出本循环
      }
      if(i>n/2){               //若 i>n/2，说明在上边的循环中没有遇到被除尽的数

        System.out.print(n+"");   //输出素数
      }
    }
  }
}
```

2. continue 语句

continue 语句只能用于循环结构中，用来结束本轮循环（即跳过循环体中 continue 下面尚未执行的语句），直接进入下一轮的循环。其格式和 break 语句的格式类似如下。

```
continue;
```

【例 2-15】输出 10～1000 既能被 3 整除也能被 7 整除的数。

```
public class Mul3and7{
  public static void main(String []args){
      int k=1;
      System.out.println("10～1000 可被 3 与 7 整除的数为:");
      for(int n=10; n<=1000; n++){
        if(n%3!=0 || n%7!=0)
            continue;
        System.out.print(n+"");
        if(k++%10==0)//k 用来控制 1 行输出 10 个
            System.out.println("");
      }
  System.out.println("");
  }
}
```

运行 Java 程序，结果如图 2-11 所示。

```
10～1000可被3与7整除的数为：
21  42  63  84  105 126 147 168 189 210
231 252 273 294 315 336 357 378 399 420
441 462 483 504 525 546 567 588 609 630
651 672 693 714 735 756 777 798 819 840
861 882 903 924 945 966 987
```

图 2-11　输出 10～1000 能被 3 和 7 整除的数

任务 2.3　拓展实践任务

本任务通过一组拓展实践任务，将前文介绍的 Java 语言的基础语法和流程控制等知识点结合起来进行应用。通过拓展实践环节，帮助读者强化语法知识点的实际应用能力，进一步熟悉 Java 程序的编写、编译和运行过程。

拓展实践任务

2.3.1 求身体质量指数

在初步了解了 Java 程序的分支语句基本概念后，下面通过实践任务来考核一下大家对相关知识点的掌握情况。

【实践任务 2-1】编写 Java 控制台程序，完成从键盘输入性别、身高和体重，实现健康提示和显示身体质量指数（Body Mass Index，BMI）的功能，如图 2-12 所示。

① 解题思路：先完成性别、身高和体重的输入，然后利用 BMI 计算公式进行求解，最后显示体重情况和 BMI 值。

BMI 值 = 体重/身高^2。

② 参考代码。

```
请输入您的性别:
男
请输入您的身高(m):
1.80
请输入您的体重(kg):
65
您的体重适中! 您的BMI值为: 20.061728395061724
```

图 2-12　求 BMI 程序输出

```java
import java.util.Scanner;
public class EX_BMI{
public static void main(String[] args) {
        String sex;
        double height,weight;//定义身高、体重
        double bmi;//计算并保存 BMI 值
        Scanner scan = new Scanner(System.in);
        System.out.println("请输入您的性别: ");
        sex=scan.next();
        System.out.println("请输入您的身高(m): ");
        height=scan.nextDouble();
        System.out.println("请输入您的体重(kg): ");
        weight=scan.nextDouble();
        bmi=weight/height/height;
        if(sex.equals("男")){
            if(bmi<20){
                System.out.println("您的体重过轻! 您的 BMI 值为: "+bmi);
            }else if(bmi<25&&bmi>=20){
                System.out.println("您的体重适中! 您的 BMI 值为: "+bmi);
            }else if(bmi<30&&bmi>=25){
                System.out.println("您的体重过重! 您的 BMI 值为: "+bmi);
            }else if(bmi<35&&bmi>=30){
                System.out.println("请关注您的体重! 您的 BMI 值为: "+bmi);
            }else{
                System.out.println("请多多关注您的体重! 您的 BMI 值为: "+bmi);
            }
        }else if(sex.equals("女")){
            if(bmi<19){
                System.out.println("您的体重过轻! 您的 BMI 值为: "+bmi);
            }else if(bmi<24&&bmi>=19){
                System.out.println("您的体重适中! 您的 BMI 值为: "+bmi);
            }else if(bmi<29&&bmi>=24){
```

```
            System.out.println("您的体重过重！您的 BMI 值为："+bmi);
        }else if(bmi<34&&bmi>=29){
            System.out.println("请关注您的体重！您的 BMI 值为："+bmi);
        }else if(bmi>=34){
            System.out.println("请多多关注您的体重！您的 BMI 值为："+bmi);
        }
    }else{
        System.out.print("您的输入有误！");
    }
scan.close();
  }
}
```

2.3.2　闰年的统计

在初步了解了 if...else if...else 分支控制语句后，下面通过实践任务来考核一下大家对相关知识点的掌握情况。

【**实践任务 2-2**】编写 Java 控制台程序，完成从键盘输入年份，实现判断年份是否为闰年的功能，如图 2-13 所示。

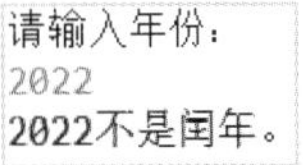

① 解题思路：首先从键盘输入年份，然后利用闰年公式进行判断，最后显示判断后的结果。

闰年的判断规则如下。

- 若某个年份能被 4 整除但不能被 100 整除，则是闰年。
- 若某个年份能被 400 整除，则是闰年。

② 参考代码。

请输入年份：
2022
2022不是闰年。

图 2-13　求闰年程序输出

```
import java.util.Scanner;
public class EX_Leapyear{
public static void main(String[] args) {
    int year;
    System.out.println("请输入年份：");
    Scanner scan = new Scanner(System.in);
    year=scan.nextInt();
    if(year<0||year>3000){
        System.out.println("年份有误！");
        }
    else if(year%4==0 && year%100 != 0||year%400==0){
        System.out.println(year+"是闰年。");
    }else {
        System.out.println(year+"不是闰年。");
        }
    scan.close();
  }
}
```

2.3.3　输出九九乘法表

在初步了解了 for 循环控制语句后，下面让大家通过实践任务来考核一下大家对相关知识点的掌握情况。

【实践任务 2-3】编写 Java 控制台程序，实现输出九九乘法表的功能，如图 2-14 所示。

① 解题思路：使用双重 for 循环输出九九乘法表。

② 参考代码。

```
1*1=1
2*1=2 2*2=4
3*1=3 3*2=6 3*3=9
4*1=4 4*2=8 4*3=12 4*4=16
5*1=5 5*2=10 5*3=15 5*4=20 5*5=25
6*1=6 6*2=12 6*3=18 6*4=24 6*5=30 6*6=36
7*1=7 7*2=14 7*3=21 7*4=28 7*5=35 7*6=42 7*7=49
8*1=8 8*2=16 8*3=24 8*4=32 8*5=40 8*6=48 8*7=56 8*8=64
9*1=9 9*2=18 9*3=27 9*4=36 9*5=45 9*6=54 9*7=63 9*8=72 9*9=81
```

图 2-14 九九乘法表程序输出

```java
/* 这是一个输出九九乘法表的程序
 * 程序的名字是 EX_Multi.java
 */
public class EX_Multi{
 public static void main(String[] args) {
    for(int i=0;i<=9;i++){
        for (int j=1;j<=i;j++){
            System.out.print(i+"*"+j+"="+i*j+"");
        }
    System.out.println();
    }
}
}
```

项目小结

本项目简要介绍了 Java 程序中的基本量，即标识符、关键字、数据类型、常量、变量、运算符和表达式，它们是程序设计的基础，大家应该掌握它们并能熟练地应用。

数据类型可分为基本数据类型和引用数据类型两种，本项目介绍了基本数据类型，引用数据类型将在后面的项目中介绍。

本项目还讨论了程序的注释、简单的输入/输出方法、条件分支结构的控制语句和循环结构的控制语句以及 break、continue 等控制语句，它们是程序设计的基础，大家应该认真理解和掌握并能熟练地应用。

本项目的重点：标识符的命名规则、常量和变量的定义及使用、运算符和表达式、不同数据类型值之间的相互转换规则、表达式的运算规则（按运算符的优先顺序从高向低进行，同级的运算符则按从左到右的方向进行），以及 3 种格式的 if 分支结构和 switch 多分支结构、for 循环结构、while 循环结构、do…while 循环结构、break 语句、continue 语句的使用。要注意不同格式分支结构的功能，不同循环结构使用上的差别，只有这样大家才能在实际应用中正确使用它们。

课后习题

1. 选择题

① 以下有关标识符的说法中，正确的是（　　　）。

    A. 任何字符的组合都可形成一个标识符

    B. Java 的关键字也可作为标识符使用

    C. 标识符是以字母、下画线或美元符号开头，后跟字母、数字、下画线或美元符号的字符组合

D. 标识符是不区分大小写的

② 以下几组标识符中，正确的是（   ）。

A. c_name、if、_name
B. c*name、$name、mode
C. Result1、somm1、while
D. $ast、_mmc、c$_fe

③ 以下说法中，正确的是（   ）。

A. 基本字符数据类型有字符和字符串两种

B. 字符类型占两个字节，可保存两个字符

C. 字符类型占两个字节，可保存一个字符

D. 以上说法都是错误的

④ 以下关于浮点型变量的说法中，正确的是（   ）。

A. 当数字带有后缀标记 f 或 F 时，系统认为是单精度浮点型变量

B. 当数字带有后缀标记 d 或 D 时，系统认为是双精度浮点型变量

C. 当数字没有后缀标记，但含有小数点或含有 E 指数表示时，系统默认是双精度浮点型变量

D. 以上说法都正确

⑤ 以下关于变量赋值的说法中，错误的是（   ）。

A. 变量只有在定义后才能使用

B. 布尔型的变量值只能取 true 或 false

C. 只有同类型同精度的值才能赋给同类型同精度的变量，不同类型不同精度要转换后才能赋值

D. 不同类型和不同精度之间也能赋值，系统会自动转换

⑥ 数学表达式 x^2+y^2+xy 对应的正确的 Java 算术表达式是（   ）。

A. x^2+y^2+xy   B. x*x+y*y+xy   C. x(x+y)+y*y   D. x*x+y*y+x*y

⑦ 以下关系表达式中，正确的是（   ）。

A. x≥y   B. x+y<>z   C. >=x   D. x+y!=z

⑧ 以下逻辑表达式中，正确的是（   ）。

A. (x+y>7)&&(x−y<1)
B. !(x+y)
C. (x+y>7)||(z=a)
D. (x+y+z)&&(z>=0)

⑨ 以下赋值语句中，正确的是（   ）。

A. a=b=c=d+100;   B. a+7=m;   C. a+=b+7=c;   D. a*=c+7=d;

⑩ 以下有关注释的说法中，正确的是（   ）。

A. 注释行可以出现在程序的任何地方

B. 注释不是程序的组成部分，因为编译系统会忽略它

C. 注释是程序的组成部分·

D. A、B 项说法正确，C 项说法错误

2. 分析程序，写出运行结果

① 题目 1：

```
public class Ex1{
  public static void main(String []args){
```

```
    int n=9;
    System.out.println("\n");
    while(n>6) {n--;
    System.out.println(n)};
    }
}
```

运行结果是：（　　　）。

② 题目 2：

```
public class Ex2{
    public static void main(String []args){
      int x=23;
      do
        System.out.println(x--);
        while(x>20);
      }
}
```

运行结果是：（　　　）。

③ 题目 3：

```
public class Ex3{
    public static void main(String []args){
      int i,sum=0;
      for (i=1;i<=3;i++)  sum+=i;
        System.out.println(sum);
      }
}
```

运行结果是：（　　　）。

④ 题目 4：

```
public class Ex4{
  public static void main(String []args){
    int a,b;
    for(a=1,b=1;a<=100;a++){
        if(b>=20)break;
        if(b%3==1){
            b+=3;
            continue;}
        b-=5;
    }
    System.out.println("a="+a+"   b="+b);}
}
```

运行结果是：（　　　）。

3. 编程题

① 从键盘输入 4 个整数，输出其中最大的数。

② 输入一个 5 位整数，将它反向输出。如输入 12345，输出 54321。

③ 编写程序，判断某一年是否为闰年。

④ 输出 100～200 不能被 5 整除的数。

项目 ③ 数组与字符串的处理

Java 语言有着灵活的数组与字符串处理能力。如何使用 Java 语言定义一维数组、多维数组？如何使用 Java 语言的 String 类、StringBuffer 类和 StringTokenizer 类？在本项目中我们就一起来了解一下 Java 的数组和字符串的处理与应用。

学习目标

知识目标：
1. 理解 Java 语言的数组
2. 理解 Java 语言的字符串

能力目标：
1. 掌握 Java 语言的一维数组和多维数组的使用方法
2. 掌握 Java 语言的字符数组的使用方法
3. 掌握 Java 语言的 String 类、StringBuffer 类和 StringTokenizer 类的使用方法

素养目标：
1. 培养深入思考钻研的学习能力
2. 培养编写和调试程序的实践能力

程序人生

程序员绩效考核有哪些方面？考核内容不宜复杂，主要围绕以下 4 个方面评估即可。

（1）工作态度

是否服从上级领导交代的工作任务，积极履行工作职责；是否文明用语，耐心回答工作问题；是否爱护公司财产，不轻易损坏硬件设备；是否充分理解业务需求，并且主动完善或提出业务建议；是否与团队保持良好合作，帮助同事解决现有问题。

（2）工作效率

是否按时完成工作任务；注意每个职位的分工是否合理，每个职位花费了多长时间和完成了多少工作；注意每个职位的工作职责，避免互相推卸责任。

（3）工作质量

是否诚实编码，不造假；是否符合软件设计规范；是否如实将需求实现转化；是否编写开发文档；是否编写单元测试；是否有较低的代码出错率；代码出错时要确定是产品逻辑还

是代码逻辑存在问题；应用性能是否达标。

（4）个人创新能力

是否克服某些业务上的技术难题，提供有效的解决方案；是否能发现现存业务上的技术缺陷；是否愿意为团队提供公共组件库；是否能节约开发成本。

Java 语言的数组

任务 3.1　Java 语言的数组

本任务要求理解数组的基本含义，理解一维数组和多维数组的概念及基本应用。这部分内容是今后进行复杂编程的基础。

3.1.1　数组概述

1. 为什么需要数组

如果现在要求定义 100 个整数型变量，那么如果按照之前的做法，需要定义的结构如下。

```
int i1, i2, i3, ...,i100;
```

但是，如果按照此类方式定义就会非常麻烦，因为这些变量彼此之间没有任何的关联，也就是说如果现在再要求输出这 100 个变量的内容，意味着要编写 System.out.println();语句 100 次。

为了解决这个问题，Java 语言提供了数组，它是一个容器，可以存储相同数据类型的元素，可以将 100 个数存储到数组中。

2. 数组的定义

数组是多个相同类型数据按一定顺序排列的集合，使用一个名字命名，并通过编号的方式对这些数据进行统一管理。

3. 数组相关概念

数组名：数组名称，用于区分不同的数组。数组只有一个名称，即标识符，要符合标识符规范。

元素类型：数组要存储的元素的数据类型。

数组元素：向数组中存放的数据。

元素下标：标明了元素在数组中的位置，从 0 开始；数组中的每个元素都可以通过下标来访问。

数组长度：数组长度固定不变，以避免数组越界。

4. 数组的特点

数组是有序排列的集合。数组本身是引用数据类型，而数组中的元素可以是任何数据类型，包括基本数据类型和引用数据类型。数组中元素的类型必须一样。创建数组对象会在内存中开辟一整块连续的空间，而数组名引用的是这块连续空间的首地址。数组的长度是固定的，长度一旦确定，就不能修改。我们可以直接通过下标的方式调用指定位置的元素，速度很快。

5. 数组的分类

按照维数：一维数组、二维数组、三维数组……从二维数组开始，称为多维数组。

按照数组元素的类型：基本数据类型元素的数组、引用数据类型元素的数组（即对象数组）。

3.1.2 Java 语言的一维数组

1. 一维数组的声明

声明一维数组的一般格式如下。

```
数据类型 数组名[];
或: 数据类型 [] 数组名;
```

① 数据类型说明数组元素的数据类型，可以是 Java 中任意的数据类型。

② 数组名是一个标识符，应遵循标识符的命名规则。

例如:

```
int intArray[];      //声明一个整数型数组
String strArray[];  //声明一个字符数组
```

声明数组只是说明数组元素的数据类型，系统并没有为其分配存储空间。要想使用数组，还必须为其定义大小（分配存储空间）。

2. 一维数组大小的定义及初始化

一般情况下，使用 new 关键字定义数组大小，例如下面的程序语句。

```
int intA[];       //声明一个整数型数组
intA = new int[5]; //定义数组可以存放 5 个整数元素
String strA[ ];   //声明一个字符数组
strA = new String[3]; //定义数组可以存放 3 个字符串元素
//为数组中每个元素赋值
intA[0]=1;   //数组下标从 0 开始
intA[1]=2;
intA[2]=3;
intA[3]=4;
intA[4]=5;
strA[0]="How";
strA[1]="are";
strA[2]="you";
```

通常，我们也采用如下方式为数组元素赋初值并由初值的个数确定数组的大小，以达到和上面的程序语句同样的目的。

```
int intA[]={1,2,3,4,5};
String stringA[]={"How", "are", "you"};
```

3. 一维数组元素的引用

如前文所述，以数组名和下标引用数组元素，数组元素的引用方式如下。

```
数组名[下标]
```

① 下标可以为整数型常数或表达式，下标从 0 开始。

② 数组是作为对象处理的，它具有长度（length）属性，用于指明数组中包含元素的个数。因此数组的下标从 0 开始到 length-1 结束。如果在引用数组元素时，下标超出了此范围，系统将产生数组下标越界的异常（ArrayIndexOutOfBoundsException）。

【例 3-1】一个养鸡场有 6 只鸡，它们的体重分别是 3kg、5kg、1kg、3.4kg、2kg、50kg。请问这 6 只鸡的总体重是多少？

```java
public class chick3_1{
    public static void main(String[] args){
        //定义一个可以存放6个float类型元素的数组
        float arr[]=new float[6];
        //使用for循环赋值
        //给数组的各个元素赋值
        arr[0]=3;
        arr[1]=5;
        arr[2]=1;
        arr[3]=3.4f;
        arr[4]=2;
        arr[5]=50;
        //计算总体重(遍历数组)
        float all=0;
        for(int i=0;i<6;i++){
            all+=arr[i];
        }
        System.out.println("总体重是: "+all);
    }
}
```

3.1.3　Java 语言的多维数组

在 Java 语言中，多维数组是建立在一维数组基础之上的，以二维数组为例，可以把二维数组的每一行看作一个一维数组，因此可以把二维数组看作一维数组的数组。同样也可以把三维数组看作二维数组的数组，以此类推。在日常应用中一维数组、二维数组较为常见，而多维数组只应用于特殊的场合。下面仅介绍二维数组。

1．二维数组的声明

声明二维数组的一般格式如下。

```
数据类型　数组名[][];
或: 数据类型 [][]　数组名;
```

与一维数组类似，声明二维数组只说明了二维数组元素的数据类型，并没有为其分配存储空间。

2．二维数组大小的定义及初始化

可以采用如下方式定义二维数组的大小并为其赋初值。

（1）先声明，后定义，最后赋值

```
int matrix[][];       //声明二维整数型数组matrix
matrix = new int[3][3];  //定义matrix包含3×3共9个元素
matrix[0][0]=1;       //为第1个元素赋值
matrix[0][1]=2;       //为第2个元素赋值
matrix[0][2]=3;       //为第3个元素赋值
matrix[1][0]=4;       //为第4个元素赋值
    ......
matrix[2][2]=9;       //为第9个元素赋值
```

（2）直接定义大小而后赋值

```
int matrix=new int[3][3];//定义二维整数型数组matrix包含3×3共9个元素
matrix[0][0]=1;   //为第1个元素赋值
  ……
matrix[2][2]=9;   //为第9个元素赋值
```

（3）由初始化值的个数确定数组的大小

在元素个数较少并且初值已确定时，通常采用此方式。

```
int matrix[][]={{1,2,3},{4,5,6},{7,8,9}};//由元素个数确定数组是3行3列
```

3. 二维数组元素的引用

【例 3-2】两个矩阵相乘。设有 3 个矩阵 A、B、C，矩阵 A 和 B 相乘，结果放入矩阵 C 中，即 $C=A\times B$。要求：$A[l][m] \times B[m][n] = C[l][n]$，即矩阵 A 的列数等于矩阵 B 的行数，结果矩阵 C 的行数等于矩阵 A 的行数，列数等于矩阵 B 的列数。

矩阵 C 元素的计算公式为：$c[i][j]=\sum(a[i][k] * b[k][j])$（其中：$i=0\sim1$，$j=0\sim n$，$k=0\sim m$）。

```java
/* 这是求两个矩阵乘积的程序。程序名称: ProductOfMatrixExam3_2.java */
public class ProductOfMatrixExam3_2{
 public static void main(String []args){
  int A[][]=new int [2][3]; //定义A为2行3列的二维数组
  int B[][]={{1,5,2,8},{5,9,10,-3},{2,7,-5,-18}};//B为3行4列
  int C[][]=new int[2][4]; //C为2行4列
  System.out.println("***Matrix A***");
  for(int i=0;i<2;i++){
     for(int j=0; j<3 ;j++){
       A[i][j]=(i+1)*(j+2); //为A各元素赋值
       System.out.print(A[i][j]+""); //输出A的各元素
      }
      System.out.println();
     }
  System.out.println("***Matrix B***");
  for(int i=0;i<3;i++) {
     //输出B的各元素
     for(int j=0; j<4 ;j++) System.out.print(B[i][j]+"");
     System.out.println();
     }
  System.out.println("***Matrix C***");
  for(int i=0;i<2;i++){
     for(int j=0;j<4;j++){
        //计算C[i][j]
        C[i][j]=0;
        for(int k=0;k<3;k++)
           C[i][j]+=A[i][k]*B[k][j];
           System.out.print(C[i][j]+""); //输出C[i][j]
     }
     System.out.println();
    }
  }
}
```

编译、运行程序，结果如图 3-1 所示。

4. 不同长度的二维数组

在解线性方程组、矩阵运算等应用中，使用的二维数组一般是相同长度的，即每行的元素个数是相等的。但有时我们会遇到类似三角形的阵列形式，如表 3-1 所示的九九乘法表。

```
***Matrix A***
2 3 4
4 6 8
***Matrix B***
1 5 2 8
5 9 10 -3
2 7 -5 -18
***Matrix C***
25 65 14 -65
50 130 28 -130
```

图 3-1　例 3-2 程序运行结果

表 3-1　九九乘法表

	第 1 列	第 2 列	第 3 列	第 4 列	第 5 列	第 6 列	第 7 列	第 8 列	第 9 列
第 1 行	1								
第 2 行	2	4							
第 3 行	3	6	9						
第 4 行	4	8	12	16					
第 5 行	5	10	15	20	25				
第 6 行	6	12	18	24	30	36			
第 7 行	7	14	21	28	35	42	49		
第 8 行	8	16	24	32	40	48	56	64	
第 9 行	9	18	27	36	45	54	63	72	81

存储九九乘法表的值需要一个二维数组。在 Java 语言中，由于把二维数组看作一维数组的数组，因此可以把二维数组的每一行作为一个一维数组分别定义，并不要求二维数组每一行的元素个数都相同。

```
int a[][] = new int[2][]; //说明 a 是二维数组，有 2 行
a[0] = new int[3]; //a[0]定义第 1 行，有 3 列
a[1] = new int[5]; //a[1]定义第 2 行，有 5 列
```

下面就以九九乘法表为例，说明不同长度二维数组的应用。

【例 3-3】存储并输出九九乘法表。

```
public class Multiplication_table{
 public static void main(String [] args){
   int mulTable[][] = new int [9][];//定义二维数组有 9 行
   for(int i=1; i<=9; i++){
   mulTable[i-1]= new int[i]; //定义各行的大小
    for(int j=1; j<=i; j++) mulTable[i-1][j-1]=i*j;//计算九九乘法表
   }
  //输出九九乘法表
  System.out.println("  |\t1\t2\t3\t4\t5\t6\t7\t8\t9");
  System.out.println("--+----------------------------------------------------------");
  for(int i=0; i<9; i++){
   System.out.print(""+(i+1)+"|");
   for(int j=0; j<mulTable[i].length; j++)
     System.out.print("\t"+mulTable[i][j]);
```

```
    System.out.println("");
  }
 }
}
```

Java 语言的
字符串

任务 3.2 Java 语言的字符串

本任务要求理解字符数组、Java 语言的 String 类、StringBuffer 类、StringTokenizer 类等的基本概念及基本应用。

3.2.1 字符数组

字符数组中的每个元素都是字符类型的数据，它的创建方法与一般数组的相似。

1. 字符数组的声明和创建

下面的语句声明并创建了字符数组 a，数组中可以存储 8 个字符。

```
char a[] = new char[8];
```

字符数组按如下方式初始化。其中 a 是一个字符数组，共有 4 个元素：a[0]为'g'、a[1]为'i'、a[2]为'r'、a[3]为'l'。

```
char a[]= {'g', 'i', 'r', 'l'};
```

还可以通过 for 循环语句给字符数组赋值。for 循环语句执行后，字符数组 a 中存放了 26 个大写英文字母。

```
char a[] = new char[50];
for(int i=0;i<26;i++)
a[i] = 'A'+i;
```

2. 字符串与字符数组

字符串不是字符数组，但是可以转换为字符数组，字符数组也可以转换为字符串。字符串和字符数组的转换有以下两种方式。

① 字符串转换为字符数组：toCharArray()方法。

例如：将字符串"school"中的字符转换为数组 a 中的元素。

```
char[] a= "school".toCharArray();
```

② 字符数组转换为字符串：String(char[])构造方法或者 valueOf(char[])方法。

例如：使用 String(char[ ])构造方法将字符数组转换为字符串 "word"，并将其赋值给 str。或者使用 valueOf(char[ ])方法将字符数组转换为字符串 "word"，并将其赋值给 str。

```
String str = new String(new char[] {'w','o','r','d'});
```

```
String str = String.valueOf(new char[] {'w','o','r','d'});
```

3.2.2 Java 语言的 String 类

String 类是常用的一个类，它用于生成字符串对象，对字符串进行相关的处理。

1. 构造字符串对象

在前面我们使用字符串时，是直接把字符串常量赋给字符串对象的。其实 String 类提供了如下一些常用的构造方法来构造字符串对象。

① String()：构造一个空的字符串对象。

② String(char chars[])：以字符数组 chars 的内容构造一个字符串对象。

③ String(char chars[], int startIndex, int numChars)：以字符数组 chars 中从 startIndex 位置开始的 numChars 个字符构造一个字符串对象。

④ String(byte[] bytes)：以字节数组 bytes 的内容构造一个字符串对象。

⑤ String(byte[] bytes, int offset, int length)：以字节数组 bytes 中从 offset 位置开始的 length 个字节构造一个字符串对象。

还有一些其他的构造方法，大家使用时可参考相关的手册。下面的程序段以多种方式构造字符串对象。

```
String s=new String() ; //生成一个空字符串对象
char chars1[]={'a','s','d'}; //定义字符数组 chars1
char chars2[]={'b','a','d','c','f'};//定义字符数组 chars2
String s1=new String(chars1);//用字符数组 chars1 构造对象 s1
String s2=new String(chars2,0,3);//用 chars2 前 3 个字符构造对象 s2
byte asc1[]={82,54,46};//定义字节数组 asc1
byte asc2[]={57,73,32,85,96};//定义字节数组 asc2
String s3=new String(asc1);//用字节数组 asc1 构造对象 s3
String s4=new String(asc2,0,3);//用字节数组 asc2 前 3 个字节构造对象 s4
```

2. String 类对象的常用方法

String 类也提供了众多的方法用于操作字符串，下面列出了一些常用的方法。

① public int length()：此方法返回字符串的字符个数。

② public char charAt(int index)：此方法返回字符串中 index 位置上的字符，其中 index 值的范围是 0～length-1。

例如：

```
String str1=new String("This is a string.");  //定义字符串对象 str1
int  n=str1.length();          //获取字符串 str1 的长度（n=17）
char ch1=str1.charAt(n-2);  //获取字符串 str1 倒数第二个字符（ch1='g'）
```

③ public int indexOf(char ch)：此方法返回字符 ch 在字符串中第一次出现的位置。

④ public int lastIndexOf(char ch)：此方法返回字符 ch 在字符串中最后一次出现的位置。

⑤ public int indexOf(String str)：此方法返回子串 str 在字符串中第一次出现的位置。

⑥ public int lastIndexOf(String str)：此方法返回子串 str 在字符串中最后一次出现的位置。

⑦ public int indexOf(int ch,int fromIndex)：此方法返回字符 ch 在字符串中 fromIndex 位置后第一次出现的位置。

⑧ public int lastIndexOf(int ch,int fromIndex)：此方法返回字符 ch 在字符串中 fromIndex 位置后最后一次出现的位置。

⑨ public int indexOf(String str,int fromIndex)：此方法返回子串 str 在字符串中 fromIndex 位置后第一次出现的位置。

⑩ public int lastIndexOf(String str,int fromIndex)：此方法返回子串 str 在字符串中 fromIndex 位置后最后一次出现的位置。

例如：

```
String str2=new String("There is too much noise.");
int n=str2.indexOf('o');        //n=10
n=str2.lastIndexOf('o');        //n=19
n=str2.indexOf("to");           //n=9
n=str2.lastIndexOf("to");       //n=9
n=str2.indexOf('o',15);         //n=19
n=str2.indexOf('i',18);         //n=20
```

⑪ public String substring(int beginIndex)：此方法返回字符串中从 beginIndex 位置开始的字符子串。

⑫ public String substring(int beginIndex,int endIndex)：此方法返回字符串中从 beginIndex 位置开始到 endIndex 位置（不包括该位置）结束的字符子串。

例如：

```
String str3=new String("it takes time to know a person");
String str4=str3.substring(16);    //str4=" know a person"
String str5=str3.substring(3,8);   //str5="takes"
```

⑬ public String contact(String str)：此方法用来将当前字符串与给定字符串 str 连接起来。

⑭ public String replace(char oldChar,char newChar)：此方法用来把字符串中所有由 oldChar 指定的字符替换成由 newChar 指定的字符以生成新字符串。

⑮ public String toLowerCase()：此方法把字符串中所有的字符变成小写且返回新字符串。

⑯ public String toUpperCase()：此方法把字符串中所有的字符变成大写且返回新字符串。

⑰ public String trim()：此方法用来去掉字符串中前导空格和拖尾空格且返回新字符串。

⑱ public String[] split(String regex)：此方法用来以 regex 为分隔符来拆分此字符串。

字符串处理在应用系统中是很重要的，我们应该熟练掌握字符串的操作。限于篇幅，还有一些方法没有列出，有需要的读者请参阅相关的手册。

【例 3-4】生成一班 20 位同学的学号并按每行 5 个输出。

```
/* 程序名: StringOp1.java*/
public class StringOp1{
  public static void main(String [] args){
    int num=101;
    String str="20060320";
    String[] studentNum=new String[20]; //存放学号
    for(int i=0; i<20; i++){
      studentNum[i]=str+num; //生成各学号
      num++;
    }
    for(int i=0; i<20; i++) {
      System.out.print(studentNum[i]+"");
      if((i+1)%5==0) System.out.println("");//输出 5 个后换行
    }
  }
}
```

程序运行结果如图 3-2 所示。

```
20060320101   20060320102   20060320103   20060320104   20060320105
20060320106   20060320107   20060320108   20060320109   20060320110
20060320111   20060320112   20060320113   20060320114   20060320115
20060320116   20060320117   20060320118   20060320119   20060320120
```

图 3-2　例 3-4 程序运行结果

注意，由于字符串的连接运算符"+"使用简便，所以很少使用 contact() 方法进行字符串连接操作。当一个字符串与其他类型的数据进行"+"运算时，系统自动将其他类型的数据转换成字符串。

```
int  a=10,b=5;
String  s1=a+"+"+b+"="+a+b;
String  s2=a+"+"+b+"="+(a+b);
System.out.println(s1);   //输出结果：10+5=105
System.out.println(s2);   //输出结果：10+5=15
```

大家可以思考一下 s1 和 s2 的值为什么不一样。

【例 3-5】给出一段英文句子，将每个单词分解出来放入数组中并排序输出。

```
/*本程序的主要目的是演示对象方法的使用。程序名：UseStringMethod.java */
import java.util.Arrays;   //引入数组类 Arrays
public class UseStringMethod{
 public static void main(String [] args){
  String str1="The String class represents character strings. All string literals
in Java programs, such as \"abc\", are implemented as instances of this class.";
  String[] s =new String[50]; //定义数组含 50 个元素
  str1=str1.replace('\"',' '); //将字符串中的转义字符\"替换为空格
  str1=str1.replace(',',' ');  //将字符串中的,字符替换为空格
  str1=str1.replace('.',' ');  //将字符串中的.字符替换为空格
  System.out.println(str1);   //输出处理后的字符串
  int i=0,j;
  while((j=str1.indexOf(""))>0){ //查找空格，若找到，则空格前是一个单词
    s[i++]=str1.substring(0,j); //将单词取出放入数组中
    str1=str1.substring(j+1); //在字符串中去掉取出的单词部分
    str1=str1.trim();
  }
  Arrays.sort(s,0,i);
  for(j=0; j<i; j++){
    System.out.print(s[j]+"  "); //输出各单词
    if((j+1)%5==0) System.out.println();
  }
  System.out.println();
 }
}
```

程序运行结果如图 3-3 所示。

3.2.3　Java 语言的 StringBuffer 类

　　在字符串处理中，String 类生成的对象是不变的，即 String 类中对字符串的运算操作不是在源

```
All  Java  String  The  abc
are  as  as  character  class
implemented  in  instances  literals  of
programs  represents  string  strings  such
this
```

图 3-3　例 3-5 程序运行结果

字符串对象上进行的，而是重新生成一个新的字符串对象，其操作的结果不影响源字符串。

StringBuffer 类中对字符串的运算操作是在源字符串上进行的，完成运算操作之后源字符串的值发生了变化。StringBuffer 类采用缓冲区存放字符串的方式，提供了对字符串内容进行动态修改的功能，即可以在字符串中添加、插入和替换字符。StringBuffer 类被放置在 java.lang 包中。

1. 创建 StringBuffer 对象

使用 StringBuffer 类创建 StringBuffer 对象，StringBuffer 类常用的构造方法如下。

① StringBuffer()：创建一个空的 StringBuffer 对象。

② StringBuffer(int length)：以 length 指定的长度创建 StringBuffer 对象。

③ StringBuffer(String str)：用指定的字符串初始化创建 StringBuffer 对象。

注意：与 String 类不同，必须使用 StringBuffer 类的构造方法创建对象，不能直接定义 StringBuffer 类型的变量。

例如，StringBuffer sb = "This is String object! "是不被允许的，必须使用 StringBuffer sb=new StringBuffer("This is String object! ")。由于 StringBuffer 对象是可以修改的字符串，所以在创建 StringBuffer 对象时，并不一定都进行初始化工作。

2. 常用方法

（1）插入字符串方法 insert()

insert()方法是一个重载方法，用于在字符串缓冲区中指定的位置插入给定的字符串。它有如下形式。

① insert(int index,数据类型 参数名)可以在字符串缓冲区中 index 指定的位置处插入各种类型（如 int、double、boolean、char、float、long、String、Object 等）的数据。

② insert(int index, char [] str, int offset, int len) 可以在字符串缓冲区中 index 指定的位置处插入字符数组中从下标 offset 处开始的 len 个字符。

例如：

```
StringBuffer Name=new StringBuffer("李青青");
Name.insert(1, "杨");
System.out.println(Name.toString());//输出结果：李杨青青
```

（2）删除字符串方法

StringBuffer 类提供了如下常用的删除方法。

① delete(int start,int end)用于删除字符串缓冲区中位置 start～end 的字符。

② deleteCharAt(int index)用于删除字符串缓冲区中 index 位置处的字符。

例如：

```
StringBuffer Name=new StringBuffer("李杨青青");
Name.delete(1,3);
System.out.println(Name.toString());//输出结果：李青
```

（3）字符串添加方法 append()

append()方法是一个重载方法，用于将字符串添加到字符串缓冲区的后面，如果所添加的字符串的长度超过字符串缓冲区的容量，则字符串缓冲区将自动扩充。它有如下形式。

① append (数据类型 参数名)可以向字符串缓冲区添加各种类型（如 int、double、boolean、char、float、long、String、Object 等）的数据。

② append(char[] str,int offset,int len)可以将字符数组 str 中从 offset 指定的下标位置开始的 len 个字符添加到字符串缓冲区中。

例如：

```
StringBuffer Name=new StringBuffer("李");
Name.append("杨青青");
System.out.println(Name.toString());//输出结果：李杨青青
```

（4）字符串的替换操作方法 replace()

replace()方法用于用一个新的字符串去替换字符串缓冲区中指定的字符。它的形式如下。

```
replace(int start,int end,String str);
```

这表示用字符串 str 替换字符串缓冲区中从位置 start～end 的字符。

例如：

```
StringBuffer Name=new StringBuffer("李杨青青");
Name.replace(1,3, " ");
System.out.println(Name.toString());//输出结果：李  青
```

（5）获取字符方法

StringBuffer 类提供了如下从字符串缓冲区中获取字符的方法。

① charAt(int index)用于取字符串缓冲区中 index 位置处的字符。

② getChars(int start, int end, char[] dst, int dstStart)用于取字符串缓冲区中 start～end 的字符并放到字符数组 dst 中以 dstStart 下标开始的数组元素中。

例如：

```
StringBuffer str=new StringBuffer("三年级一班学生是李军")
char[] ch =new char[10];
str.getChars(0, 7, ch, 3);
str.getChars(8, 10, ch, 0);
chr[2]=str.charAt(7);
System.out.println(ch);        //输出结果：李军是三年级一班学生
```

（6）其他几个常用方法

① toString()用于将字符串缓冲区中的字符转换为字符串。

② length()用于返回字符串缓冲区中字符的个数。

③ capacity()用于返回字符串缓冲区总的容量。

④ ensureCapacity(int minimumCapacity)用于设置追加的容量大小。

⑤ reverse()用于将字符串缓冲区中的字符串翻转。

例如：

```
StringBuffer str = new StringBuffer("1 东 2 西 3 南 4 北 5");
str.reverse();
System.out.println(str.toString()); //输出结果：5 北 4 南 3 西 2 东 1
```

⑥ lastIndexOf(String str)用于返回指定的字符串 str 在字符串缓冲区中最右边（最后）出现的位置。

⑦ lastIndexOf(String str,int fromIndex)用于返回指定的字符串 str 在字符串缓冲区中由

fromIndex 指定的位置前最后出现的位置。

⑧ substring(int start)用于取字符串，返回字符串缓冲区中从 start 位置开始的所有字符。

⑨ substring(int start,int end)用于取字符串，返回字符串缓冲区中从位置 start～end 的所有字符。

【例 3-6】建立一个学生类，包括学号、姓名和备注项的基本信息。为了便于今后的引用，单独建立一个 Student 类，如下。

```java
/*程序名: Student.java*/
package student;
import java.lang.StringBuffer;
public class Student{
public String studentID;              //学号
public String studentName;            //姓名
public StringBuffer remarks;      //备注
public Student(String ID,String name,String remarks){//构造方法
    studentID=ID;
    studentName=name;
    this.remarks=new StringBuffer(remarks);
  }
public void display(Student  obj){   //显示方法
    System.out.print(obj.studentID+""+obj.studentName);
    System.out.println(obj.remarks.toString());
  }
}
```

【例 3-7】创建学生对象，对学生的备注项进行修改。

```java
/*程序名: CreateStudent.java */
import Student;
public class CreateStudent{
  public static void main(String []args){
    Student[] students= new Student[3];
    students[0]=new Student("20170120105","张三","");
    students[1]=new Student("20170120402","李四","");
    students[2]=new Student("20170120105","王五","");
    students[1].remarks.append(" 2017 春季运动会 1000 米长跑第一名");
    students[2].remarks.insert(0," 2017 第一学期数学课代表");
    for(int i=0; i<students.length; i++){
      students[i].display(students[i]);
    }
  }
}
```

3.2.4 Java 语言的 StringTokenizer 类

字符串是 Java 程序中主要的处理对象，java.util 包提供的 StringTokenizer（字符串标记）类主要用于对字符串的分析、提取，如提取一篇文章中的每个单词等。下面我们简要介绍 StringTokenizer 类的功能和应用。

Java 语言程序设计与实现（微课版）（第 2 版）

1. StringTokenizer 类的构造方法

StringTokenizer 类的构造方法如下。

① StringTokenizer(Stringstr);构造一个用来解析 str 的 StringTokenizer 对象。

② StringTokenizer(Stringstr,String delim);构造一个用来解析 str 的 StringTokenizer 对象，并提供一个指定的分隔符。

③ StringTokenizer(Stringstr, String delim,boolean returnDelims);构造一个用来解析 str 的 StringTokenizer 对象，并提供一个指定的分隔符，同时，指定是否返回分隔符。

其中，str 是要分析的字符串，delim 是指定的分界符，returnDelims 确定是否返回分界符。

可将一个字符串分解成数个单元，以分界符区分各单元。系统默认的分界符是空格、制表符 "\t"、回车符 "\r"、分页符 "\f"。当然，也可指定其他的分界符。

2. 常用方法

StringTokenizer 类提供的常用方法如下。

① int countTokens()用于返回标记的数目。

② boolean hasMoreTokens()用于检查是否还有标记存在。

③ String nextToken()用于返回下一个标记。

④ String nextToken(String delimit)用于根据 delimit 指定的分界符返回下一个标记。

【例 3-8】统计字符串中的单词个数。

```
/*程序名:TokenExample.java*/
import java.util.StringTokenizer;
class TokenExample{
 public static void main(String[] args){
   StringTokenizer tk=new StringTokenizer("It is an example");
int n=0;
   while(tk.hasMoreTokens()) {
     tk.nextToken();
     n++;
   }
   System.out.println("单词个数:"+n);  //输出单词个数
 }
}
```

【例 3-9】按行输出学生的备注信息。

```
/*程序名:OutStudentInformation.java*/
import student.Student;
import java.util.StringTokenizer;
public class OutStudentInformation{
public static void main(String []args){
   Student[] students= new Student[3];
   students[0]=new Student("20170120105","张三","");
   students[1]=new Student("20170120402","李四"," 2017 春季运动会 1000 米长跑第一名
院英语竞赛第二名");
   students[2]=new Student("20170120208","王五"," 2017 第一学期数学课代表 一等奖学金");
   for(int i=0; i<students.length; i++)
```

```
    {
        System.out.println("\n"+students[i].studentName+"简介:");
        StringTokenizer tk=new StringTokenizer(students[i].remarks. toString());
        while(tk.hasMoreTokens())
        System.out.println(tk.nextToken());
    }
    }
}
```

任务 3.3 拓展实践任务

本任务通过一组拓展实践任务，将前文介绍的 Java 语言的数组和字符串等知识点结合起来进行应用。通过拓展实践环节，帮助读者强化语法知识点的实际应用能力，进一步熟悉 Java 程序的编写和调试过程。

拓展实践任务

3.3.1 输出斐波那契数列

在初步了解了 Java 语言一维数组的基本概念和应用方法后，下面通过实践任务来考核一下大家对相关知识点的掌握情况。

【实践任务 3-1】编写 Java 控制台程序，实现输出斐波那契数列前 20 项的功能，如图 3-4 所示。

斐波那契数列的前20项如下所示：

1	1	2	3	5
8	13	21	34	55
89	144	233	377	610
987	1597	2584	4181	6765

图 3-4 斐波那契数列前 20 项

① 解题思路：先定义斐波那契数列前两项为 1，然后利用斐波那契数列公式计算后面的各项，最后显示斐波那契数列的前 20 项。

- 斐波那契数列指的是这样一个数列——1,1,2,3,5,8,13,21,34,55,89,...，这个数列从第 3 项开始，每一项都等于前两项之和。
- 在数学上，斐波那契数列以如下的方法定义：$F(0)=1, F(1)=1, F(n)=F(n-1)+F(n-2)$（$n \geqslant 2$，$n \in \mathbf{N}^*$）。

② 参考代码。

```
public class EX_Fibo{
//定义数组方法
    public static void main(String[] args){
        int arr[] = new int[20];
        arr[0] = arr[1] = 1;
        for (int i = 2; i < arr.length; i++) {
            arr[i] = arr[i - 1] + arr[i - 2];
        }
        System.out.println("斐波那契数列的前 20 项如下所示: ");
```

```
    for (int i = 0; i < arr.length; i++) {
        if (i % 5 == 0)
            System.out.println();
        System.out.print(arr[i] + "\t");
    }
  }
}
```

3.3.2 输出杨辉三角形

在初步了解了 Java 语言多维数组的基本概念和应用方法后，下面通过实践任务来考核一下大家对相关知识点的掌握情况。

【实践任务 3-2】编写 Java 控制台程序，输入杨辉三角形的行数，实现输出杨辉三角形的功能，如图 3-5 所示。

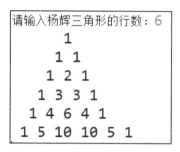

图 3-5 杨辉三角形

① 解题思路：先输入杨辉三角形的行数，然后利用公式计算杨辉三角形各项值，最后显示出杨辉三角形。

* 杨辉三角形又称为帕斯卡三角形，三角形中的每个数字等于它上方的两数之和。
* 每个数字等于上一行的左、右两个数字之和，可用此性质得出整个杨辉三角形。第 $n+1$ 行的第 i 个数等于第 n 行的第 $i-1$ 个数和第 i 个数之和，即 $C(n+1,i)=C(n,i)+C(n,i-1)$。

② 参考代码。

```
import java.util.Scanner;
public class EX_Yhui{
    public static void main(String[] args) {
    System.out.print("请输入杨辉三角形的行数: ");
    Scanner arryh = new Scanner(System.in);
        int n = arryh.nextInt();                          //从键盘输入 n
        int[][] sc = new int[n][n];
        for (int i = 0; i < sc.length; i++) {
            for (int j = 0; j <= i; j++) {
                if (j == 0 || j == i) {                   //第一列全为 1
                    sc[i][j] = 1;
                } else {
                    sc[i][j] = sc[i - 1][j - 1] + sc[i - 1][j];//下一行的数等于上一行左、
右两数之和
                }
            }
```

```
    }
    for (int i = 0; i < n; i++) {                    //行
        for (int j = 0; j <= i; j++) {               //列
            if (j == 0) {
                System.out.print(sc[i][j]);
            } else {
                System.out.print("" + sc[i][j]);
            }
        }
        System.out.println();                        //换行
    }
    arryh.close();
    }
}
```

3.3.3 文本关键词的检索

在初步了解了 Java 语言的字符串处理方式后，下面通过实践任务来考核大家对相关知识点的掌握情况。

【实践任务 3-3】编写 Java 控制台程序，输入要检索的关键词，实现在文本中检索关键词的功能，如图 3-6 所示。

```
请输入要检索的关键词：
快乐
第1次出现位置为：8
第2次出现位置为：21
第3次出现位置为：24
快乐一共出现了3次
```

图 3-6　文本关键词的检索

① 解题思路：先输入关键词，然后在已给的文本中检索出关键词的位置和出现的次数，最后显示出相关信息。

* 将关键词作为子串，在主文本字符串中进行检索。
* 利用循环语句在主文本字符串中一段一段地取子串与关键词进行对比，判断是否相符。
* 使用整数型变量 count 累计关键词出现的次数，使用整数型变量 i 保存关键词出现的位置。

② 参考代码。

```
import java.util.Scanner;
public class EX_Search{
    public static void main(String[] args){
    String src="有人说，要让自己快乐，最好的方法是先令别人快乐。快乐有点像感冒—"传染"得很快。";
    System.out.println("请输入要检索的关键词：");
    Scanner substr = new Scanner(System.in);
        String sub = substr.next();              //需要查找的字符串
```

```
        int count = 0;
        int subLen = sub.length();

        for(int i=0;i<src.length()-subLen+1;i++) {
            if(src.substring(i,i+subLen).equals(sub)) {
        count++;
        System.out.println("第"+count+"次"+"出现位置为: "+i);
            }
        }
        System.out.println(sub+"一共出现了"+count+"次");
        substr.close();
        }
    }
```

项目小结

本项目详细介绍了一维数组、二维数组的相关知识及应用，还介绍了字符数组、字符串类 String、字符串缓冲类 StringBuffer 和字符串标记类 StringTokenizer 等基本的一些类在 Java 程序设计中常见的应用。大家只有熟练地掌握和运用数组和字符串，才能更方便、快捷地编写程序。

课后习题

1. 选择题

① 设有定义语句 int a[]={66,88,99}，则以下对此语句的叙述中错误的是（　　　）。

    A. 定义了一个名为 a 的一维数组　　　　　　B. a 数组有 3 个元素

    C. a 数组的下标为 1、2、3　　　　　　D. 数组中的每个元素都是整数型

② 定义 byte x[ ] = {11,22,33,-66}，其中 0≤k≤3，则对 x 数组元素错误的引用是（　　　）。

    A. x[5-3]　　　　B. x[k]　　　　C. x[k+5]　　　　D. x[0]

③ 在一个应用程序中有如下定义：int a[]={1,2,3,4,5,6,7,8,9,10}，为了输出数组 a 的最后一个元素，下面代码中正确的是（　　　）。

    A. System.out.println(a[10]);　　　　　　B. System.out.println(a[9]);

    C. System.out.println(a[a.length]);　　　　D. System.out.println(a[8]);

④ 设有整数型数组的定义 int a[]=new int[8]，则 a.length 的值为（　　　）。

    A. 6　　　　B. 7　　　　C. 8　　　　D. 9

⑤ 顺序执行下列程序语句后，b 的值是（　　　）。

```
String  a="Hello";
String  b=a.substring(0,2);
```

    A. Hel　　　　B. hello　　　　C. Hello　　　　D. null

⑥ 字符串 "\'a\'"的长度是（　　　）。

    A. 3　　　　B. 4　　　　C. 5　　　　D. 6

2. 填空题

① 字符串分为两大类，一类是字符串常量，使用（　　　）类的对象表示；另一类是字符

串变量，使用（　　　）类的对象表示。

② 数组 x 定义如下：String x[][]=new String [3][2];x[0][0]= "abc"，x[0][1]= "12345";。则 x.length 的值为（　　　），x[0][1].length 的值为（　　　）。

3. 编程题

① 将一个数组中的元素按逆序输出。

② 求一个整数型数组的元素之和及平均值。

项目 ④ Java 面向对象程序基础

Java 语言作为面向对象的编程语言，提供了面向对象的基本性质：封装性、继承性和多态性。万事万物皆对象，Java 面向对象编程是以人类最好理解的方向去编程。类是如何定义的？Java 语言如何构造对象？本项目中就让我们一起来了解一下 Java 的面向对象的基本概念、定义类、构造对象等内容。

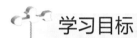

知识目标：
1. 理解类的封装的基本概念
2. 理解修饰符的使用

能力目标：
1. 掌握 Java 类的创建方法
2. 掌握 Java 对象的实例化方法
3. 掌握访问控制修饰符和性质修饰符的使用方法
4. 掌握 Java 语言常用的系统类

素养目标：
1. 培养具有不断创新、探索的学习能力
2. 培养动手编程、调试的实践能力

让我们来了解一下不同角色的程序员。

（1）编程语言开发者

职责：设计编程语言，开发程序编译器。没有他们的存在，就没有编程语言；没有编程语言，就没有软件的诞生。

（2）操作系统软件架构师

职责：设计计算机操作系统，开发计算机操作系统。研发出一个计算机操作系统是困难与复杂的，从硬件驱动到软件应用，需要掌握丰富的计算机专业知识才能研发出让人们易于使用的计算机操作系统。

（3）软件开发工具设计师

职责：开发软件工具、软件框架、软件组件。正是由于他们的存在，才大大地提高了软件开发效率。假如没有这些工具，而是用普通的记事本去编写代码，那试想一下什么时候才能把项目写完、调试、测试和上线。所以说软件行业的迅速发展，很大程度上都是这些设计师们的功劳。

（4）应用软件业务架构工程师

职责：在二线位置设计并开发各行各业的商业应用软件架构。针对不同行业的特点，他们能够对常见应用场景马上给出恰当的应用软件架构。可以这样说，一个应用软件业务架构工程师工作的好坏决定了整个商业应用软件的成败，所以没有丰富的研发实战经验是不能胜任此岗位的。

（5）应用软件开发工程师/软件开发爱好者

职责：在一线位置开发各行各业的商业应用软件，把掌握的软件开发技术应用到各行各业。只有把技术应用到生活中，才能体现技术的价值，否则谁知道学了这门技术对生活有什么实际意义或者帮助呢。

世界上没有不被需要的程序员。不管成为什么样的程序员，尽自己最大努力做出自己想要的东西，这就是成为程序员的乐趣。

任务 4.1　类的封装

本任务要求理解类的封装、类的创建和对象的实例化等的基本概念及基本应用。这些知识是我们编写面向对象程序的基础。面向对象的设计思想是当今软件设计领域应用最为广泛的设计思想，它解决了面向过程的设计无法适应大规模软件开发的问题，可以有效地将问题进行划分和隔离。

类的封装

4.1.1　封装的概述

1. 封装的定义

封装是把过程和数据包围起来，对数据的访问只能通过已定义的接口来实现。面向对象设计始于这个基本概念，即现实世界可以被描绘成一系列完全自治、封装的对象，这些对象通过一个受保护的接口访问其他对象。封装是一种信息隐藏技术，在 Java 中通过关键字 private、protected 和 public 实现封装。封装把对象的所有组成部分组合在一起，封装定义程序如何引用对象的数据，封装实际上使用方法将类的数据隐藏起来，控制用户对类的修改和访问数据的程度。适当的封装可以让代码更容易理解和维护，也提升了代码的安全性。

下面先通过一个例子感受一下封装。

```java
public class Show{
    public static void show(String str){
        System.out.println(str);
    }
}
```

上面就是对 System.out.println() 的封装。

```java
public class Use{
    public static void main(String[] args){
        Show.show("封装");
    }
}
```

这样就不用使用 System.out.println("封装")这个语句形式了。

2. 封装的作用

① 对象的数据封装特性彻底消除了传统结构方法中数据与操作分离所带来的种种问题，提高了程序的可复用性和可维护性，减轻了程序员保持数据与操作内容的负担。

② 对象的数据封装特性还可以把对象的私有数据和公共数据分离，保护私有数据，减少可能的模块间干扰，达到降低程序复杂性、提高可控性的目的。

4.1.2　类的创建

面向对象的程序设计是以类为基础的，Java 程序是由类构成的。一个 Java 程序至少包含一个或一个以上的类。

1. 定义类

如前文所述，类是对现实世界中实体的抽象，类是一组具有共同特征和行为的对象的抽象描述。因此，一个类的定义包括如下两个方面：定义属于该类对象共有的属性（属性的类型和名称）和定义属于该类对象共有的行为（所能执行的操作，即方法）。

类包含类的声明和类体两部分，定义类的一般格式如下。

```
[访问限定符] [修饰符] class 类名 [extends 父类名] [implements 接口名列表>]//类声明
{//类体开始标志
[类的成员变量声明]   //属性说明
[类的构造方法定义]
[类的成员方法定义]   //行为定义
}  //类体结束标志
```

对类声明的格式说明如下。

① 方括号 "[]" 中的内容为可选项，在后面的格式说明中意义相同，不赘述。

② 访问限定符的作用是：确定该定义类可以被哪些类使用。可用的访问限定符如下。

● public 表明是公有的。可以在任何 Java 程序中的任何对象里使用公有的类。该限定符也用于限定成员变量和方法。如果定义类时使用 public 进行限定，则类所在的文件名必须与此类名相同（包括大小写）。

● private 表明是私有的。该限定符可用于定义内部类，也可用于限定成员变量和方法。

● protected 表明是保护的。类中的成员变量和方法只能为其子类所访问。

● 若没有访问限定符，则系统默认是友元的。友元的类可以被本类包中的所有类访问。

③ 修饰符的作用是：确定该定义类如何被其他类使用。可用的修饰符如下。

● abstract 表明该类是抽象类。抽象类不能直接生成对象。

● final 表明该类是最终类。最终类是不能被继承的。

④ class 是关键字，是定义类的标志（注意全是小写）。

⑤ 类名是该类的名字，是一个 Java 标识符，含义应该明确。一般情况下类名的首字母大写。

⑥ 父类名跟在关键字 "extends" 后，说明所定义的类是该父类的子类，它将继承该父类的属性和行为。父类可以是 Java 类库中的类，也可以是本程序或其他程序中定义的类。

⑦ 接口名列表是接口名的一个列表，跟在关键字 "implements" 后，说明所定义的类要实现列表中的所有接口。一个类可以实现多个接口，接口名之间以逗号分隔。Java 不支持多

重继承，类似多重继承的功能是靠接口实现的。

以上简要介绍了类声明中各项的作用，我们将在后面的内容中进行详细讨论。

类体中包含类成员变量和类方法的声明及定义，类体以定界符左花括号"{"开始，右花括号"}"结束。类成员变量和类方法的声明及定义将在后面的内容中进行详细讨论。

先看一个公民类的定义示例。

```
public class Citizen
{
  [ 声明成员变量 ]        //成员变量（属性）说明
  [ 定义构造方法 ]        //构造方法（行为）定义
  [ 定义成员方法 ]        //成员方法（行为）定义
}
```

我们把它定义为公有类，在任何其他的 Java 程序中都可以使用它。

2. 成员变量

成员变量用来表明类的特征（属性）。声明或定义成员变量的一般格式如下。

```
[访问限定符] [修饰符]  数据类型 成员变量名[=初始值];
```

① 访问限定符用于限定成员变量被其他类的对象访问的权限，和上文所述的类访问限定符类似。

② 修饰符用来确定成员变量如何在其他类中使用。可用的修饰符如下。

● static 表明声明的成员变量是静态的。静态成员变量的值可以由该类所有的对象共享，它属于类，而不属于该类的某个对象。即使不创建对象，使用"类名.静态成员变量"也可访问静态成员变量。

● final 表明声明的成员变量是一个最终变量，即常量。

● transient 表明声明的成员变量是一个暂时性成员变量。一般来说，成员变量是类对象的一部分，它与对象一起被存档（保存），但暂时性成员变量不被保存。

● volatile 表明声明的成员变量在多线程环境下的并发线程中将保持变量的一致性。

③ 数据类型可以是简单的数据类型，也可以是类、字符串等类型，它表明成员变量的数据类型。

类的成员变量在类体内方法的外面声明，一般常放在类体的开始部分。

下边我们声明公民类的成员变量，公民对象所共有的属性有姓名、别名、性别、出生年月、出生地、身份标识等。

```
import java.util.*;
public class Citizen{
    //以下声明成员变量（属性）
    String  name;
    String  alias;
    String  sex;
    Date  birthday;  //这是一个日期类的成员变量
    String  homeland;
    String  ID;
    //以下定义成员方法（行为）
    ……
}
```

在上面的成员变量声明中，除出生年月被声明为日期型外，其他均为字符串型。由于 Date 类被放在 java.util 包中，所以在类定义的前面加上 import 语句。

3. 成员方法

方法用来描述对象的行为，在类的方法中可分为构造器方法和成员方法，此处先介绍成员方法。

成员方法用来实现类的行为。方法也包含两部分：方法声明和方法体（操作代码）。

定义方法的一般格式如下。

```
[访问限定符] [修饰符] 返回值类型  方法名([形参表])  [throws 异常列表]
{
[ 变量声明 ]          //方法内用的变量，局部变量
[ 程序代码 ]          //方法的主体代码
[ return [ 表达式 ] ]  //返回语句
}
```

① 访问限定符如前文所述。

② 修饰符说明方法的使用方式。可用于方法的修饰符如下。

- abstract 说明该方法是抽象方法，即没有方法体（只有"{}"括起来的空方法）。
- final 说明该方法是最终方法，即不能被重写。
- static 说明该方法是静态方法，可通过类名直接调用。
- native 说明该方法是本地方法，它集成了其他语言的代码。
- synchronized 说明该方法用于多线程中的同步处理。

③ 返回值类型应是合法的 Java 数据类型。方法可以返回值，也可以不返回值，可视具体需求而定。当不需要返回值时，可用 void（空值）指定，但不能省略。

④ 方法名应是合法的 Java 标识符，其声明了方法的名字。

⑤ 形参表说明方法所需要的参数，有两个以上参数时，用逗号分隔各参数，说明参数时，应声明它的数据类型。

⑥ 异常列表定义在执行方法的过程中可能抛出的异常对象的列表（相关内容将在项目 6 中讨论）。

以上简要介绍了方法声明中各项的作用，大家可在后面的具体应用示例中加深理解。

方法体内是完成类行为的操作代码。根据具体需求，有时会修改或获取对象的某个属性值，也会访问列出对象的相关属性值。下面仍以公民类为例演示介绍成员方法的应用，在类中加入获取名字、设置名字和列出所有属性这 3 个方法。

【例 4-1】完善公民类 Citizen。

```java
import java.util.*;
public class Citizen{
  //以下声明成员变量（属性）
  String  name;
  String  alias;
  String  sex;
  Date  birthday;  //这是一个日期类的成员变量
  String  homeland;
  String  ID;
```

```
//以下定义成员方法（行为）
public String  getName(){  //获取名字方法
    //getName()方法体开始
   return  name;  //返回名字
}        //getName()方法体结束
/***下边是设置名字方法***/
public void setName(String name){
      //setName()方法体开始
   this.name=name;
}       //setName()方法体结束
/***下边是列出所有属性方法***/
public void displayAll(){
   //displayAll()方法体开始
   System.out.println("姓名："+name);
   System.out.println("别名："+alias);
   System.out.println("性别："+sex);
   System.out.println("出生年月："+birthday.toLocaleString());
   System.out.println("出生地："+homeland);
   System.out.println("身份标识："+ID);
}  //displayAll()方法体结束
}
```

在上边的示例中，两个方法无返回值（void），一个方法返回名字（String）；两个方法不带参数，一个方法带有一个参数，有关参数的使用将在后文介绍。在列出所有属性方法 displayAll() 中，出生年月的输出使用了将日期转换为字符串的转换方法 toLocaleString()。

需要说明的是，在设置名字方法 setName() 中使用了关键字 this，this 代表当前对象，其实在方法体中引用成员变量或其他的成员方法时，引用前都隐含着 "this."，一般情况下都会省略它，但当成员变量与方法中的局部变量同名时，为了区分且正确引用，成员变量前必须加 "this."，不能省略。

4. 构造方法

构造方法用来构造类的对象。如果在类中没有构造方法，在创建对象时，系统使用默认的构造方法。定义构造方法的一般格式如下。

```
[public]  类名（[形参表]）
{
    [方法体]
}
```

比较构造方法的格式和成员方法的格式，可以看出构造方法是一个特殊的方法。应该严格按照构造方法的格式来编写构造方法，否则构造方法将不起作用。有关构造方法的格式强调如下。

① 构造方法的名字就是类名。

② 访问限定符只能使用 public 或省略。一般声明为 public，如果省略，则只能在同一个包中创建该类的对象。

③ 在方法体中不能使用 return 语句返回一个值。

下边我们在例 4-1 定义的公民类 Citizen 中添加如下的构造方法。

```
public Citizen(String name,String alias,String sex,Date birthday,String
homeland,String ID){
  this.name=name;
  this.alias=alias;
  this.sex=sex;
  this.birthday=birthday;
  this.homeland=homeland;
  this.ID=ID;
}
```

到此为止，我们简要介绍了类的结构并完成了一个简单的公民类的定义。

4.1.3　对象的实例化

我们已经定义了公民类 Citizen，但它只是从"人"类中抽象出来的模板，要处理一个公民的具体信息，必须按这个模板构造出一个具体的"人"来，它就是 Citizen 类的一个实例，也称作对象。

1．对象的创建

创建对象需要以下 3 个步骤：声明对象、创建对象和引用对象。

（1）声明对象

声明对象的一般格式如下。

```
类名　对象名；
```

声明对象后，系统还没有为对象分配存储空间，只是建立了空的引用，通常称之为空对象（null）。因此对象还不能使用。

例如：

```
Citizen  p1,p2;        //声明了两个公民对象
Float f1,f2;           //声明了两个浮点数对象
```

（2）创建对象

对象只有在创建后才能使用，创建对象的一般格式如下。

```
对象名 = new  类构造方法名([实参表]);
```

其中，类构造方法名就是类名。new 关键字用于为对象分配存储空间，它调用构造方法，获得对象的引用（对象在内存中的地址）。

例如：

```
p1=new Citizen("张三","张山","女",new Date(),"中国北京","110105197502163562");
f1=new Float(26f);
f2=new Float(38f);
```

注意，声明对象和创建对象也可以合并为一条语句，其一般格式如下。

```
类名　对象名 =  new 类构造方法名([实参表]);
```

例如：

```
Citizen p1=new Citizen("张三","张山","女",new Date(),"中国北京","110105197502163562");
Float f1=new Float(26f);
Float f2=new Float(38f);
```

（3）引用对象

在创建对象之后，就可以引用对象了。引用对象的成员变量或成员方法需要对象运算符 "."。引用成员变量的一般格式如下。

```
对象名.成员变量名
```

引用成员方法的一般格式如下。

```
对象名.成员方法名([实参表])
```

在创建对象时，某些属性没有给出确定的值，随后可以修改这些属性的值。例如：

```
Citizen p2=new Citizen("李佳","","男",null,"上海","42110119820515273x");
```

对象 p2 的别名和出生年月都给了空值，我们可以使用下面的语句修正它们。

```
p2.alias="自由客";
p2.birthday=new Date("6/22/83");
```

名字中出现错别字，我们也可以调用方法更正名字。

```
p2.setName("李嘉");
```

2. 对象的简单应用示例

下面介绍两个简单的示例，以帮助大家加深理解前面介绍的一些基本概念。

【例 4-2】编写一个测试 Citizen 类功能的程序，创建 Citizen 对象并显示对象的属性值。

```java
import java.util.*;
public class TestCitizenExam4_2{
 public static void main(String [] args){
 Citizen p1,p2;  //声明对象
 //创建对象 p1、p2
 p1=new Citizen("张三","张山","女",new Date(),"中国北京","110105197502163562");
 p2=new Citizen("李佳","","男",null,"上海","42110119820515273x");
 p2.setName("李嘉");  //调用方法更正对象的名字
   p2.alias="自由客";   //修改对象的别名
   p2.birthday=new Date("6/22/83"); //修改对象的出生年日
   p1.displayAll();   //显示对象 p1 的属性值
   System.out.println("----------------------------");
   p2.displayAll();   //显示对象 p2 的属性值
 }
}
```

如前文所述，一个应用程序的执行入口是 main()方法，上面的测试类程序中只有主方法，没有其他的成员变量和成员方法，所有的操作都在 main()方法中完成。

需要说明的是，该程序中使用了 JDK 的一个过时的构造方法 Date(日期字符串)，所以在编译的时候系统会输出提示信息编译人员。一般不提倡使用过时的方法，类似的功能已由相关类的其他方法所替代。在这里使用它，主要是为了使程序简单、容易阅读。

在程序中，从声明对象、创建对象、修改对象属性到执行对象方法等，我们一切都是围绕对象在操作的。

【例 4-3】定义一个圆类，计算圆的周长和面积。

```java
public class CircleExam4_3{
 final double PI=3.1415926;  //常量定义
```

```
double radius=0.0 ;              //变量定义
//构造方法定义
public CircleExam4_3(double radius){
    this.radius=radius;
}
//成员方法计算周长
public double circleGirth(){
    return  radius*PI*2.0;
}
//成员方法计算面积
public double circleSurface(){
    return radius*radius*PI;
}
//主方法
public static void main(String [] args){
    CircleExam4_3 c1,c2;
    c1=new CircleExam4_3(5.5);
    c2=new CircleExam4_3(17.2);
    System.out.println("半径为 5.5 的圆的周长="+c1.circleGirth()+" 面积
="+c1.circleSurface());
    System.out.println("半径为 17.2 的圆的周长="+c2.circleGirth()+" 面积
="+c2.circleSurface());
 }
}
```

3．对象的清除

在 Java 中，程序员不需要考虑跟踪每个生成的对象，因为系统采用了自动垃圾收集的内存管理方式,运行时系统通过垃圾收集器周期性地清除无用对象并释放它们所占的内存空间。

垃圾收集器作为系统的一个线程运行，当内存不够用时或当程序中调用了 System.gc()方法要求收集垃圾时，垃圾收集器便与系统同步运行。在系统空闲时，垃圾收集器和系统异步工作。

事实上，在类中都提供了一个撤销对象的方法 finalize()，但并不提倡使用该方法。若在程序中确实希望清除某对象并释放它所占的存储空间，只需将空引用（null）赋给它即可。

任务 4.2　修饰符的使用

修饰符的使用

前文介绍了定义类及其成员变量、成员方法的通用格式，在这些格式中都使用了修饰符，其目的是对类和成员的使用做某些限定。在 Java 语言中，一般将修饰符分为两类：访问控制修饰符和非访问控制修饰符。其中，访问控制修饰符有 public、protected、private 等，它们的作用是给予对象一定的访问权限，实现类和类中成员的信息隐藏。非访问控制修饰符的作用各不相同，包括 abstract、static、final、native、volatile、synchronized、transient 等。某些修饰符只能用于修饰类的成员，而某些修饰符既可用于修饰类，也可用于修饰类的成员。本节将介绍这两类修饰符。

4.2.1　访问控制修饰符的使用

1.　基本介绍

Java 提供了以下 4 种访问控制修饰符，用于控制方法和属性（成员变量）的访问权限（范围）。

① 公开级别：用 public 修饰，对外公开。

② 受保护级别：用 protected 修饰，对子类和同一个包中的类公开。

③ 默认级别：没有修饰符，向同一个包中的类公开。

④ 私有级别：用 private 修饰，只有类本身可以访问，不对外公开。

2.　4 种访问控制修饰符的访问范围

4 种访问控制修饰符的访问范围如表 4-1 所示。

表 4-1　4 种访问控制修饰符的访问范围

访问级别	访问控制修饰符	本类	同包	子类（继承父类）	不同包
公开	public	√	√	√	√
受保护	protected	√	√	√	
私有	private	√			
默认	没有修饰符	√	√		

使用 4 种访问控制修饰符需要注意的地方如下。

① 修饰符可以用来修饰类中的属性（成员变量）、成员方法及类。

② 只有默认和 public 才能修饰类，并且遵循上述访问权限的特点。

③ 成员方法的访问规则和属性的完全一样。

4.2.2　非访问控制修饰符的使用

1.　静态方法

所谓静态方法，就是以 "static" 修饰符说明的方法。在不创建对象的前提下，可以直接引用静态方法，其引用的一般格式为：类名.静态方法名([实参表])。

一般我们把静态方法称为类方法，而把非静态方法称为类的实例方法（即只能被对象引用）。

在使用类方法和实例方法时，应该注意以下几点。

① 当类被加载到内存之后，类方法就获得了相应的入口地址；该地址在类中是共享的，不仅可以直接通过类名引用它，还可以通过创建类的对象引用它。只有在创建类的对象之后，实例方法才会获得入口地址，它只能被对象所引用。

② 无论是类方法还是实例方法，当被引用时，方法中的局部变量才会被分配内存空间，方法执行完毕，局部变量立该释放所占内存空间。

③ 在类方法里只能引用类中其他静态的成员（如静态变量和静态方法），而不能直接访问类中的非静态成员。这是因为，对于非静态的变量和方法，需要创建类的对象后才能使用；而类方法在使用前不需要创建任何对象。在非静态的实例方法中，所有的成员均可以使用。

④ 不能使用 this 和 super 关键字（super 关键字在后面的项目中介绍）的任何形式引用类方法。这是因为 this 是针对对象而言的，类方法在使用前不需要创建任何对象，当类方法被调用时，this 所引用的对象根本没有产生。

【例 4-4】在类中有两个整数型变量成员，分别在静态方法和非静态方法 display()中显示它们。请思考如下的程序代码中是否存在错误？如有，应如何改正呢？

```java
public class Example4_4{
  int var1, var2;
  public Example4_4(){
    var1=30;
    var2=85;
  }
  public static void display(){
    System.out.println("var1="+var1);
    System.out.println("var2="+var2);
  }
  public void display(int var1,int var2){
    System.out.println("var1="+var1);
    System.out.println("var2="+var2);
  }
  public static void main(String [] args){
    Example4_4 v1=new Example4_4();
    v1.display(v1.var1,v1.var2);
    display();
  }
}
```

编译程序，系统将显示如下的错误信息。

```
Example4_4.java:11: Cannot make a static reference to the non-static field var1
  System.out.println("var1="+var1);
                             ^
Example4_4.java:12: Cannot make a static reference to the non-static field var2
  System.out.println("var2="+var2);
                             ^
2 errors
```

可以看出两个错误均来自静态方法 display()，错误的原因是在静态方法体内引用了外部非静态变量，这是不允许的。此外，也应该看到在非静态方法 display()中设置了两个参数用于接收对象的两个属性值，这显然是多余的，因为非静态方法由对象引用，可以在方法体内直接引用对象的属性。

解决上述问题的方法如下。

① 将带参数的 display()方法修改为静态方法，即添加修饰符 static。

② 将不带参数的 display()方法修改为非静态方法，即去掉修饰符 static。

③ 修改 main()方法中对 display()方法的引用方式，即静态方法直接引用，非静态方法由对象引用。

2. 最终方法

在 Java 中，子类可以从父类继承成员方法和成员变量，并且可以把继承来的某个方法重新改写并定义新功能。但如果父类的某些方法不希望再被子类重写，必须把它们说明为最终方法，使用 final 修饰即可。

所谓最终方法，是指不能被子类重写（覆盖）的方法。定义最终方法的目的主要是防止子类对父类方法的改写，以确保程序的安全性。

一般来说，对类中一些完成特殊功能的方法，只希望子类继承使用而不希望修改，可定义为最终方法。定义最终方法的一般格式如下。

```
[访问限定符] final 数据类型 最终方法名([参数列表])
{
    //方法体代码
}
```

任务 4.3 Java 语言常用的系统类

Java 语言常用的
系统类

本任务讲解 Java 语言常用的系统类，主要包括数学类的使用、格式化类的使用、日期类的使用，为后面内容的学习打下坚实的基础。

4.3.1 数学类的使用

Math（数学）类提供了用于数学运算的标准方法如下。

- static 数据类型 abs(数据类型 a)：求 a 的绝对值。其中数据类型可以是 int、long、float 和 double。这是重载方法。
- static 数据类型 max(数据类型 a,数据类型 b)：求 a、b 中的最大值。数据类型同上。
- static 数据类型 min(数据类型 a,数据类型 b)：求 a、b 中的最小值。数据类型同上。
- static double acos(double a)：返回 arccosa 的值。
- static double asin(double a)：返回 arcsina 的值。
- static double atan(double a)：返回 arctga 的值。
- static double cos(double a)：返回 cosa 的值。
- static double exp(double a)：返回 e 的 a 次方，e 是自然数。
- static double log(double a)：返回 lna 的值。
- static double pow(double a, double b)：求 a^b 的值。
- static double random()：产生 0 到 1 的随机值，包括 0 但不包括 1。
- static double rint(double a)：返回靠近 a 且等于整数的值，相当于四舍五入后去掉小数部分。
- static long round(double a)：返回 a 靠近 long 的值。
- static int round(float a)：返回 a 靠近 int 的值。
- static double sin(double a)：返回 sina 的值。
- static double sqrt(double a)：返回 a 的平方根。
- static double tan(double a)：返回 tga 的值。
- static double toDegrees(double angrad)：将 angrad 表示的弧度转换为度数。
- static double toRadians(double angdeg)：将 angdeg 表示的度数转换为弧度。

4.3.2 格式化类的使用

有时我们可能需要对输出的数字结果进行必要的格式化，例如，对于 5.2873189，我们希望保留小数位为 3 位，整数部分至少要显示 3 位，即将 5.2873189 格式化为 005.287。可以使用 java.text 包中的 NumberFormat 类，该类调用类方法：public static final NumberFormat.getInstance()。实例化一个 NumberFormat 对象，该对象调用 public final String format(double number)方法可以格式化数字 number。

【例 4-5】格式化类的使用。

```
import java.text.NumberFormat;
public class MathTest{
  public static void main(String[] args){
      double a=Math.sqrt(5);
      System.out.println("格式化前: "+a);
      NumberFormat  f=NumberFormat.getInstance();
      f.setMaximumFractionDigits(5);
      f.setMinimumIntegerDigits(3);
      String s=f.format(a);
      System.out.println("格式化后: "+s);
  }
}
```

运行 Java 程序，结果如图 4-1 所示。

格式化前: 2.23606797749979
格式化后: 002.23607

图 4-1 例 4-5 程序运行结果

4.3.3 日期类的使用

Date（日期）类用来设置系统的日期和时间。

1. 常用的构造方法

① Date()：用系统当前的日期和时间构建对象。

② Date(long date)：以长整型数 date 构建对象。date 是从 1970 年 1 月 1 日 0 时 0 分 0 秒算起所经过的毫秒数。

2. 常用的方法

① boolean after(Date when)：测试日期对象是否在 when 之后。

② boolean before(Date when)：测试日期对象是否在 when 之前。

③ int compareTo(Date anotherDate)：日期对象与 anotherDate 比较，如果相等则返回 0；如果日期对象在 anotherDate 之后则返回 1，否则返回-1。

④ long getTime()：返回自 1970 年 1 月 1 日 0 时 0 分 0 秒以来经过的时间（毫秒数）。

⑤ void setTime(long time)：以 time（毫秒数）设置时间。

我们可能希望按照某种习惯来输出时间，比如时间的顺序，年、月、星期、日，或年、月、星期、日、时、分、秒。这时可以使用 DataFormat 的子类 SimpleDateFormat 来实现日期的格式化。SimpleDateFormat 类有一个常用构造方法 public SimpleDateFormat(String pattern)，该构造方法可以用参数 pattern 指定的格式创建一个对象，该对象调用 format(Data date)方法格式化日期对象 date。需要注意的是，pattern 中应当含有一些有效的字符序列如下。

- y 或 yy 表示用 2 位数字输出年份，yyyy 表示用 4 位数字输出年份。
- M 或 MM 表示用 2 位数字输出月份，如果想用汉字输出月份，pattern 中应连续包含至少 3 个 M，如 MMM。
- d 或 dd 表示用 2 位数字输出日。
- H 或 HH 表示用 2 位数字输出时。
- m 或 mm 表示用 2 位数字输出分。
- s 或 ss 表示用 2 位数字输出秒。

- E 表示用字符串输出星期。

【例 4-6】用 3 种格式输出时间。

```java
import java.util.Date;
import java.text.SimpleDateFormat;
public class DateTest{
  public static void main(String[] args){
      Date nowTime=new Date( );
  System.out.println("现在的时间: "+nowTime);
  SimpleDateFormat matter1=new SimpleDateFormat("北京时间  yyyy 年  MM 月 dd 日");
  System.out.println("现在的时间: "+matter1.format(nowTime));
  SimpleDateFormat matter2= new SimpleDateFormat("北京时间  yyyy 年  MM 月 dd 日 E
HH 时 mm 分 ss 秒 ");
  System.out.println("现在的时间: "+matter2.format(nowTime));
  SimpleDateFormat matter3=new SimpleDateFormat("北京时间  MMM dd 日  HH 时  mm 分
ss 秒  E");
  System.out.println("现在的时间: "+matter3.format(nowTime));
  }
}
```

运行 Java 程序，结果如图 4-2 所示。

```
现在的时间: Tue Jan 31 14:52:51 CST 2023
现在的时间: 北京时间 2023 年 1 月 31 日
现在的时间: 北京时间 2023 年 1 月 31 日 星期二 14 时 52 分 51 秒
现在的时间: 北京时间 一月 31 日 14 时52分 51 秒 星期二
```

图 4-2　例 4-6 程序运行结果

任务 4.4　拓展实践任务

本任务通过一组拓展实践任务，将前文介绍的知识点结合起来进行应用。通过拓展实践环节，帮助读者强化语法知识点的实际应用能力，进一步熟悉 Java 程序的编写、编译和运行过程。

拓展实践任务

4.4.1　猜数字游戏的实现

在了解了 Java 中数学类的使用后，下面通过实践任务来考核一下大家对相关知识点的掌握情况。

【实践任务 4-1】编写 Java 控制台程序，完成从键盘输入数字，显示与随机产生的数比较大小的结果，最终在提示的引导下猜对数字，如图 4-3 所示。

① 解题思路：先在程序中生成一个 0～100 的随机数，然后让用户输入要猜的数字，再对比用户猜的数字是否和随机数相同。如果相同则提示猜对，游戏结束，否则显示比较结果让用户继续输入。

② 参考代码。

```java
import java.util.Random;
import java.util.Scanner;
```

```
猜数字游戏即将开始!
请输入您要猜的数字:
50
猜大了!
请输入您要猜的数字:
20
猜小了!
请输入您要猜的数字:
30
猜小了!
请输入您要猜的数字:
40
猜小了!
请输入您要猜的数字:
45
猜大了!
请输入您要猜的数字:
43
猜大了!
请输入您要猜的数字:
42
恭喜您,猜对了!!!
```

图 4-3　猜数字游戏结果演示

```java
public class EX_Guess{
    public static void game(){
        //首先应该生成一个随机数
        Random random=new Random();
        int randNum=random.nextInt(101);//设置随机数的范围是 0～100
        //然后开始让玩家猜数字
        while(true){
            System.out.println("请输入您要猜的数字：");
            Scanner scanner=new Scanner(System.in);
            int guessNum=scanner.nextInt();
            //然后将玩家猜的数字与随机生成的数字进行比较
            if(guessNum>randNum){
                System.out.println("猜大了！ ");
            }else if(guessNum==randNum){
                System.out.println("恭喜您，猜对了!!! ");
                break;
                //玩家猜对之后就可以跳出循环
                //如果没有猜对就继续猜
            }else{
                System.out.println("猜小了！ ");
            }
        }
    }
    public static void main(String[] args){
        System.out.println("----猜数字游戏即将开始! -----");
        game();//进入猜数字游戏的方法
    }
}
```

4.4.2 电子日历的显示

在了解了 Java 中日期类的使用后，下面通过实践任务来考核一下大家对相关知识点的掌握情况。

【实践任务 4-2】编写 Java 控制台程序，完成从键盘输入年份和月份，显示该年月的电子日历，如图 4-4 所示。

① 解题思路：先获得输入年份的月份距 1900 年 1 月 1 日（星期一）一共有多少天，然后用总天数对 7 取余，获得该月份第一天是星期几，最后显示出该年月的电子日历。

② 参考代码。

图 4-4 电子日历结果演示

```java
import java.util.Scanner;
public class EX_Calendar{
    public static void calendarmenu(){
        System.out.println("请输入年份：1900—2999");
        Scanner reader=new Scanner(System.in);
```

```
        int year=reader.nextInt();
        System.out.println("请输入月份: 1～12");
        int month=reader.nextInt();
        System.out.println("\t\t"+year+"年"+month+"月日历");
        showCalender(year,month);
    }
public static void  showCalender(int year,int month){//日历表格
    System.out.println("一\t 二\t 三\t 四\t 五\t 六\t 日");
    int weekday=getWeekday(year,month,1);
    for (int i=1;i<weekday;i++){
        System.out.printf("\t");
    }
    int monthDays =getMonthDays(year,month);
    for(int i=1;i<=monthDays;i++){
        int k=weekday%7;
        if(k==0){
            System.out.printf(i+"\n");
        }else{
            System.out.printf(i+"\t");
        }
        weekday=weekday+1;
    }
}
public static int getWeekday(int year,int month,int day){
    int weekday=0;
    int sumDays=getSumDays(year,month,day);
    weekday=sumDays%7;
    return weekday;
}
public static int getMonthDays(int year,int month){
    int monthDays=0;
    if (month==4||month==6||month==9||month==11){
        monthDays=30;
    }else if (month==2){
        if (year%4==0&&year%100!=0||year%400==0){
            monthDays=29;
        }else{
            monthDays=28;
        }
    }else {
        monthDays=31;
    }
    return monthDays;
}
public static int getSumDays(int year,int month,int day){
    int sumDays=0;
    for (int i=1900;i<year;i++){
        if (i%4==0 && i%100!=0 || i%400==0){
            sumDays=sumDays+366;
        }else {
            sumDays=sumDays+365;
        }
```

```
    }
    for (int i=1;i<month;i++){
        sumDays=sumDays+getMonthDays(year,i);
    }
    sumDays=sumDays+day;
    return sumDays;
    }
  public static void main(String[] args) {
calendarmenu();
    }
 }
}
```

项目小结

本项目主要讲述了面向对象的程序设计的基本概念，面向对象的程序设计是以类为基础的。一个类包含两部分，一是数据部分（变量），二是行为部分（方法）。根据这两部分，在定义类时，数据部分被声明为类的成员变量，行为部分被声明为类的成员方法。

本项目详细讨论了类的构成。类由类的声明部分和类体组成。类体包含以下内容。

（1）成员变量

成员变量可分为静态的成员变量和非静态的成员变量。静态的成员变量也称为类变量，它属于类，可以被类的所有对象共享；非静态的成员变量也称为实例变量，它只属于具体的对象。

（2）成员方法

方法可分为构造方法和成员方法。构造方法是一种特殊的方法，它用于构造对象。成员方法又可分为静态方法和非静态方法。静态方法也称为类方法，可以在不创建对象的情况下，直接使用类名引用；非静态方法也称为实例方法，只能由对象引用。

本项目的重点是面向对象的程序设计的基本概念，类的定义方法、各种数据成员变量和成员方法的概念及定义，对象的定义、创建及引用，方法参数的传递，等等。本项目是面向对象的程序设计的基础，必须切实掌握，才能更好地学习后面的内容。

课后习题

1. 选择题

① 关于构造方法，下列说法错误的是（   ）。

   A. 构造方法不可以重载，但可以继承

   B. 构造方法用来初始化该类的一个新的对象

   C. 构造方法具有和类名相同的名称

   D. 构造方法不返回任何数据类型，且不用 void 声明

② 在类的修饰符中，规定只能被同一个包中的类所使用的修饰符是（   ）。

   A. public   B. 默认   C. final   D. abstract

③ 在成员方法的访问控制修饰符中，规定访问权限包含该类自身、同包的其他类和其他包的该类子类的修饰符是（   ）。

A. 默认　　　　　　B. protected　　　　C. private　　　　D. public

④ 下面（　　　）是正确的 main()方法说明。

A. public main(String []args)　　　　B. public static void main(String []args)

C. private static void main(String []args)　　D. void main()

2. 填空题

① Java 语言以（　　　）为程序的基本单位，它是具有某些共同特性实体的集合，是一种抽象的概念。

② 把对象实例化可以生成多个对象，使用（　　　）关键字为对象分配内存空间。

③ Java 语言中（　　　）是所有类的根。

④ 在 Java 中有一种叫作（　　　）的特殊方法，在程序中用它来对类成员进行初始化。

⑤ Java 中类成员的访问限定符有以下几种：private、public、（　　　）、（　　　）。其中，（　　　）限定的范围最大。

⑥ Java 语言中的 Math 类包含以下常用的方法：求绝对值的方法名为（　　　），求平方根的方法名为（　　　），求 x^y 的方法名为（　　　）。

3. 判断题

① 类是一种类型，也是对象的模板。　　　　　　　　　　　　　　　　（　　　）

② 类中说明的方法可以定义在类体外。　　　　　　　　　　　　　　　（　　　）

③ 实例方法中不能引用类变量。　　　　　　　　　　　　　　　　　　（　　　）

④ 创建对象时系统将调用适当的构造方法给对象初始化。　　　　　　　（　　　）

⑤ 对象可作为方法参数，对象数组不能作为方法参数。　　　　　　　　（　　　）

⑥ class 是定义类的关键字。　　　　　　　　　　　　　　　　　　　（　　　）

⑦ 类及其属性、方法可以同时有一个以上的修饰符来修饰。　　　　　　（　　　）

⑧ 类 A 和类 B 位于同一个包中，则除了私有成员，类 A 可以访问类 B 的所有其他成员。

（　　　）

4. 编程题

① 已知如下一个类：

```
class A{
int a1,a2;
A(int i,int j){
    a1=i;
    a2=j;
    }
}
```

要求编写一个方法 swap()用来交换 A 类的两个成员变量的值。

② 编写一个学生类 Student，要求如下。

● 学生类 Student 的属性如下。

id：long 型，代表学号。

name：String 类对象，代表姓名。

age：int 型，代表年龄。

sex：boolean 型，代表性别（其中，true 表示男，false 表示女）。

phone：String 类对象，代表联系电话。

- 学生类 Student 的方法如下。

Student(long i,String n,int a,boolean s,long p)：有参构造方法，形参表中的参数分别初始化学号、姓名、年龄、性别和联系电话。

int getAge()：获取年龄作为方法的返回值。

boolean getSex()：获取性别作为方法的返回值。

long getPhone()：获取联系电话作为方法的返回值。

public String toString()：以"姓名：联系电话"的形式作为方法的返回值。

项目 ⑤ Java 面向对象程序进阶

Java 语言的核心是面向对象编程。面向对象编程是对现实世界的抽象化处理。在现实世界中使用层级分类的方式是管理抽象的一个有效方法。这在 Java 语言中对应了继承的概念。Java 语言类的访问如何限定？本项目中就让我们一起来了解一下 Java 的类的继承性、类的访问限定、抽象类、匿名类以及包和接口等概念。

学习目标

知识目标：
1. 理解类的封装和多态的基本概念
2. 理解接口的基本概念

能力目标：
1. 掌握内部类和匿名类的应用方法
2. 掌握接口的使用方法
3. 掌握包的访问方法

素养目标：
1. 培养具有深入探究的学习能力
2. 培养动手尝试探索的实践能力

程序人生

程序员不得不知的座右铭。

- 温故而知新，可以为师矣。——《论语》
- 见贤思齐焉，见不贤而内自省也。——《论语》
- 敏而好学，不耻下问。——《论语》
- 学而不思则罔，思而不学则殆。——《论语》
- 工欲善其事，必先利其器。——《论语》
- 士不可以不弘毅，任重而道远。——《论语》
- 故天将降大任于是人也，必先苦其心志，劳其筋骨，饿其体肤，空乏其身，行拂乱其所为，所以动心忍性，曾益其所不能。——《孟子》
- 言顾行，行顾言，君子胡不慥慥尔！——《中庸》

- 博学之，审问之，慎思之，明辨之，笃行之。——《中庸》
- 苟日新，日日新，又日新。——《大学》
- 读书百遍，其义自见。——《三国志》
- 锲而舍之，朽木不折；锲而不舍，金石可镂。——《荀子·劝学》
- 夫战，勇气也。一鼓作气，再而衰，三而竭。——《左传·庄公十年》

任务 5.1　类的继承

类的继承

面向对象的重要特点之一就是继承。类的继承使得能够在已有的类的基础上构造新的类。新类除了具有被继承类的属性和方法外，还可以根据需求添加新的属性和方法。继承有利于代码的复用，通过继承可以更有效地组织程序结构，并充分利用已有的类来完成复杂的任务，减少代码冗余、降低出错率。

本任务要求理解类的继承、抽象类和最终类等的基本概念及基本应用。这些知识可以帮助我们编写更复杂的面向对象程序。

5.1.1　继承的概述

1. 问题的提出

在介绍类的继承的实现之前，我们先看一下 Citizen（公民）类和 ResultRegister（成绩登记）类，分析一下它们的关系。Citizen 类的完整代码如下。

```java
import java.util.*;
public class Citizen{
    //以下声明成员变量（属性）
    String  name;
    String  alias;
    String  sex;
    Date  birthday;  //这是一个日期类的成员变量
    String  homeland;
    String  ID;
    //以下定义成员方法（行为）
    public String getName(){  //获取名字方法
        //getName()方法体开始
        return  name;
    }  //getName()方法体结束
    /***下边是设置名字方法***/
    public void setName(String name){
        //setName()方法体开始
        this.name=name;
    }  //setName()方法体结束
    /***下边是列出所有属性方法***/
    public void displayAll(){
        //displayAll()方法体开始
        System.out.println("姓名: "+name);
        System.out.println("别名: "+alias);
```

```
    System.out.println("性别: "+sex);
    if(birthday==null) birthday=new Date(0);
    System.out.println("出生年月: "+birthday.toString());
    System.out.println("出生地: "+homeland);
    System.out.println("身份标识: "+ID);
  } //displayAll()方法体结束
  public void display(String str1,String str2,String str3){ //重载方法1

     System.out.println(str1+""+str2+""+str3);
  }
  public void display(String str1,String str2,Date d1){ //重载方法2
     System.out.println(str1+""+str2+""+d1.toString());
  }
  public void display(String str1,String str2,Date d1,String str3){//重载方法3
     System.out.println(str1+""+str2+""+d1.toString()+""+str3);
  }
  public Citizen(String name,String alias,String sex,Date birthday,String
homeland,String ID){ //带参数构造方法
     this.name=name;
     this.alias=alias;
     this.sex=sex;
     this.birthday=birthday;
     this.homeland=homeland;
     this.ID=ID;
  }
  public Citizen(){ //无参构造方法
     name="无名";
     alias="匿名";
     sex="";
     birthday=new Date();
     homeland="";
     ID="";
  }
}
```

ResultRegister 类的完整代码如下。

```
import javax.swing.*;
 public class ResultRegister{
   public static final int  MAX=700;   //分数上限
   public static final int  MIN=596;   //分数下限
   String  student_No;  //学号
   int  result;           //入学成绩
   public ResultRegister(String no, int res){ //构造方法
       String str;
       student_No=no;
       if(res>MAX || res<MIN){//如果传递过来的成绩高于上限或低于下限则核对
        str=JOptionPane.showInputDialog("请核对成绩:",String.valueOf(res));
        result=Integer.parseInt(str);
```

Java 语言程序设计与实现（微课版）（第 2 版）

```
        }
        else result=res;
    }  //构造方法结束
    public void display(){  //显示对象属性方法
        System.out.println(this.student_No+""+this.result);
    }  //显示对象属性方法结束
}
```

我们可以分析一下，在 Citizen 类中，定义了每个公民所具有的基本属性，而在 ResultRegister 类中，只定义了与学生入学成绩相关的属性，并没有定义诸如姓名、性别、年龄等这些基本属性。在登记成绩时，我们只需要知道学生号码和成绩就可以了，因为学生号码对每一个学生来说是唯一的。但在有些时候，诸如公布成绩、推荐选举学生干部、选拔学生参加某些活动等，就需要了解学生更多的信息。

如果学校有些部门需要学生的详细情况，既涉及 Citizen 类中的所有属性又包含 ResultRegister 类中的属性，那么我们是定义一个包括所有属性的新类还是修改原有类进行处理呢？

针对这种情况，如果建立新类，相当于从头再来，那么与前文建立的 Citizen 类和 ResultRegister 类就没有什么关系了。这样做有违面向对象的程序设计的基本思想，也是我们不愿意看到的，因此我们应采用修改原有类的方法。这就是下面所要介绍的类的继承的实现。

2. 类的继承的实现

根据上文提出的问题，要处理学生的详细信息，已建立的两个类 Citizen 和 ResultRegister 已经包含这些信息，接下来在它们之间建立一种继承关系就可以了。从类别的划分上，学生属于公民，因此 Citizen 类应该是父类，ResultRegister 类应该是子类。下面修改 ResultRegister 类就可以了。

定义类的格式在项目 4 中已经介绍过，此处不赘述。将 ResultRegister 类修改为 Citizen 类的子类的参考代码如下。

```
import java.util.*;
import javax.swing.*;
public class ResultRegister extends Citizen{
 public static final int  MAX=700;    //分数上限
 public static final int  MIN=596;    //分数下限
 String  student_No;  //学号
 int  result;         //入学成绩
 public ResultRegister(){
    student_No="00000000000";
    result=0;
 }
 public ResultRegister(String name,String alias,String sex,Date birthday,String
homeland,String ID,String no, int res){ //构造方法

    this.name=name;
this.alias=alias;
    this.sex=sex;
    this.birthday=birthday;
    this.homeland=homeland;
    this.ID=ID;
```

```
      String str;
      student_No=no;
      if(res>MAX || res<MIN){//如果传递过来的成绩高于上限或低于下限则核对
        str=JOptionPane.showInputDialog("请核对成绩:",String.valueOf(res));
        result=Integer.parseInt(str);
      }
      else result=res;
   }  //构造方法结束
   public void display(){  //显示对象属性方法
     displayAll();
     System.out.println("学号="+student_No+" 入学成绩="+result);
   }  //显示对象属性方法结束
}
```

在上面的类定义程序中，可以看出，由于 ResultRegister 类继承了 Citizen 类，所以 ResultRegister 类就具有 Citizen 类所有的可继承的成员变量和成员方法。

下面我们写一个测试程序，验证修改后的 ResultRegister 类的功能。

【例 5-1】测试 ResultRegister 类的功能。程序参考代码如下。

```
import java.util.*;
public class TestExam5_1{
public static void main(String [] args){
  ResultRegister s1,s2,s3;  //声明对象 s1、s2、s3
  s1=new ResultRegister("李静","小静","女",new Date("12/30/88"),"上海",
"421010198812302740","200608010201",724); //创建对象 s1
  s2=new ResultRegister("李明","","男",null,"南京","50110119850624273x",
"200608010202",657); //创建对象 s2
  s3=new ResultRegister();//创建对象 s3
  s1.display();   //显示对象 s1 的属性
  System.out.println("===========================");
  s2.display();   //显示对象 s2 的属性
  System.out.println("===========================");
  S3.display();   //显示对象 s3 的属性
  System.exit(0); //结束程序运行，返回到开发环境
  }
}
```

编译、运行程序，在程序运行过程中，由于生成对象 s1 时传递的成绩 724 超出了上限 700，所以就出现了超限处理对话框，修正成绩后，按"确定"按钮确认，之后输出结果。

至此，完成了类的继承的实现。但是，还有一些问题没有解决。如前文所述，不同的管理部门可能需要了解学生的不同信息。现在，我们要在子类中显示学生的不同的属性信息。解决这一问题，仍然可以使用重载方法，不过要采用重载方法和覆盖方法并举的方式。下面将简要介绍覆盖方法的基本概念和覆盖方法的实现与应用。

5.1.2 抽象类

类是对现实世界中实体的抽象，但我们不能以相同的方法为现实世界中所有的实体做模

型，因为现实世界中大多数的类太抽象而不能独立存在。

例如，我们熟悉的平面几何图形类，对于圆形、矩形、三角形、有规则的多边形及其他具体的图形可以描述它们的形状并根据相应的公式计算面积。那么任意的几何图形又如何描述呢？它是抽象的，我们只能说它表示一个区域，它有面积。那么面积又如何计算呢，我们不能给出一个通用的计算面积的方法，这也是抽象的。在现实生活中，会遇到很多的抽象类，诸如交通工具类、鸟类等。

1. 抽象类的定义

Java 语言中的抽象类，即在类说明中用关键字 abstract 修饰的类。

一般情况下，抽象类中可以包含一个或多个只有方法声明而没有方法体的方法。当遇到这样一些类，类中的某个或某些方法不能提供具体的实现代码时，可将它们定义成抽象类。

定义抽象类的一般格式如下。

```
[访问限定符] abstract class 类名
    {
      //属性声明
......
      //抽象方法声明
      ......
      //非抽象方法定义
      ......
    }
```

其中，声明抽象方法的一般格式如下。

```
[访问限定符] abstract 数据类型 方法名([参数表]);
```

注意，因为抽象方法只有声明，没有方法体，所以必须以 ";" 结束。

有关抽象方法和抽象类的说明如下。

① 抽象方法是指在类中仅声明了类的行为，并没有真正实现行为的代码。也就是说，抽象方法仅仅是为所有的派生子类定义一个统一的接口，方法具体实现的程序代码交给各个派生子类来完成，不同的子类可以根据自身的情况以不同的程序代码实现。

② 抽象方法只能存在于抽象类中，一个类中只要有一个方法是抽象的，则这个类就是抽象的。

③ 构造方法、静态方法、最终方法和私有方法不能被声明为抽象的方法。

④ 一个抽象类中可以有一个或多个抽象方法，也可以没有抽象方法。如果没有任何抽象方法，就要避免由这个类直接创建对象。

⑤ 抽象类只能被继承（派生子类）而不能创建具体对象，即不能被实例化。

【例 5-2】定义平面几何形状类 Shape。

每个具体的平面几何形状都可以获得名称且都可以计算面积，定义一个方法 getArea() 来求面积，但是在具体的形状未确定之前，面积是无法求取的，因为不同形状求面积的数学公式不同，所以不可能写出通用的方法体，只能声明为抽象方法。定义抽象类 Shape 的程序代码如下。

```java
public abstract class Shape{
    String name;  //声明属性
    public abstract double getArea(); //声明抽象方法
}
```

在该抽象类中声明了 name 属性和抽象方法 getArea()。应用时可以通过派生不同形状的子类来实现抽象类 Shape 的功能。

2. 抽象类的实现

如前文所述，抽象类不能直接实例化，也就是不能用 new 关键字去创建对象。抽象类只能作为父类使用，而由它派生的子类必须实现其所有的抽象方法，才能创建对象。

【例 5-3】派生一个三角形类 Tritangle，计算三角形的面积。计算面积的数学公式如下。

$$area = \sqrt{s(s-a)(s-b)(s-c)}$$

① a、b、c 表示三角形的 3 条边。

② $s = \frac{1}{2}(a+b+c)$。

定义派生类 Tritangle 的程序代码如下。

```
public class Tritangle extends Shape{  //这是 Shape 类的派生子类
 double sideA,sideB,sideC;  //声明实例变量，即三角形的 3 条边
 public Tritangle(){
   name="示例全等三角形";
   sideA=1.0;
   sideB=1.0;
   sideC=1.0;
 }
 public Tritangle(double sideA,double sideB,double sideC){
   name="任意三角形";
   this.sideA = sideA;
   this.sideB = sideB;
   this.sideC = sideC;
 }
 //覆盖抽象方法
 public  double getArea(){
   double s=0.5*(sideA+sideB+sideC);
   return  Math.sqrt(s*(s-sideA)*(s-sideB)*(s-sideC));//使用数学开方方法
 }
}
```

下边编写一个测试 Tritangle 类的程序。

【例 5-4】给出任意三角形的 3 条边为 5、6、7，计算该三角形的面积。

```
public class Exam5_4{
 public static void main(String [] args){
   Tritangle t1,t2;
   t1=new Tritangle(6.0,6.0,7.0); //创建对象 t1
   t2=new Tritangle(); //创建对象 t2
   System.out.println(t1.name+"的面积="+t1.getArea());
   System.out.println(t2.name+"的面积="+t2.getArea());
 }
}
```

5.1.3 最终类

最终类是指不能被继承的类，即最终类没有子类。在 Java 语言中，如果不希望某个类被

继承，可以声明这个类为最终类。最终类用关键字 final 来声明。例如，public final class C 就定义类 C 为最终类。

如果没有必要创建最终类，而又想保护类中的一些方法不被覆盖，可以用关键字 final 来声明那些不能被子类覆盖的方法，这些方法称为最终方法。例如：

```
public class A
{
  public final void f();
}
```

上例在类 A 中定义了一个最终方法 f()，任何类 A 的子类都不能覆盖方法 f()。

下面是对最终方法的应用。

```
class Parent
{
    protected final void prompt(){
        System.out.println("***Hello,Everyone***");
    }
}
public class Child extends Parent
{
    public void prompt(){ ... }    //试图覆盖父类的 prompt()最终方法，发生错误
    public static void main(String[] args) {
        Child c = new Child();
        c.prompt();
    }
}
```

在程序设计中，最终类可以保证一些关键类的所有方法不会在以后的程序维护中由于不经意的定义子类而被修改；最终方法可以保证一些类的关键方法不会在以后的程序维护中由于不经意的定义子类和覆盖子类的方法而被修改。

一个类不能既是最终类又是抽象类，即关键字 abstract 和 final 不能同时使用。在类的声明中，如果需要同时使用关键字 public 和 abstract（或 final），习惯上将 public 放在 abstract（或 final）的前面。

类的多态

任务 5.2 类的多态

多态是面向对象的重要特性，即"一个接口，多种实现"，指同一种事物表现出多种形态。编程其实就是一个将具体世界进行抽象化的过程，而多态就是抽象化的一种体现，把一系列具体事物的共同点抽象出来，再通过这个抽象的事物与不同的具体事物进行对话。

5.2.1 多态的概述

多态是指一个方法只能有一个名称，但可以有许多形态，也就是程序中可以定义多个同名的方法。多态提供了"接口与实现的分离"，将"是什么""怎么做"分离。多态的好处可以归纳为以下 4 点。

① 可替换性。多态对已存在代码具有可替换性。例如，多态对圆类工作，对其他任何圆形几何体如圆环也同样工作。

② 可扩充性。多态对代码具有可扩充性。增加新的子类不影响已存在类的多态性、继承性，以及其他特性的运行和操作。实际上新加子类更容易获得多态功能。例如，在实现了圆锥、半圆锥以及半球体的多态基础上，很容易增添球体类的多态性。

③ 接口性。多态是父类通过方法签名，向子类提供一个共同接口，由子类来完善或者覆盖它而实现的。例如，父类 Shape 规定了两个实现多态的接口方法，一个是用于计算面积的方法 computeArea()，另一个是用于计算体积的方法 computeVolume()。子类 Circle 和 Sphere 为了实现多态，完善或者覆盖这两个接口方法。

④ 灵活性。若子类声明了与父类同名的变量，则父类的变量被隐藏起来。直接使用的是子类的变量，但父类的变量仍占据空间，可通过 super 关键字来访问。

5.2.2 成员变量的隐藏

所谓变量的隐藏，就是指子类中定义的变量和父类中定义的变量有相同的名字，或方法中定义的变量和本类中定义的变量同名。在这种情况下，系统采用了局部优先的原则。

在程序中对变量进行引用时，什么情况下不需要加 this 关键字或 super 关键字，什么情况下需要加，其规则如下。

- 当不涉及同名变量的定义时，对变量的引用不需要加 this 关键字或 super 关键字。
- 当涉及同名变量的定义时，分为以下两种情况：方法变量和成员变量同名，在引用成员变量时，前面加 this 关键字；本类成员变量和父类成员变量同名，在引用父类成员变量时，前面加 super 关键字。

变量的隐藏有些类似于方法的覆盖，也可以称为变量的覆盖。只不过是为了区分是变量而不是方法，用另一个名词"隐藏"命名而已。

【例 5-5】成员变量的隐藏。

在 Eclipse 中建立 Java 应用程序项目，输入如下程序代码。

```java
class SuperVarClass{
int var = 200;
int x=10;
void display(){
        System.out.println("在父类 SuperVarClass 中变量 var = " + var);
  }
}
class  SubVarClass extends SuperVarClass{
int var = 100;
void display(){
System.out.println("在子类 SubVarClass 中变量 var = " + var);
}
void doDemo(){                    //演示 super 和 this 关键字的用法
  int x=1000;
  super.display();                //调用父类的 display()方法
  display();                      //调用本类的 display()方法
  System.out.println("super.x = " +super.x);    //父类的 x
  System.out.println("x = " +x);                //本类的 x
}
}
```

```
public class SuperDemo{
public static void main(String []args){
  SubVarClass s=new SubVarClass();
  s.doDemo();
}
}
```

运行 Java 应用程序，结果如图 5-1 所示。

```
在父类SuperVarClass中变量var = 200
在子类SubVarClass中变量var = 100
super.x = 10
x = 1000
```

图 5-1　例 5-5 程序运行结果

5.2.3　成员方法的重载

在 Java 中，同一个类中的两个或两个以上的方法可以有同一个名字，只要它们的参数声明不同即可。在这种情况下，该方法称为重载方法，这个过程称为方法重载。方法重载是 Java 实现多态的一种方式。

当一个重载方法被调用时，Java 用参数的类型和（或）数量来表明实际调用的重载方法的版本。因此，每个重载方法的参数的类型和（或）数量必须是不同的。虽然每个重载方法可以有不同的返回类型，但返回类型并不足以区分所使用的是哪个方法。当 Java 调用一个重载方法时，参数与调用参数匹配的方法被执行。

成员方法的重载与覆盖（重写）的区别如表 5-1 所示。

表 5-1　成员方法的重载与覆盖（重写）的区别

项目	方法重载	方法覆盖（重写）
类的层次	针对同一个类中的同名方法	针对父类与子类中的同名方法
方法名称	各重载方法的名称必须完全相同	被继承与继承的方法名称必须完全相同
返回值的类型	各重载方法的返回值的类型必须完全相同	被继承与继承的方法的返回值的类型必须完全相同
参数类型	各重载方法的参数类型可以不同	被继承与继承的方法的参数类型必须完全相同
参数数目	各重载方法的参数数目可以不同	被继承与继承的方法的参数数目必须完全相同

【例 5-6】通过定义不同的参数类型和参数数目进行方法重载。

在 Eclipse 中建立 Java 应用程序项目，输入如下程序代码。

```java
public class OverloadTest {
    public void fun(){
        System.out.println("method fun in OverloadTest,no param");
    }
    public void fun(double f){
        System.out.println("method fun in OverloadTest,param double");
    }
    public void fun(int i){
        System.out.println("method fun in OverloadTest,param int");
    }
    public static void main(String[] args) {
        OverloadTest ot = new OverloadTest();
        ot.fun();
        ot.fun(1.0);
        ot.fun(1);
    }
}
```

运行 Java 应用程序，结果如图 5-2 所示。

```
method fun in OverloadTest,no param
method fun in OverloadTest,param double
method fun in OverloadTest,param int
```

图 5-2 例 5-6 程序运行结果

【例 5-7】构造方法的重载。

在 Eclipse 中建立 Java 应用程序项目，输入如下程序代码。

```
class OverloadBox{
double length;
double width;
double height;
OverloadBox(double l,double w,double h){
length = l;
width = w;
height = h;
}
OverloadBox(double x){
length = x;
width = x;
height = x;
}
double getVol(){
return length * width * height;
}
}
public class OverloadConstructor{
public static void main(String []args){
OverloadBox myBox1 = new OverloadBox(30,20,10);
OverloadBox myBox2 = new OverloadBox(10);
double vol;
vol = myBox1.getVol();
System.out.println("第 1 个立方体的体积是:" + vol);
vol = myBox2.getVol();
System.out.println("第 2 个立方体的体积是:" + vol);
}
}
```

运行 Java 应用程序，结果如图 5-3 所示。

```
第1个立方体的体积是: 6000.0
第2个立方体的体积是: 1000.0
```

5.2.4 成员方法的覆盖

图 5-3 例 5-7 程序运行结果

在 Java 中，子类可以继承父类中的方法，而不需要重新编写相同的方法。但有时子类并不想原封不动地继承父类的方法，而是想做一定的修改，这就需要采用方法的覆盖。方法覆盖也称为方法重写。在子类中命名一个方法，这个方法与父类中的某方法具有相同的名称、相同的参数列表、相同的返回值和修饰符，说明子类重写了父类的方法。子类的对象使用这个方法时，将调用子类中定义的方法，对它而言，父类中的定义如同被"屏蔽"了。如需调用父类中原有的方法，可使用 super 关键字，该关键字引用了当前类的父类。

【例 5-8】成员方法的覆盖。

在 Eclipse 中建立 Java 应用程序项目，输入如下程序代码。

```
class ClassA{
    void Test(){
        System.out.println("调用了父类方法。");
    }
}
class ClassB extends ClassA{
    void Test(){
        super.Test();          //这里调用的是父类的 Test()方法
        System.out.println("调用了子类方法。");
    }
}
public class TestSuper {
    public static void main(String[] args) {
        ClassB b = new ClassB();
        b.Test();              //这里调用的是子类的 Test()方法
    }
}
```

内部类和匿名类

运行 Java 应用程序，结果如图 5-4 所示。

任务 5.3　内部类和匿名类

内部类和匿名类是特殊形式的类，它们不能形成单独的 Java 源程序文件，在编译后也不会形成单独的类文件。

```
调用了父类方法。
调用了子类方法。
```

图 5-4　例 5-8 程序运行结果

5.3.1　内部类

所谓内部类，是指被嵌套定义在另外一个类内甚至是一个方法内的类，因此也把它称为类中类。嵌套内部类的类称为外部类，内部类通常被看成外部类的一个成员。

【例 5-9】工厂工人加工正六边形的窨井盖，先将钢板压切为圆形，然后将其切割为正六边形，求被切割下来的废料面积。

解决这个问题，只需要计算出圆的面积和正六边形的面积，然后相减即可。当然我们可以将正六边形化作 6 个全等三角形求其面积。下边建立一个圆类，并在圆类内定义内部类处理正六边形，这主要是说明内部类的应用。程序参考代码如下。

```
public class Circle extends Shape{ //继承 Shape 类
  double radius;
  public Circle(){
      name="标准圆";
    radius=1.0;
  }
  public Circle(double radius){
name="一般圆";
    this.radius=radius;
  }
  public double getArea(){  //覆盖父类方法
```

```
      return radius*radius*Math.PI;    //返回圆的面积
}
public double remainArea(){
  Polygon p1=new Polygon(radius,radius,radius); //创建内部类对象
  return getArea()-p1.getArea();
}
class Polygon{    //定义内部类
  Tritangle t1;    //声明三角形类对象
  Polygon(double a,double b,double c){ //内部类构造方法
    t1=new Tritangle(a,b,c); //创建三角形对象
  }
  double getArea(){   //内部类方法
      return t1.getArea()*6; //返回正六边形面积
  }
}
}
```

上面定义的 Circle 类是 Shape 类的派生类，它重写并实现了 getArea() 方法的功能。类中嵌套了 Polygon 内部类，在内部类中使用了前文定义的 Tritangle 类对象，用于计算三角形的面积（正六边形可以由 6 个全等三角形组成），在内部类中还定义了一个返回正六边形面积的方法 getArea()。在外部类 Circle 中还定义了 remainArea() 方法，该方法返回被剪切掉的废料面积。该方法中创建了内部类对象，用于获取正六边形的面积。

下边我们给出测试程序。

【例 5-10】创建 Circle 对象，测试内部类的应用，显示剩余面积。

```
public class TestInnerClassExam5_10{
  public static void main(String [] args){
      Circle c1=new Circle(0.5);
      System.out.println("圆的半径为 0.5 米，剩余面积="+c1.remainArea());
  }
}
```

内部类作为一个成员，它有如下特点。

① 若使用 static 修饰，则为静态内部类；否则为非静态内部类。静态内部类和非静态内部类的主要区别如下。

● 内部静态类对象和外部类对象可以相对独立。它们可以直接创建对象，即使用 new 外部类名.内部类名() 格式；也可通过外部类对象创建（如 Circle 类中，在 remainArea() 方法中创建）。非静态类对象只能由外部对象创建。

● 静态类中只能使用外部类的静态成员，不能使用外部类的非静态成员；非静态类中可以使用外部类的所有成员。

● 在静态类中可以定义静态和非静态成员；在非静态类中只能定义非静态成员。

② 外部类不能直接存取内部类的成员。只有通过内部类才能访问内部类的成员。

③ 如果将一个内部类定义在一个方法内（本地内部类），它完全可以隐藏在方法中，甚至同一个类的其他方法也无法使用它。

5.3.2 匿名类

匿名类是一种没有类名的内部类，通常出现在事件处理的程序中。在某些程序中，往往需要定义一个功能特殊且简单的类，且只想定义该类的一个对象，并把它作为参数传递给一个方法。此种情况下只要该类是一个现有类的派生或实现接口，就可以使用匿名类。

接口的使用

任务 5.4　接口的使用

本任务要求理解接口的基本概念及定义方式。

5.4.1 接口的概述

Java 语言中的类不支持多重继承，即一个类只能有一个直接父类。单继承特性使得 Java 语言变得简单，并易于管理。为了弥补 Java 语言只支持类间单继承的缺陷，Java 语言引入了接口机制，以此来实现类间多重继承功能。

接口是 Java 语言的特点之一，在 Java 中可以把接口看作一种特殊的抽象类，它只包含常量和抽象方法的定义，而没有变量和方法的实现，它用来表明一个类必须做什么，而不去规定它如何做，因此我们可以通过接口表明多个类需要实现的方法。由于接口中没有具体的实施细节，也就没有和存储空间的关联，所以可以将多个接口合并起来，由此来达到多重继承的目的。

5.4.2 接口的定义

与类的结构相似，接口也分为接口声明和接口体两部分。定义接口的一般格式如下。

```
[public] interface 接口名 [extends 父接口名列表]   //接口声明
{   //接口体开始
  //常量数据成员的声明及定义
  数据类型    常量名=常数值;
  ……
  //声明抽象方法
  返回值类型   方法名([参数列表]) [throws 异常列表];
  ……
}                               //接口体结束
```

对接口定义说明如下。

① 接口的访问限定符只有 public 和默认访问。

② interface 是声明接口的关键字，与 class 类似。

③ 接口的命名必须符合标识符的规定，并且接口名必须与文件名相同。

④ 允许接口的多重继承，通过"extends 父接口名列表"可以继承多个接口。

⑤ 对接口体中定义的常量，系统默认是"static final"修饰的，不需要指定。

⑥ 对接口体中声明的方法，系统默认是"abstract"修饰的，也不需要指定；对于一些特殊用途的接口，在处理过程中会遇到某些异常，可以在声明方法时加上"throws 异常列表"，以便捕获出现在异常列表中的异常。有关异常的概念将在后面的项目中说明。

前文简要介绍了平面几何图形类,定义了一个抽象类 Shape,并由它派生出 Circle、Triangle 类。下边将 Shape 类定义为一个接口,由平面几何图形类实现该接口并完成面积和周长的计算。

【例 5-11】定义接口类 Shape。

```
package shape;
public interface Shape{
double PI=3.141596;
double getArea();
double getGirth();
}
```

5.4.3 接口的实现

所谓接口的实现,即在实现接口的类中重写接口中给出的所有方法,编写方法体代码,实现方法所规定的功能。定义实现接口类的一般格式如下。

```
[访问限定符] [修饰符] class 类名 [extends 父类名]  implements 接口名列表
{       //类体开始标志
[类的成员变量说明]  //属性说明
[类的构造方法定义]
[类的成员方法定义]  //行为定义
/*重写接口方法*/
接口方法定义      //实现接口方法
}    //类体结束标志
```

在定义接口 Shape 之后,下边我们在定义的平面几何图形类中实现它。

【例 5-12】定义一个梯形类来实现 Shape 接口。程序代码如下。

```
package shape;
public class Trapezium  implements Shape{
 public double upSide;
 public double downSide;
 public double height;
 public Trapezium(){
  upSide=1.0;
  downSide=1.0;
  height=1.0;
 }
 public Trapezium(double upSide,double downSide,double height){
  this.upSide=upSide;
  this.downSide=downSide;
  this.height=height;
 }
 public double  getArea(){  //接口方法的实现
   return 0.5*(upSide+downSide)*height;
 }
 public double  getGirth(){  //接口方法的实现
  //尽管我们不计算梯形的周长,但也必须实现该方法
  return 0.0;
 }
}
```

在程序中，我们实现了接口 Shape 中的两个方法。对于其他的几何图形，可以参照该例子写出程序。

需要提醒的是，可能实现接口的某些类不需要接口中声明的某个方法，但也必须实现它。类似这种情况，一般以空方法体（方法体部分的"{}"不可省略）实现它。

下边测试 Shape 接口。

【例 5-13】计算上底为 0.4、下底为 1.2、高为 4 的梯形的面积。

```
package shape;
public class TestInterfaceExam5_13{
  public static void main(String [] args){
    Trapezium t1=new Trapezium(0.4,1.2,4.0);
    System.out.println("上底为 0.4、下底为 1.2、高为 4 的梯形的面积="+t1.getArea());
  }
}
```

包的访问

任务 5.5 包的访问

本任务要求了解包的基本概念及使用方式。

5.5.1 包的概述

在 Java 中，包是一种松散的类的集合，它可以将各种类文件组织在一起，就像磁盘的目录（文件夹）一样。无论是 Java 中提供的标准类，还是我们自己编写的类文件，都应包含在一个包内。包的管理机制提供了类的多层次命名空间，避免了命名冲突问题，解决了类文件的组织问题，方便了我们的使用。

5.5.2 包的创建和引用

如前文所述，每一个 Java 类文件都属于一个包。也许你会说，在此之前，我们创建示例程序时，并没有创建过包，程序不也正常执行了吗？

事实上，如果在程序中没有指定包名，系统默认是无名包。无名包中的类可以相互引用，但不能被其他包中的 Java 程序所引用。对于简单的程序，是否使用包也许没有影响，但对于一个复杂的程序，如果不使用包来管理类，将会对程序的开发造成很大的混乱。

下面我们简要介绍包的创建和引用。

1. 创建包

将自己编写的类按功能放入相应的包中，以便在其他的应用程序中引用它，这是对面向对象程序的设计者基本的要求。我们可以使用 package 语句将编写的类放入一个指定的包中。package 语句的一般格式如下：

```
package 包名;
```

① 此语句必须放在整个源程序第一条语句的位置（注解行和空行除外）。

② 包名应符合标识符的命名规则，习惯上，包名使用小写字母书写。可以使用多级结构的包名，如 Java 提供的类包 java.util、java.sql 等。事实上，创建包就是在当前文件夹下创建一个以包名命名的子文件夹并存放类文件。如果使用多级结构的包名，就相当于以包名中的"."为文件夹分隔符，在当前的文件夹下创建多级结构的子文件夹并将类文件存放在最后的

文件夹下。

例如，我们创建了平面几何图形类 Shape、Triangle 和 Circle。现在要将它们的类文件代码放入 shape 包中，我们只需在 Shape.java、Triangle.java 和 Circle.java 这 3 个源程序文件中的开头（作为第一条语句）各自添加如下一条语句即可。

```
packabe shape;
```

完成对程序文件的修改后，重新编译源程序文件，生成的类文件被放入创建的文件夹下。

一般情况下，是在开发环境界面中单击编译命令按钮或图标执行编译的。但有时候，我们希望在 DOS（Disk Operating System，磁盘操作系统）环境下进行 Java 程序的编译、运行等操作。下边简要介绍 DOS 环境下编译带有创建包的源程序的操作。其编译命令的一般格式如下。

```
javac -d [文件夹名] [.]源文件名
```

① -d 表明带有包的创建。

② . 表示在当前文件夹下创建包。

③ 文件夹名是已存在的文件夹名，要创建的包将放在该文件夹下。

例如，要把上述的 3 个程序文件创建的包放在当前的文件夹下，则应执行如下编译操作。

```
javac -d .Shape.java
javac -d .Triangle.java
javac -d .Circle.java
```

如果想将包创建在 D:\java 文件夹下，执行如下的编译操作。

```
javac -d D:\java Shape.java
javac -d D:\java Triangle.java
javac -d D:\java Circle.java
```

事实上，常常将包中的类文件压缩在 JAR（Java Archive，以.jar 为扩展名）文件中，一个 JAR 文件往往包含多个包，Sun J2SE 所提供的标准类就是压缩在 rt.jar 文件中的。

2. 引用包中的类

在前面的程序中，我们已经多次引用了系统提供的包中的类，比如，使用 java.util 包中的 Date 类，创建其对象处理日期等。

一般来说，我们可以使用如下两种方式引用包中的类。

① 使用 import 语句导入类，在前面的程序中，我们已经使用过，其引用的一般格式如下。

```
import 包名.*;      //可以使用包中所有的类
import 包名.类名;    //只装入包中类名指定的类
```

在程序中 import 语句应放在 package 语句之后，如果没有 package 语句，则 import 语句应放在程序开始。一个程序中可以含有多个 import 语句，即在一个类中，可以根据需求引用多个包中的类。

② 在程序中直接引用包中所需要的类。其引用的一般格式如下。

```
包名.类名
```

例如，可以使用如下语句在程序中直接创建一个日期对象。

```
java.util.Date date1 = new java.util.Date();
```

我们已经将 Shape、Circle、Triangle 这 3 个类的类文件放在了 shape 包中，下边我们举例说明该包中类的引用。

【例 5-14】求半径为 7.711 的圆的面积以及圆的内接正六边形的面积。程序参考代码如下。

```
package shape;
import shape.*;
public class TestShapeExam5_14{
  public static void main(String [] args){
    Circle c1=new Circle(7.711); //创建 Circle 对象
    Triangle t1=new Triangle(7.711,7.711,7.711); //创建 Triangle 对象
    System.out.println ("半径为 7.711 的圆的面积="+c1.getArea());
    System.out.println ("圆的内接正六边形的面积="+6*t1.getArea());
  }
}
```

在程序中，我们创建了 Circle 和 Triangle 两个对象。其实，要计算圆的面积和内接正六边形的面积，只需创建一个 Circle 对象就够了，引用对象的 remainArea()方法获得剩余面积，利用圆面积减去剩余面积就是内接正六边形的面积。

5.5.3 Java 语言中常用的标准类库包

Sun 公司在 JDK 中提供了各种实用类，通常被称为标准的 API。这些类按功能分别被放入了不同的包中，供大家开发程序使用。随着 JDK 版本的不断升级，标准类库包的功能也越来越强大，使用也更方便。Java 提供的标准类都放在标准的包中，常用的一些包说明如下。

（1）java.lang

java.lang 包中存放了 Java 基础的核心类，诸如 System、Math、String、Integer、Float 等。在程序中，这些类不需要使用 import 语句导入即可直接使用。例如前面程序中使用的输出方法 System.out.println()、静态量 Math.PI、数学开方方法 Math.sqrt()、类型转换方法 Float.parseFloat()等。

（2）java.awt

java.awt 包中存放了构建 GUI 的类，如 Frame、Button、TextField 等，使用它们可以构建出用户所希望的图形用户界面。

（3）javax.swing

javax.swing 包中提供了更加丰富的、精美的、功能强大的 GUI 组件，是 java.awt 包功能的扩展，对应提供了 JFrame、JButton、JTextField 等类。在前面的例子中我们就使用过 JOptionPane 类的静态方法进行对话框的操作。它比 java.awt 包相关的组件更灵活、更容易使用。

（4）java.applet

java.applet 包中提供了支持编写、运行 Applet（小程序）所需要的一些类。

（5）java.util

java.util 包中提供了一些实用工具类，如定义系统特性、使用与日期相关的方法及分析字符串等。

（6）java.io

java.io 包中提供了数据流输入/输出操作的类，如建立磁盘文件、读写磁盘文件等。

（7）java.sql

java.sql 包中提供了支持使用标准 SQL（Structure Query Language，结构查询语言）方式访问数据库功能的类。

（8）java.net

java.net 包中提供了与网络通信相关的类，用于编写网络实用程序。

任务 5.6　拓展实践任务

本任务通过一组拓展实践任务，将前文介绍的 Java 程序的知识点结合起来进行应用。通过拓展实践环节，帮助读者强化语法知识点的实际应用能力，进一步熟悉 Java 程序的编写。

拓展实践任务

5.6.1　显示员工信息

【实践任务 5-1】编写 Java 程序，输出员工信息，如图 5-5 所示。

① 解题思路：创建一个父类 Person，再创建 Employee 类继承 Person 类；然后创建 Employee 类的实例 emp，调用 emp 的相关方法显示员工信息。

② 参考代码。

```
姓名= 张三
年龄= 28
你好，我的朋友！
我是 张三
我今年 28岁
我的工资有 6500.0元
```

图 5-5　显示员工信息

```java
package Employee;
public class Person {
    //属性
    private String name;
    private int age;
    //方法
    public String getName() {
        return name;
    }
    public int getAge() {
        return age;
    }
    public Person(String name, int age) {
        this.name = name;
        this.age = age;
    }
    public void sayHello(){
        System.out.println("你好，我的朋友！ " );
    }
}
package Employee;
public class Employee extends Person {
    //属性
    private double salary;
    //方法
    public Employee(String name, int age,double salary) {
        //调用父类的构造方法
        super(name, age);
        this.salary = salary;
    }
    public double computeSalary(int hours,double rate){
        double salary = hours * rate;
```

105

```
        return this.salary + salary;
    }
    public void sayHello(){
        //调用父类中的方法
        super.sayHello();
        System.out.println("我是 " + getName());
        System.out.println("我今年 " + getAge()+"岁");
    }
}
import Employee.*;
public class EmployeeTest {
    public static void main(String[] args) {
        Employee emp = new Employee("张三",28,6000);
        System.out.println("姓名= " + emp.getName());
        System.out.println("年龄= " + emp.getAge());
        //调用从父类继承的方法
        emp.sayHello();
        //调用子类中定义的方法
        System.out.println("我的工资有 " + emp.computeSalary(10,50.0)+"元");
    }
}
```

5.6.2 图形计算器的实现

【实践任务 5-2】编写 Java 程序，实现一个计算图形周长和面积的计算器，如图 5-6 所示。

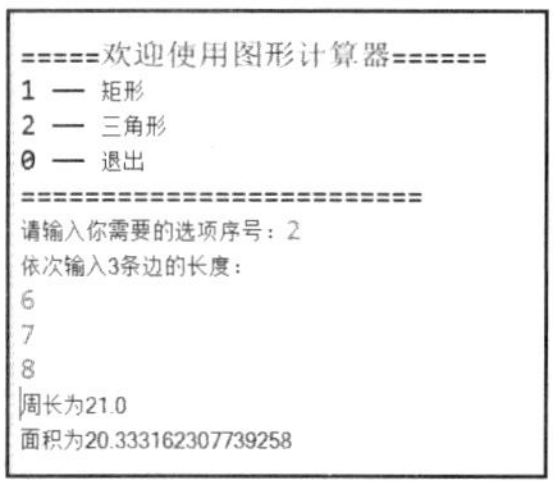

① 解题思路：在控制台显示图形计算器的菜单，等待用户输入选项序号。若用户输入为 1，则计算矩形的周长和面积，待用户输入长度和宽度后，显示矩形的周长和面积值。若用户输入为 2，则计算三角形的周长和面积，待用户分别输入 3 条边的长度后，显示三角形的周长和面积值。若用户输入为 0，则退出，结束程序运行。

```
=====欢迎使用图形计算器=====
1 —— 矩形
2 —— 三角形
0 —— 退出
========================
请输入你需要的选项序号：2
依次输入3条边的长度
6
7
8
周长为21.0
面积为20.333162307739258
```

图 5-6　图形计算器的实现

② 参考代码。

```
public interface Graphics {
    void graphicsInput();
    boolean graphicsJudge();
    double calculateArea();
    double calculatePerimeter();
}
import java.util.Scanner;
public class CatchError {
    /**
     * 对浮点型数据进行判断
     */
    public static double catchDouble(String promptMessage, String errMessage) {
        Scanner sc = new Scanner(System.in);
        System.out.print(promptMessage);
        while(true) {
            try {
                return sc.nextDouble();
```

```java
            } catch (Exception var3) {
                System.out.print(errMessage);
                sc.nextLine();
            }
        }
    }
}
import java.util.Scanner;
public class Menu {
    /* 显示图形计算器界面 */
    public static void showMenu(){
        System.out.println("\n=====欢迎使用图形计算器=====");
        System.out.println("1 ——矩形");
        System.out.println("2 —— 三角形");
        System.out.println("0 —— 退出");
        System.out.println("=========================");
    }
    /**
     * 选择选项序号
     */
    public static int chooseMenu(){
        System.out.print("请输入你需要的选项序号: ");
        Scanner sc = new Scanner(System.in);
        int i = sc.nextInt();
        while (i<0 || i>2){
            System.out.println("输入范围错误，请重新输入!");
            i = sc.nextInt();
        }
        return i;
    }
    /**
     * 主方法
     */
    public static void main(String[] args) {
        Scanner sc = new Scanner(System.in);
        Plugin plugin = new Plugin();
        int  choose;
        do {
            Menu.showMenu();
            choose=Menu.chooseMenu();
            switch (choose) {
                case 1:
                    Graphics graphics = new Rectangular();
                    plugin.plugin(graphics);
                    break;
                case 2:
                    graphics = new Triangle();
                    plugin.plugin(graphics);
                    break;
            }
```

```
        } while (choose != 0);
    }
}
class Plugin {
    public void plugin(Graphics graphics){
        graphics.graphicsInput();
        if(graphics.graphicsJudge()) {
            System.out.println("周长为" + graphics.calculatePerimeter());
            System.out.println("面积为" + graphics.calculateArea());
        }
        else
            System.out.println("输入的条件不能构成图形!");
    }
}
public class Rectangular implements Graphics{
    /* 长度 */
    private double length;
    /* 宽度 */
    private double height;
    /* @Description 判断能否构成图形 */
    public boolean graphicsJudge(){
        return true;
    }
    /* 输入长方形的信息 */
    public void graphicsInput(){
        System.out.print("输入长度: ");
        length = CatchError.catchDouble("","\t[警告]请输入一个整数或者小数!\n输入长度: ");
        System.out.print("输入宽度: ");
        height = CatchError.catchDouble("","\t[警告]请输入一个整数或者小数!\n输入宽度: ");
    }
    /*    计算面积    */
    public double calculateArea(){
        return  length*height;
    }
    /*    计算周长    */
    public double calculatePerimeter(){
        return 2*(length+height);
    }
}
public class Triangle implements Graphics{
    /* 三角形的边 a */
    private double a;
    /* 三角形的边 b */
    private double b;
    /* 三角形的边 c */
    private double c;
    /*    判断三角形是否成立    */
```

```
public boolean judge() {
    return a + b > c && b + c > a && a + c > b;
}
/*  判断能否构成图形    */
public boolean graphicsJudge(){
    return judge();
}
/*  输入三角形的信息    */
public void graphicsInput(){
    System.out.println("依次输入 3 条边的长度：");
    a = CatchError.catchDouble("","\t[警告]请输入一个整数或者小数!\n 输入第一条边的
长度：");
    b = CatchError.catchDouble("","\t[警告]请输入一个整数或者小数!\n 输入第二条边的
长度：");
    c = CatchError.catchDouble("","\t[警告]请输入一个整数或者小数!\n 输入第三条边的
长度：");
}
/*  计算面积    */
public double calculateArea(){
    double s = (a + b + c) / 2f;
    return (float) Math.sqrt(s * (s - a) * (s - b) * (s - c));
}
/*  计算周长    */
public double calculatePerimeter(){
    return a + b + c;
}
}
```

项目小结

本项目主要讨论了类之间的关系，包括类的继承、抽象类、内部类、匿名类、接口以及包的基本概念和特性。通过本项目的学习，读者应进一步理解面向对象技术和面向对象的程序设计方法，由浅至深，逐步编写出简单的 Java 应用程序。

本项目的重点是：类继承的基本思想和概念及其应用；方法的重载和方法覆盖（重写）及两者的区别，读者应能正确使用它们；包的基本概念及其应用。

本项目的难点是：抽象类及抽象方法的基本概念及其应用；接口的基本概念及其应用，接口与抽象类的区别。

课后习题

1. 选择题

① 下列不属于面向对象编程的 3 个特征的是（   ）。

A. 封装　　　　　　B. 指针操作　　　　C. 多态　　　　　D. 继承

② 下列关于继承性的描述中，错误的是（   ）。

A. 一个类可以同时生成多个子类

B. 子类继承父类除了 private 修饰之外的所有成员

C. Java 语言支持单重继承和多重继承

D. Java 语言通过接口实现多重继承

③ 下列关于多态的描述中，错误的是（　　）。

A. Java 语言允许运算符重载　　　　B. Java 语言允许方法重载

C. Java 语言允许成员变量覆盖　　　　D. 多态性提高了程序的抽象性和简洁性

④ 关键字 super 的作用是（　　）。

A. 访问父类被隐藏的成员变量　　　　B. 调用父类中被重载的方法

C. 调用父类的构造方法　　　　　　　D. 以上都是

⑤ 下列关于接口的描述中，错误的是（　　）。

A. 接口实际上是由常量和抽象方法构成的特殊类

B. 一个类只允许继承一个接口

C. 定义接口使用的关键字是 interface

D. 在继承接口的类中通常要给出接口中定义的抽象方法的具体实现

⑥ 下面关于包的描述中，错误的是（　　）。

A. 包是若干对象的集合　　　　　　　B. 使用 package 语句创建包

C. 使用 import 语句引入包　　　　　　D. 包分为有名包和无名包两种

⑦ 如果 java.abc.def 中包含 xyz 类，则该类可记作（　　）。

A. java.xyz　　　B. java.abc.xyz　　　C. java.abc.def.xyz　　D. java.xyz.abc

⑧ 下列方法中，与方法 public void add(int a){} 为不合理的重载方法的是（　　）。

A. public void add(char a)　　　　　　B. public int add(int a)

C. public void add(int a,int b)　　　　D. public void add(float a)

⑨ 设有如下类的定义：

```
public class parent{
int change() {}
}
class Child extends Parent{ }
```

则下面（　　）方法可加入 Child 类中。

A. public int change(){}　　　　　　B. final int chang(int i){}

C. private int change(){}　　　　　　D. abstract int chang(){}

2. 填空题

① 在 Java 程序中，把关键字（　　）加到方法名称的前面，可实现子类调用父类的方法。

② 接口是一种只含有抽象方法或（　　）的特殊抽象类。

③ 如果一个类中定义了几个名为 method 的方法，这些方法的参数都是整数，则这些方法的（　　）必须是不同的，这种现象称为方法的重载。

④ Java 使用固定于首行的（　　）语句来创建包。

⑤ Java 的多态性主要表现在（　　）、（　　）和（　　）3 个方面。

⑥ 没有子类的类称为（　　），不能被子类重载的方法称为（　　），不能改变值的量称

为（ 　　）。

⑦ 若子类和父类在同一个包中，则子类继承父类中的（ 　　）、（ 　　）和（ 　　）成员，将其作为子类的成员，但不能继承父类的（ 　　）成员。

⑧ 若子类和父类不在同一个包中，则子类继承父类中的（ 　　）和（ 　　）成员，将其作为子类的成员，但不能继承父类的（ 　　）和（ 　　）成员。

3. 分析下面的程序，写出运行结果

① 题目1：

```java
class  Aclass
{
void go( )
{ System.out.println("Aclass"); }
}
public class Bclass extends Aclass
{
void go()
{ System.out.println("Bclass"); }
public static void main(String []args)
{
    Aclass a = new Aclass();
    Aclass a1 = new Bclass();
    a.go();
    a1.go();
}
}
```

运行结果是（ 　　）。

② 题目2：

```java
class Exercises6_3 {
class Dog {
private String name;
private int age;
public int step;
Dog(String s, int a) {
name = s;
age = a;
step = 0;
}
public void run(Dog fast) {
fast.step++;
}
}
public static void main(String []args) {
Exercises6_3 a = new Exercises6_3();
Dog d = a.new Dog("Tom", 3);
d.step = 29;
d.run(d);
System.out.println("" + d.step);
}
}
```

运行结果是（　　）。

③ 题目 3：

```
class TT
{
public TT( )
{ System.out.println("What a pleasure!");}
public TT(String s)
{
this( );
System.out.println("I am "+s);
}
}
public class Ex extends TT
{
public static void main(String []args)
{
Ex  t = new  Ex ("Tom");
}
public Ex (String s){
super(s);
System.out.println("How do you do?");
}
public Ex ( ){
this("I am Tom");
}
}
```

运行结果是（　　）。

4. 编程题

① 已知如下一个类：

```
class S
{double r;}
```

编写 S 类的一个子类，该子类中包含一个计算圆面积的方法 area()和一个使用 super 关键字初始化 S 类成员的构造方法。

② 已知一个抽象类 AbstractShape 如下：

```
abstract  class AbstractShape
{
final double PI=3.1415926;
public abstract double getArea();
public abstract double getGirth();
}
```

编写 AbstractShape 类的一个子类，使该子类实现计算圆面积的方法 getArea()和计算周长的方法 getGirth()。

③ 设计一个乘法类 Multiplication，在其中定义 3 个同名的 mul()方法：第 1 个方法用于计算两个整数的积，第 2 个方法用于计算两个浮点数的积，第 3 个方法用于计算 3 个浮点数的积。然后在测试类中调用这 3 个同名的方法 mul()，输出其测试结果。

④ 编写一个 Java 程序，在程序中定义一个接口 Shape，定义一个类 Cylinder 实现接口 Shape，并在 Cylinder 类中实现 Shape 接口中的抽象方法。

项目 ⑥ Java 程序的异常处理

在我们编写程序的过程中，会遇到各种各样的错误，异常是程序中的一些错误。因此，为了确保程序的正常运行，异常处理是程序设计中一个非常重要的方面，也是程序设计的一大难点。Java 语言的异常处理机制是怎样的呢？实际上，Java 语言在设计的当初就考虑到这些问题，提出异常处理的框架的方案，所有的异常都可以用一个类型来表示，不同类型的异常对应不同的子类异常（这里的异常包括错误概念），定义异常处理的规范。本项目介绍了 Java 程序设计语言中的异常处理机制，包括捕获异常和抛出异常，以及如何定义和使用自定义异常类。

学习目标

知识目标：
1. 理解程序中错误与异常的区别
2. 理解 Java 异常处理机制
3. 掌握捕获异常及捕获异常的处理语句
4. 掌握抛出异常及抛出异常的处理语句
5. 掌握自定义异常类的定义和使用方法

能力目标：
1. 能够区分程序中的错误与异常
2. 能够使用 try…catch…finally 捕获异常
3. 能够使用 throw、throws 抛出异常

素养目标：
1. 培养学习的主观能动性
2. 培养认真严谨、细心踏实的职业精神

程序人生

在本项目中，我们将开始学习 Java 程序的异常处理。程序在运行过程中，并不一定会按照程序开发人员预想的步骤来执行，因为实际情况千变万化，可能会出现各种各样不可预测的情况，例如，用户输入了错误的数据、程序要打开的文件并不存在、程序需要访问网络中的某个资源时网络却不通畅等。这些情况出现时，如果没有处理好，就会导致程序出错或崩

溃。这就像日常生活中，人难免是会犯错误的，犯了错误并不可怕，可怕的是不敢承认错误，没完没了地重蹈覆辙。只有认清错误，弄清问题所在，才能从根本上解决问题。因此，在程序编写过程中，对于一些可预见的情况必须得到正确的处理，也就是要借助于 Java 程序的异常处理机制，以保证程序的稳定性和健壮性。

异常处理简介

任务 6.1　异常处理简介

本任务的目标是理解 Java 语言中的异常处理机制，包括程序中错误与异常的概念和两者的区别，以及 Java 异常处理概述。通过本任务的学习，读者可以对错误及异常有初步的了解，分清两者的区别，了解 Java 异常处理的概念，并对 Java 程序的异常处理机制有初步的认识。

6.1.1　程序中错误与异常的区别

1. 错误

错误（Error）是指程序无法处理的错误，表示运行应用程序过程中出现的较严重问题。

大多数错误与代码编写者执行的操作无关，而表示代码运行时 JVM 出现的问题。例如，JVM 运行错误（Virtual MachineError），当 JVM 不再有继续执行操作所需的内存资源时，将出现 OutOfMemoryError。当发生这些异常时，JVM 一般会选择线程终止。这些错误表示故障发生于虚拟机自身，或者发生在虚拟机试图执行应用时，如 JVM 运行错误、类定义错误（NoClassDefFoundError）等。这些错误是不可查的，因为它们不在应用程序的控制和处理能力范围之内，而且绝大多数是程序运行时不允许出现的状况。对设计合理的应用程序来说，即使确实发生了错误，本质上也不应该试图去处理它所引起的异常状况。在 Java 中，错误通过 Error 的子类描述。

2. 异常

异常（Exception）是指程序运行过程中出现的非正常现象，例如文件找不到、用户输入错误、除数为 0、数组下标越界等。异常是一个事件，是程序本身可以处理的，它发生在程序运行期间，干扰了正常的指令流程。

异常发生的原因有很多，通常包含以下几大类。

① 用户输入了非法数据。

② 要打开的文件不存在。

③ 网络通信时连接中断，或者 JVM 内存溢出。

这些异常有的是用户错误引起的，有的是程序错误引起的，还有其他一些是物理错误引起的。

在 Java 中，所有的异常都有一个共同的"祖先"，即 Throwable（可抛出）。Throwable 指定代码中可用异常传播机制通过 Java 应用程序传输的任何问题的共性。

Throwable 有两个重要的子类，即 Exception 和 Error，二者都是 Java 异常处理的重要子类，各自都包含大量子类。

Exception 类有一个重要的子类 RuntimeException。RuntimeException 类及其子类表示"JVM 常用操作"引发的错误。例如，若试图使用空值对象引用，则会引发运行时异常 NullPointerException；若除数为 0，则会引发运行时异常 ArithmeticException；若数组下标越界，则会引发 ArrayIndexOutOfBoundException 异常。

Java 异常类的层次结构如图 6-1 所示。

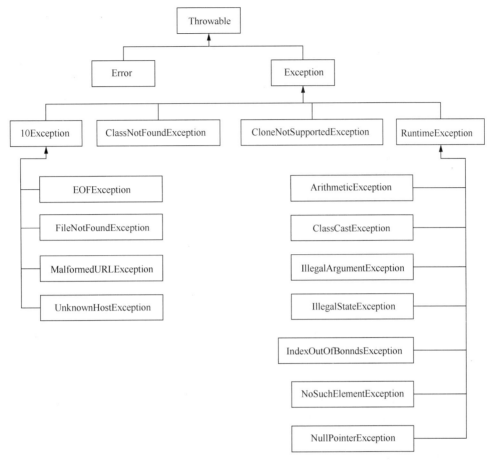

图 6-1 Java 异常类的层次结构

3. 错误与异常的区别

错误与异常的区别在于错误是无法处理的，而异常可以由程序本身进行处理。

错误表示应用程序在运行过程中出现的较严重问题。大多数错误与代码编写者执行的操作无关，而表示代码运行时 JVM 出现的问题。

异常是应用程序中可能出现的可预测、可恢复问题。一般大多数异常表示轻度到中度的问题。异常一般是在特定环境下产生的，通常出现在代码的特定方法和操作中。在 EchoInput 类中，当试图调用 readLine()方法时，可能出现 IOException 异常。

6.1.2 Java 异常处理概述

所谓异常处理，就是指程序在出现问题时依然可以正确地执行完。当出现错误后，程序执行的流程发生改变，程序的控制权转移到异常处理器。

异常通常分为两大类：运行时异常和非运行时异常（即编译异常）。程序中应当尽可能去处理这些异常。

运行时异常都是 RuntimeException 类及其子类异常，如 NullPointerException（空指针异常）、IndexOutOfBoundsException（数组下标越界异常）等，这些异常是不可查异常，程序中可以选择捕获处理，也可以不处理。这些异常一般是由程序逻辑错误引起的，程序应该从逻辑角度尽可能避免这类异常的发生。

运行时异常的特点是 Java 编译器不会检查它，也就是说，当程序中可能出现这类异常时，即使没有用 try…catch 语句捕获它，也没有用 throws 子句声明抛出它，程序依然会编译通过。

非运行时异常是 RuntimeException 以外的异常，类型上都属于 Exception 类及其子类。从程序语法角度讲，非运行时异常是必须处理的异常，如果不处理，程序就不能通过编译。如 IOException、SQLException 等以及用户自定义的 Exception 异常，一般情况下不自定义检查异常。

在 Java 应用程序中，异常处理机制分为两种：抛出异常和捕获异常。

捕获异常

任务 6.2　　捕获异常

本任务的目标是掌握 Java 程序中捕获异常的方法，包括捕获异常概述，捕获异常的处理语句 try…catch 及 try…catch…finally，为在平时编程过程中可能出现的异常如何进行捕获提供解决方法。

6.2.1　捕获异常概述

捕获异常：在方法抛出异常之后，运行时系统将转为寻找合适的异常处理器。潜在的异常处理器是异常发生时依次存留在调用栈中的方法的集合。当异常处理器所能处理的异常类型与方法抛出的异常类型相符时，即合适的异常处理器。运行时系统从发生异常的方法开始，依次去查调用栈中的方法，直至找到含有合适异常处理器的方法并执行。当运行时系统遍历调用栈而未找到合适的异常处理器时，则运行时系统终止。同时，意味着 Java 程序的终止。

捕获异常通过 try…catch 语句或者 try…catch…finally 语句实现。对于运行时异常、错误或可查异常，Java 提供了不同的异常处理方式。

6.2.2　捕获异常处理语句

1．try…catch 语句

在 Java 中，通过 try…catch 语句来捕获异常，其一般语法形式如下。

```
try {
    //可能会发生异常的程序代码
} catch (Type1 id1){
    //捕获并处置 try 抛出的异常类型 Type2
} catch (Type2 id2){
    //捕获并处置 try 抛出的异常类型 Type2
}
```

关键词 try 后的语句块称为监控区域，当代码发生异常时，会抛出异常对象。catch 语句块会捕获 try 语句块中发生的异常并在其语句块中做异常处理，在程序中可以有一个或多个 catch 语句块。当 try 语句块中的代码出现异常时，catch 语句块会捕获到发生的异常，并和自己的异常类型进行匹配，若匹配成功，则执行 catch 语句块中的代码，并将 catch 语句块参数指向所抛出的异常对象，try…catch 语句结束。

【例 6-1】捕获 throw 语句抛出的"除数为 0"异常。

```
public class TestException{
    public static void main(String[] args){
```

```
    int a = 6;
    int b = 0;
    try { //try 监控区域
        if (b == 0) throw new ArithmeticException(); //通过 throw 语句抛出异常
        System.out.println("a/b 的值是: " + a / b);
    }
    catch (ArithmeticException e) { //catch 捕获异常
        System.out.println("程序出现异常，变量 b 不能为 0。");
    }
    System.out.println("程序正常结束。");
    }
}
```

运行以上程序，结果如图 6-2 所示。

图 6-2　例 6-1 程序运行结果

2. try…catch…finally 语句

try…catch 语句还可以包括第 3 个部分，就是 finally 子句，这个语句块总是会在方法返回前执行，而不管 try 语句块是否发生异常，其目的是给程序一个补救的机会。这样做也体现了 Java 语言的健壮性。

try…catch…finally 语句的一般语法形式如下。

```
try {
    //可能会发生异常的程序代码
} catch (Type1 id1) {
    //捕获并处理 try 抛出的异常类型 Type1
} catch (Type2 id2) {
    //捕获并处理 try 抛出的异常类型 Type2
} finally {
    //无论是否发生异常，都将执行的语句块
}
```

try 语句块用于捕获异常，其后可接 0 个或多个 catch 语句块。如果没有 catch 语句块，则必须跟一个 finally 语句块。catch 语句块用于处理 try 捕获到的异常。无论是否捕获或处理异常，finally 语句块内的语句都会被执行。当在 try 语句块或 catch 语句块中遇到 return 语句时，finally 语句块将在方法返回之前被执行。在以下 4 种特殊情况下，finally 语句块不会被执行。

① 在 finally 语句块中发生了异常。

② 在前面的代码中用了 System.exit()退出程序。

③ 程序所在的线程“死亡”。

④ 关闭 CPU。

【例 6-2】try…catch…finally 语句的使用。捕捉程序运行过程中可能出现的数组下标越界异常或算术运算异常，无论是否出现异常，最终都输出"离开异常处理代码"。

```java
public class TestTCFExcep
{
    public static void main(String []args){
        try {
            int i=20/0;
            System.out.println("i="+i);
        }catch(ArrayIndexOutOfBoundsException e ){
            System.out.println("数组下标越界异常");
        }catch(ArithmeticException e ){
            System.out.println("算术运算异常");
        }finally{
            System.out.println("离开异常处理代码");
        }
    }
}
```

运行以上程序，结果如图 6-3 所示。

Problems @ Javadoc Declaration Console

\<terminated> TestTCFExcep [Java Application] C:\Progra

算术运算异常

离开异常处理代码

图 6-3　try…catch…finally 语句的使用

3. try、catch、finally 语句块的执行顺序

使用 try…catch…finally 语句捕获异常时，需要遵循以下的原则。

① 当 try 没有捕获到异常时：try 语句块中的语句逐一被执行，程序将跳过 catch 语句块，执行 finally 语句块和其后的语句。

② try 捕获到异常，catch 语句块里没有处理此异常的情况：当 try 语句块里的某条语句出现异常而没有处理此异常的 catch 语句块时，此异常将会抛给 JVM 处理，finally 语句块里的语句还是会被执行，但 finally 语句块后的语句不会被执行。

③ try 捕获到异常，catch 语句块里有处理此异常的情况：在 try 语句块中是按照顺序来执行的，当执行到某一条语句出现异常时，程序将跳到 catch 语句块，并与 catch 语句块逐一匹配，找到与之对应的处理程序，其他的 catch 语句块将不会被执行，而 try 语句块中，出现异常之后的语句也不会被执行，catch 语句块执行完后，执行 finally 语句块里的语句，最后执行 finally 语句块后的语句。

任务 6.3　抛出异常

抛出异常

本任务讲解 Java 程序中抛出异常的方法，包括抛出异常概述，抛出异常处理语句，即 throws 抛出异常以及 throw 抛出异常语句。对于程序中不能解决的异常，可以使用抛出语句将异常抛出。

6.3.1　抛出异常概述

当一个方法出现错误引发异常时，方法创建异常对象并交付给运行时系统。异常对象中

包含异常类型和异常出现时的程序状态等异常信息。运行时系统负责寻找处置异常的代码并执行。

任何 Java 代码都可以抛出异常，如：自己编写的代码、来自 Java 开发环境包中的代码，或者 Java 运行时系统。无论是谁，都可以通过 Java 的 throw 语句抛出异常。从方法中抛出的任何异常都必须使用 throws 语句。

6.3.2 抛出异常处理语句

1. throws 抛出异常

如果一个方法可能会出现异常，但没有能力处理这种异常，可以在方法声明处用 throws 语句来声明抛出异常。例如，汽车在运行时可能会出现故障，汽车本身没办法处理这个故障，就让开车的人来处理。throws 语句用在方法定义时声明该方法要抛出的异常类型。如果抛出的是 Exception 异常，则该方法被声明为抛出所有的异常。多个异常之间需要使用逗号分隔。throws 语句的语法格式为：

```
方法名 throws Exception1,Exception2,…,ExceptionN {
    //方法体
}
```

方法名后的 throws Exception1,Exception2,…,ExceptionN 为声明要抛出的异常列表。当方法抛出异常列表中的异常时，方法将不对这些类型及其子类类型的异常做处理，而是抛向调用该方法的方法，由它去处理。

【例 6-3】throws 抛出异常的使用。创建一个 pop()方法，当数组大小不合法时，抛出 NegativeArraySizeException 数组负长度异常。

```
public class TestThrowsExcep{ //定义方法并抛出 NegativeArraySizeException 异常
    static void pop() throws NegativeArraySizeException{
        int[] arr = new int[-3];                          //创建数组
    }
    public static void main(String[] args){               //主方法
        try{                                              //try 语句处理异常信息
            pop();                                        //调用 pop()方法
        } catch (NegativeArraySizeException e){
            System.out.println("pop()方法抛出的异常");      //输出异常信息
        }
    }
}
```

运行以上程序，结果如图 6-4 所示。

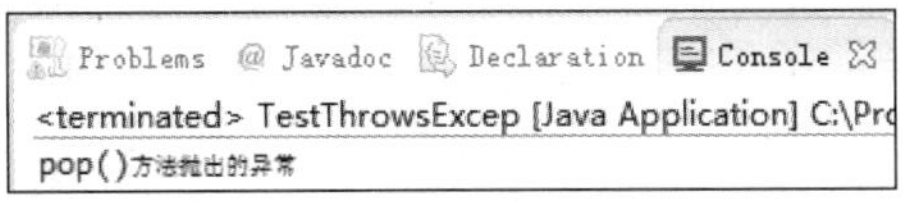

图 6-4　throws 语句的使用

使用 throws 关键字将异常抛给调用者后，如果调用者不想处理该异常，可以继续向上抛出，但最终要有能够处理该异常的调用者。pop()方法没有处理异常 NegativeArraySizeException，而是由 main()方法来处理。throws 抛出异常的规则如下。

① 如果是不可查异常，即 Error、RuntimeException 或它们的子类，那么可以不使用 throws 关键字来声明要抛出的异常，编译仍能顺利通过，但在运行时会被系统抛出。

② 必须声明方法可抛出的任何可查异常。即如果一个方法可能出现可查异常，要么用 try...catch 语句捕获，要么用 throws 子句声明将它抛出，否则会导致编译错误。

③ 仅当抛出了异常，该方法的调用者才必须处理或者重新抛出该异常。当方法的调用者无力处理该异常的时候，应该继续抛出。

④ 调用方法必须遵循任何可查异常的处理和声明规则。若覆盖一个方法，则不能声明与覆盖方法不同的异常。声明的任何异常必须是被覆盖方法所声明异常的同类或子类。

2. throw 抛出异常

throw 总是出现在方法体中，用来抛出一个 Throwable 类型的异常。程序会在 throw 语句后立即终止，它后面的语句不会被执行，然后在包含它的所有 try 语句块中（可能在上层调用方法中）从内向外寻找含有与其匹配的 catch 子句的 try 语句块。

如果所有方法都层层上抛获取的异常，最终 JVM 会进行处理，处理也很简单，就是输出异常消息和堆栈信息。如果一个方法抛出的是 Error 或 RuntimeException 异常，则该方法的调用者可选择处理该异常。

【例 6-4】throw 抛出异常的使用。

```java
public class TestThrowExcep {
    static void demoproc(){
        try {
            throw new NullPointerException("demo");
        }
        catch(NullPointerException e){
            System.out.println("Caught inside demoproc.");
            throw e;
        }
    }
    public static void main(String []args){
        try{
            demoproc();
        }
        catch(NullPointerException e) {
            System.out.println("Recaught: " + e);
        }
    }
}
```

该程序有两个机会处理相同的错误。首先 main()方法设立了一个异常关系，然后调用 demoproc()方法设立了另一个异常处理关系，并且抛出一个新的 NullPointerException 实例。该实例在下一行被捕获，异常于是被再次抛出。运行 Java 应用程序，结果如图 6-5 所示。

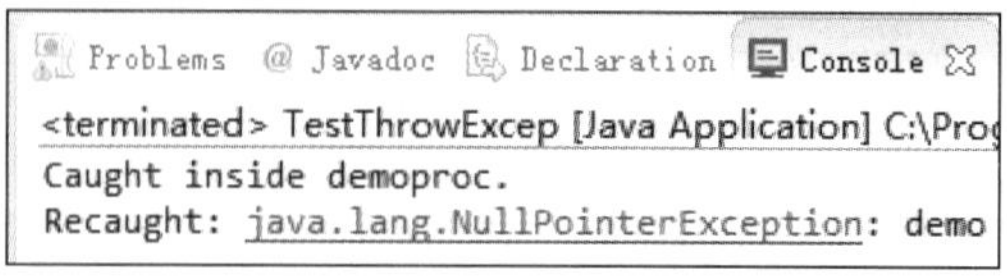

图 6-5　throw 语句的使用

任务 6.4　自定义异常

自定义异常

本任务的目标是掌握 Java 语言中的自定义异常，主要包含自定义异常概述，以及自定义异常类的定义和使用，为日后创建并使用自定义异常类打下坚实的基础。

6.4.1　自定义异常概述

使用 Java 内置的异常类可以处理在编程时出现的大部分异常情况。但是，有时候项目中会出现一些特有的问题，用 Java 内置的标准异常类是无法充分描述清楚我们想要表达的问题的，这时就需要用户自己定义一些异常类来描述这些问题，并给出清楚的提示。用户自己定义的这些异常类称为自定义异常类。

用户在自定义异常类时，只需从 Exception 类或者它的子类派生出一个子类即可。自定义异常类如果继承 Exception 类，则为可检查异常，必须对其进行处理；如果不想处理，可以让自定义异常类继承 RuntimeException 类。

习惯上，自定义异常类应该包含 2 个构造方法：一个是默认的构造方法，另一个是带有详细信息的构造方法。

在程序中使用自定义异常类，大体可分为以下几个步骤。

① 创建自定义异常类，继承 Exception 类或它的子类。

② 定义构造方法，在方法中通过 throw 关键字抛出异常对象。

③ 如果在当前抛出异常的方法中处理异常，可以使用 try…catch 语句捕获并处理；否则在方法的声明处通过 throws 关键字指明要抛给方法调用者的异常，继续进行下一步操作。

④ 在出现异常方法的调用者中捕获并处理异常。

6.4.2　自定义异常类的定义和使用

1. 自定义异常类的定义

自定义异常类通常是定义一个继承 Exception 类的子类。一般情况下通过继承 Exception 类或它的子类，来实现自定义异常类。自定义异常类的格式如下。

```
public class XXXXException extends Exception 或 RuntimeException {
    //添加一个空的构造方法
    public XXXXException() {
        //空
    }
    //添加一个带异常信息的构造方法
    public XXXXException(参数列表) {
        //方法体，即如何处理异常
    }
}
```

① 自定义异常类的名称一般都以 Exception 结尾，说明该类是一个异常类。

② 自定义异常类必须继承 Exception 类、RuntimeException 类或者它们的子类。如果自定义异常类继承 Exception 类或其子类，那么这个自定义异常类就是一个编译期异常，必须处理这个异常；如果自定义异常类继承 RuntimeException，那么这个自定义异常类就是一个

运行期异常，无须处理，直接交给 JVM 处理即可。下面通过实例来说明如何声明自定义异常类。

【例 6-5】声明自定义异常类 MyException，并添加构造方法。

```java
public class MyException extends Exception{
    //添加一个空的构造方法
    public MyException(){
        super();
    }
    //添加一个带异常信息的构造方法
    public MyException(String msg){
        super(msg);
    }
}
```

【例 6-6】声明自定义异常类 MyArithmeticException，并添加构造方法。

```java
class MyArithmeticException extends ArithmeticException{
    public MyArithmeticException(){

    }
    public MyArithmeticException(String errorDescription){
        super(errorDescription);
    }
}
```

2. 使用自定义异常类

由于自定义异常不会自行产生，因此必须采用 throw 语句抛出异常。下面通过实例介绍如何使用自定义异常类。

【例 6-7】例 6-5 中自定义异常类 MyException 的使用。

```java
public class ExceptionTest{
    public static void execute(String a) throws MyException {
        System.out.println("execute...");
        if("true".equals(a)){
            //通过 throw 语句抛出自定义异常 MyException
            throw new MyException("参数不能为 true");
        }
    }
    public static void main(String[] args) throws MyException{
        execute("true");
    }
}
```

运行以上程序，结果如图 6-6 所示。

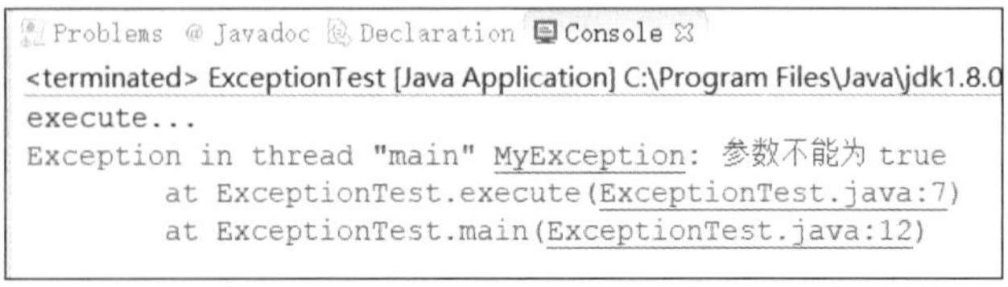

```
Problems  @ Javadoc  Declaration  Console
<terminated> ExceptionTest [Java Application] C:\Program Files\Java\jdk1.8.0
execute...
Exception in thread "main" MyException: 参数不能为 true
        at ExceptionTest.execute(ExceptionTest.java:7)
        at ExceptionTest.main(ExceptionTest.java:12)
```

图 6-6　ExceptionTest 类的运行结果

【例 6-8】例 6-6 中自定义异常类 MyArithmeticException 的使用。

```java
public class MyArithmeticExceptionTest{
    public static int divide(int a, int b) throws MyArithmeticException{
        int result;
        if (b==0)
            //通过 throw 语句抛出自定义异常 MyArithmeticException
            throw new MyArithmeticException("divide by zero");
        else
            result=a/b;
        return result;
    }
    public static void main(String []args) {
        try{
            divide(10, 0);
        }
        catch(Exception e) {
            e.printStackTrace();
        }
    }
}
```

运行以上程序，结果如图 6-7 所示。

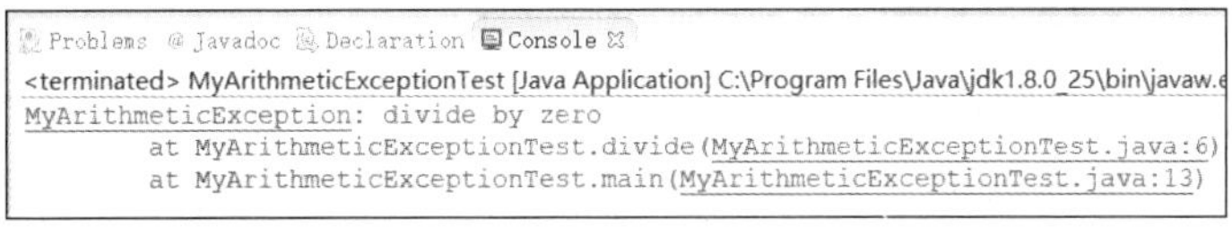

图 6-7　MyArithmeticExceptionTest 类的运行结果

【例 6-9】自定义异常类的创建与使用。在除法运算过程中，当除数为负数时，抛出"除数不能是负数"异常。

```java
public class TestDefineExcep {
    static int quotient(int x, int y) throws MyException { //定义方法，抛出异常
        if (y < 0) { //判断参数是否小于 0
            throw new MyException("除数不能是负数"); //异常信息
        }
        return x/y; //返回值
    }
    public static void main(String []args) { //主方法
        int  a =3;
        int  b =0;
        try { //try 语句包含可能发生异常的语句
            int result = quotient(a, b); //调用方法 quotient()
        } catch (MyException e) { //处理自定义异常
            System.out.println(e.getMessage()); //输出异常信息
        } catch (ArithmeticException e) { //处理 ArithmeticException 异常
            System.out.println("除数不能为 0"); //输出提示信息
        } catch (Exception e) { //处理其他异常
```

```
        System.out.println("程序发生了其他的异常");  //输出提示信息
        }
    }
}
class MyException extends Exception {  //创建自定义异常类
    String message;  //定义 String 类型变量
    public MyException(String ErrorMessagr) {  //父类方法
        message = ErrorMessagr;
    }
    public String getMessage() {  //覆盖 getMessage()方法
        return message;
    }
}
```

运行以上程序，结果如图 6-8 所示。

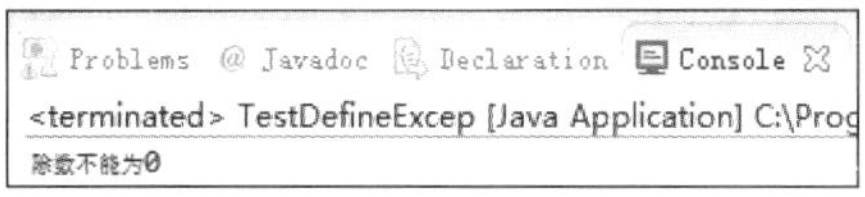

图 6-8　自定义异常类的运行结果

任务 6.5　拓展实践任务

本任务通过两个拓展实践任务，将本项目介绍的 Java 程序的异常处理机制、捕获异常、抛出异常及自定义异常类等知识点结合起来进行应用。通过拓展实践环节，帮助读者强化语法知识点的实际应用能力，进一步熟悉 Java 程序的异常处理。

拓展实践任务

6.5.1　除法计算器中的异常处理

在学习了 Java 程序中捕获异常、抛出异常及自定义异常类后，下面通过实践任务来考核一下大家对相关知识点的掌握情况。

【实践任务 6-1】编写 Java 控制台程序，完成一个简易除法计算器，并能够处理程序运行过程中出现的各种异常，如图 6-9～图 6-11 所示。

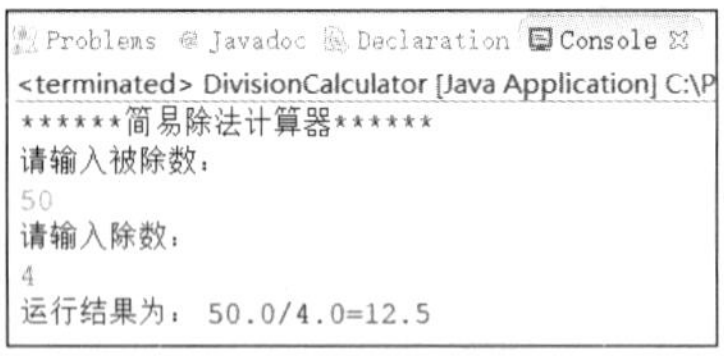

图 6-9　正常处理结果 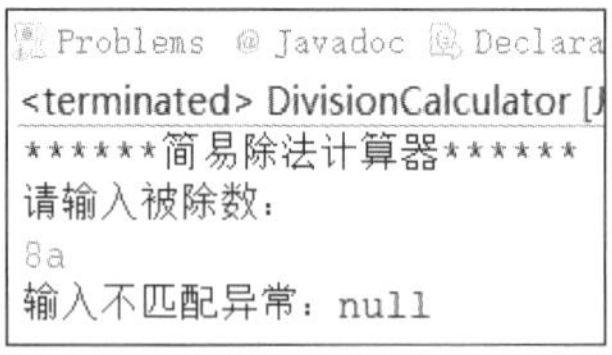　　　图 6-10　产生输入不匹配异常 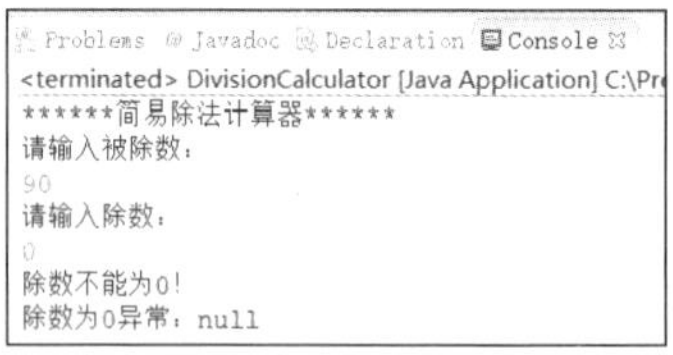　　　图 6-11　除数为 0 异常

① 解题思路：先分析在进行除法运算过程中可能发生的各种异常，并创建自定义异常类，然后输入被除数和除数进行除法运算，最后对运算过程中可能出现的异常进行处理。

② 参考代码。

```
import java.util.InputMismatchException;
import java.util.Scanner;
public class DivisionCalculator {
```

```
/*从键盘输入被除数与除数，处理运算过程中可能产生的异常*/
public static void main(String[] args) throws Exception {
    System.out.println("******简易除法计算器******");
    //定义变量
    double dividend;                //被除数
    double divisor;                 //除数
    try {
        Scanner sc = new Scanner(System.in);
        System.out.println("请输入被除数: ");
        dividend = sc.nextDouble();
        System.out.println("请输入除数: ");
        divisor = sc.nextDouble();
        double result = dividend / divisor;
        if (divisor == 0) {
            throw new DivideByZeroException();
        }
        System.out.println("运行结果为: " + dividend + "/" + divisor + "=" +
result);
    }catch(InputMismatchException e){
        System.out.println("输入不匹配异常: " + e.getMessage());
    }catch (DivideByZeroException e) {
        System.out.println("除数为0异常: " + e.getMessage());
    }catch (ArithmeticException e) {
        System.out.println("其他算术异常: " + e.getMessage());
    }catch (Exception e) {
        System.out.println("异常信息为: " + e.getMessage());
    }
}
class DivideByZeroException extends Exception{
    public DivideByZeroException(){
        System.out.println("除数不能为0! ");
    }
}
```

6.5.2　学生平均分统计中的异常处理

【实践任务 6-2】统计一个班级中所有学生的平均分，要求能够正确处理计算过程中出现的各种异常情况，运行结果如图 6-12～图 6-14 所示。

图 6-12　正常运行结果 　　　图 6-13　班级总人数异常结果 　　　图 6-14　成绩异常结果

① 解题思路: 先分析在统计学生平均分过程中可能发生的各种异常，包括输入的学生总

人数不合法、输入成绩不合法等情况，然后分别输入班级总人数、各名学生的成绩进行运算，最后对运算过程中可能出现的异常进行处理。

② 参考代码。

```java
import java.util.InputMismatchException;
import java.util.Scanner;
public class CalAvgScore {
    public static void main(String[] args)
    {
        Scanner sc=new Scanner(System.in);
        try
        {
            System.out.println("请输入班级总人数：");
            int count=sc.nextInt();
            if(count <= 0){
                throw new ArithmeticException();
            }
            int sum = 0;           //总成绩
            int score;
            for(int i = 0; i < count; ++i){
                System.out.println("请输入第" + (i + 1) + "名学生的成绩");
                score = sc.nextInt();
                if(score < 0){
                    throw new InputMismatchException();
                }
                sum += score;
            }
            double avg=(double)sum/count; //获取平均分
            System.out.println("本次考试的平均分为："+avg);
        }catch(InputMismatchException e1){
            System.out.println("输入成绩不合法，成绩应为非负数！");
        }catch(ArithmeticException e2){
            System.out.println("输入的总人数应为正整数！");
        }catch(Exception e3){
            e3.printStackTrace();
            System.out.println("发生错误！"+e3.getMessage());
        }
    }
}
```

项目小结

本项目首先讲解了 Java 语言中的异常处理，包括程序中错误与异常的概念和两者的区别，并引出 Java 异常处理机制；其次介绍了 Java 异常处理的第一种方法——捕获异常，着重介绍了捕获异常的处理语句 try...catch...finally；接着介绍了 Java 异常处理的第二种方法——抛出异常，着重讲解了抛出异常的语句 throw 及 throws 的使用；然后讲解了如何定义并使用自定义异常类；最后通过一组拓展实践任务，将前文介绍的知识点串联起来，进一步增强读者对于异常处理的理解及应用，强化读者的综合应用能力。

课后习题

1. 填空题

① 捕获异常要求在程序的方法中预先声明，在调用方法时用 try…catch…（   ）语句捕获并处理。

② Java 语言中，那些可预料和不可预料的出错称为（   ）。

③ JVM 能自动处理（   ）异常。

④ 抛出异常、生成异常对象都可以通过（   ）语句实现。

⑤ Throwable 类有两个子类：（   ）类和 Exception 类。

⑥ 捕获异常的统一出口通过（   ）语句实现。

2. 选择题

① Java 语言中（   ）关键字可以抛出异常。

    A. transient   B. finally   C. throw   D. static

② （   ）类是所有异常类的父类。

    A. Throwable   B. Error   C. Exception   D. AWTError

③ 在 Java 语言中，异常处理的出口是（   ）。

    A. try{…}子句   B. catch{…}子句

    C. finally{…}子句   D. 以上说法都不对

④ 对于如下程序的执行，说法错误的是（   ）。

```
class MultiCatch{
    public static void main(String []args){
        try
        {
            int a=args.length;
            int b=42/a;
            int c[]={1};
            c[42]=99;
            System.out.println("b="+b);
        }
        catch(ArithmeticException e)
        {
            System.out.println("除 0 异常: "+e);
        }
        catch(ArrayIndexOutOfBoundsException e)
        {
            System.out.println("数组下标越界异常: "+e);
        }
    }
}
```

    A. 程序将输出第 15 行的异常信息   B. 程序第 9 行出错

    C. 程序将输出 "b=42"   D. 程序将输出第 19 行的异常信息

⑤ 当方法遇到异常又不知如何处理时，下列说法中正确的是（   ）。

    A. 捕获异常   B. 抛出异常   C. 声明异常   D. 嵌套异常

⑥ 一个异常将终止（　　　）。

    A. 整个程序　　　　　　　　　　　B. 抛出异常的方法

    C. 产生异常的 try 语块　　　　　　D. 以上说法都不对

3. 判断题

① 异常类对象代表当前出现的一个具体异常。　　　　　　　　　　　　　　（　　　）

② Java 语言中的所有异常类都是 java.lang.Throwable 的子类。　　　　　　（　　　）

③ 如果异常发生时没有捕获异常的代码，程序会正常执行。　　　　　　　　（　　　）

④ 程序中抛出异常时只能抛出自己定义的异常对象。　　　　　　　　　　　（　　　）

⑤ 一个异常处理中 finally 语句块只能有一个或者没有。　　　　　　　　　（　　　）

4. 编程题

自定义 Triangle 类，其中有成员 x、y、z 作为 3 条边长，构造方法 Triangle(x,y,z)分别给 x、y、z 赋值，求面积方法 getArea()和显示三角形信息方法 showInfo()中当 3 条边不能构成一个三角形时要抛出自定义异常 NotTriException，否则显示正确信息。在另外一个类中的主方法中构造一个 Triangle 对象，显示三角形信息和面积，要求捕获异常。

项目 ❼ Java 程序的图形用户界面开发

随着计算机和网络的普及，越来越多的非计算机专业人员也需要通过计算机应用程序完成相关的工作任务。因此，图形用户界面就逐步成为应用程序与用户交互的主流方式之一。每个图形用户界面下的应用程序都必须设计和建立自己的图形用户界面，并利用它接收用户的输入以及向用户输出程序运行的结果。图形用户界面功能是否完善、使用是否方便，将直接影响到用户对应用程序的使用感受。那么 Java 程序应如何进行图形用户界面的开发？在开发 Java 图形用户界面程序时有哪些类库可以供开发者使用？就让我们一起在本项目中走进 Java 程序的图形用户界面开发的世界，来了解一下 Java 的图形用户界面开发的基础知识，熟悉和掌握相关类库的使用。

学习目标

知识目标：
1. 熟悉图形用户界面的基本概念
2. 熟悉 Java 开发图形用户界面的类库

能力目标：
1. 掌握容器的处理
2. 掌握组件的使用
3. 掌握菜单等图形元素的制作

素养目标：
1. 培养专注、认真的学习能力
2. 培养举一反三的实践能力

程序人生

在本项目中，我们将开始学习 Java 语言中所提供的用于图形用户界面开发的各种类库和方法，将开始编写 Java 图形用户界面程序。大家在实践中会发现，JDK 开发环境中已经为我们提供了丰富的类库和方法，帮助我们来解决图形用户界面开发中可能遇到的各种各样的问题。那么大家是否考虑过为自己将来的人生建立足够多、足够强大的"方法库"呢？其实，我们人生中的"方法库"的本质和程序开发中的方法是一样的。只不过从"独立完成一项任务的程序段"变为了"独立完成一项工作或生活任务的技能"。今后的知识更新速度将越来越快，对每个人的能力要求也越来越高，职场竞争将是我们每个人都需要直面的情况。作为新时代的一名大学生，在校期间就应该为自己的职场生涯进行充分的准备，利用学习之余为自己建立更多的"方法库"。"艺多不压身"，机会只会留给有准备的人，同学们，为了今后能在职场中获得一片属于自己的天空，从现在开始为自己储备更多的人生"方法库"吧！

图形用户界面
开发简介

任务 7.1 图形用户界面开发简介

图形用户界面是采用图形化方式显示的计算机操作用户界面。通过这个界面，用户可以方便地向计算机系统发出命令、启动操作，并将程序运行的结果以图形化的方式显示出来。目前，图形用户界面已经成为应用软件的设计标准之一。

本任务将简要介绍图形用户界面的基本组成元素及 Java 语言中开发图形用户界面的相关类库体系。读者通过本任务的学习，可以对 Java 语言的图形用户界面开发有一个宏观的了解，对相关类库体系有一个基本的认知。

7.1.1 图形用户界面概述

图形用户界面能够创建按钮、标签、列表框等与用户进行交互的组件，还可以画线、矩形、圆等基本图形，使用户方便地建立自己的图形用户界面。

1. 图形用户界面的构成

图形用户界面是一组图形用户界面元素的有机组合。常见的图形用户界面元素如下。

（1）容器

容器是一种特殊的组件，它能够容纳其他组件或其他容器组件。每一个图形用户界面应用程序至少要包含一个顶层容器。

（2）组件

组件是可以用图形化的方式显示在屏幕上并能够与用户进行交互的对象。

① 组件是图形用户界面的最小单位之一，里面不再包含其他的组件。

② 组件不能独立地显示，必须放在容器中才可以显示。

常用的图形用户界面组件如下。

- 选择类组件：单选按钮、复选按钮、下拉列表框等。
- 文字处理类组件：单行文本框、多行文本框等。
- 命令类组件：按钮、菜单等。

（3）布局管理器

布局管理器是专门用来管理组件在容器中布局的元素。它可以为容器内的组件提供若干布局策略，每个容器都拥有某种默认布局管理器，用于负责其内部组件的管理。

（4）观感

观感用于决定 Java 应用程序图形用户界面元素的外观。Java 语言是支持跨系统平台的，不同的系统都有自己默认的界面风格。观感设计之初就是为了让 Java 应用程序能够动态地切换为当前系统的界面风格。此外，还可以使用第三方组织或个人开发的其他观感风格。

2. 建立图形用户界面程序的流程

建立 Java 图形用户界面应用程序一般遵循以下流程。

① 引用需要的包和类。
② 设置一个顶层的容器。
③ 根据需求为容器设置布局管理器或使用默认布局管理器。
④ 将组件添加到容器内。
⑤ 为响应事件的组件编写事件处理代码。

7.1.2 Java 语言图形类库概述

Java 图形用户界面技术经历了两个发展阶段：AWT 阶段和 Swing 阶段。

1. AWT 阶段

开发 Java 图形用户界面的应用程序时，需要用到 AWT（Abstract Window Toolkit，抽象窗口工具集）。AWT 是 JDK 的重要组成部分。AWT 的作用是给用户提供基本的图形用户界面组件。此外，AWT 还提供事件处理结构，支持剪贴板、数据传输和图像操作等。

AWT 由 java.awt 包提供，该包中有许多用来设计图形用户界面的类和接口。AWT 包括：组件（Component）类、容器（Container）类、图形（Graphics）类和布局管理器（LayoutManager）类等。

- Component 类：菜单、按键、文本框等组件的抽象基本类。
- Container 类：容器的抽象基本类。由 Container 类派生的类有 Panel 类、Applet 类、Window 类、Dialog 类和 Frame 类等。
- Graphics 类：定义组件中图形操作的基本类。
- LayoutManager 类：定义容器中组件的位置和形状的类。

组件是构成 AWT 的基础。AWT 中包括大量的组件，其中大部分是由 java.awt.Component 类扩展而来的。java.awt.Component 类是一个抽象类，为其派生类提供了许多功能，比如一个组件可以包括图形对象、位置、尺寸、父容器、前景和背景色以及首选尺寸等成员。图 7-1 所示为主要的 AWT 组件的结构层次。

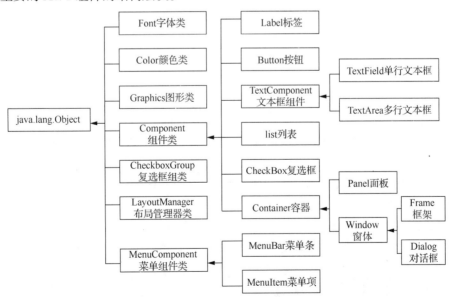

图 7-1　主要的 AWT 组件的结构层次

2．Swing 阶段

Swing 包是 Java 语言提供的第二代图形用户界面设计工具包，它以 AWT 为基础，在 AWT 的基础上新增或改进了一些图形用户界面组件，使得图形用户界面应用程序功能更强大，设计更容易和使用更方便。

Swing 与 AWT 有以下不同。

① 因为 Swing 是完全用 Java 语言编写的，所以称 Swing 组件是轻量级组件，没有本地代码，不依赖操作系统的支持，比 AWT 组件具有更强的实用性。

② Swing 采用了一种模型—视图—控制器模式（Model-View-Controller，MVC）的设计范式，其中模型用来保存内容，视图用来显示内容，控制器用来控制用户输入。

③ Swing 外观感觉采用可插入的外观感觉（Pluggable Look and Feel，PL&F），在 AWT 组件中，控制组件外观的对等类与具体平台相关，使得 AWT 组件总是只有与本地系统相关的外观；而 Swing 可以使得 Java 应用程序在某个平台上运行时能够有不同的外观，用户可以选择自己习惯的外观。

④ Swing 组件的名称都以字母 J 开头，例如，AWT 的框架类、面板类、按钮类和菜单类被命名为 Frame、Panel、Button 和 Menu，而 Swing 对应的组件类被命名为 JFrame、JPanel、JButton 和 JMenu。另外，AWT 组件在 java.awt 包中，而 Swing 组件在 javax.swing 包中。

Swing 的类层次结构如图 7-2 所示。

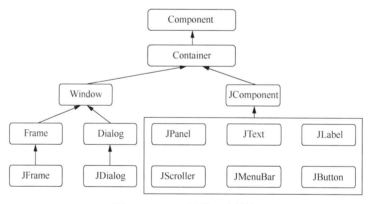

图 7-2　Swing 的类层次结构

就类的层次结构而言，Swing 组件都是 AWT 的 Container 类的直接子类和间接子类。尤其是 javax.swing.JComponent 类，许多 Swing 组件都是它的子类，而它本身又是 java.awt.Container 类的子类。

【例 7-1】编写一个简单的 Swing GUI 应用程序。该程序生成一个窗口，窗口中有一个标签，用于显示输出。

在 Eclipse 中建立 Java 应用程序项目，输入如下程序代码。

```
import java.awt.* ;
import javax.swing.* ;
public class SwingDemo{
    public static void main(String []args){
        JFramefm = new JFrame("欢迎窗口");
```

```
        JLabel label = new JLabel("欢迎学习图形用户界面开发");
        Container con = fm.getContentPane();
        con.add(label);
        fm.setSize(350,180);
        fm.setVisible(true);
    }
}
```

结合程序代码进行分析，如下。

用 import 语句加载 java.awt 和 javax.swing 类库下的类。创建框架 JFrame 类的对象作为窗口，窗口标题是"欢迎窗口"。创建 JLabel 标签对象，标签上显示"欢迎学习图形用户界面开发"。获得窗口的容器面板，在容器面板中加入标签。设置窗口的初始大小为宽 350 像素、高 180 像素，并设置窗口为可见。程序运行结果如图 7-3 所示。

图 7-3　欢迎窗口

任务 **7.2**　容器的处理

容器的处理

Java 应用程序图形用户界面中至少要包含一个顶层容器。在本任务中我们将学习容器的使用。

7.2.1　容器组件

由 java.awt.Container 类扩展的类称为容器。顾名思义，容器就是用来包含其他组件的。一个容器可以包含多个组件，也可以使用容器将相关组件构成一个整体。合理地使用容器可以简化图形用户界面的设计，而且对于组件的显示也非常有用。

Swing 的容器从功能上分为以下 3 类。

① 顶层容器：它用来构建 Swing GUI 应用程序的主窗口，包括 JFrame、JApplet、JDialog 和 JWindow 等。

② 中间容器：它可以容纳组件，但它本身必须添加到其他顶层容器中使用，如 JPanel、JScrollPane、JSplitPane、JToolBar 等。

③ 特殊容器：在图形用户界面上起特殊作用的中间层，如 JInternalFrame、JLayeredPane、JRootPane 等。

1. 框架 JFrame

框架 JFrame 是 Swing 中经常使用到的组件，是顶层容器，可称为"窗口"。窗口一般带有标题、边界、窗口状态调节按钮等。每一个应用程序都应至少包含一个框架。

（1）创建框架的方法

● JFrame()：创建一个无标题的初始不可见框架。

● JFrame(String title)：创建一个标题为 title 的初始不可见框架。

例如，创建标题为"欢迎窗口"的框架对象 frame 的代码如下。

```
JFrame frame = new JFrame("欢迎窗口");
```

（2）框架的常用方法

● setVisible(true)：显示窗口。

- setSize(width,height)：设置框架尺寸，一般在显示前进行设置。
- pack()：使框架的初始大小正好显示出所有组件。
- setDefaultCloseOperation(JFrame.EXIT_ON_CLOSE)：设置关闭窗口功能。
- Container getContentPane()：获得框架中的内容面板。
- setContentPane（容器对象）：使用其他容器替换框架中的内容面板。

（3）为框架添加组件

在向框架添加组件时，并不是直接将组件添加到框架中，而是添加到内容面板中。要获取内容面板，可使用 getContentPane() 方法。如果要用自己的容器（如 JPanel 等）替换掉内容面板，可以使用 setContentPane() 方法。

通常，向 JFrame 添加组件有以下两种方式：第一种，用 getContentPane() 方法获得 JFrame 的内容面板，再将组件加入其中；第二种，建立一个 JPanel 之类的中间容器，把组件添加到中间容器中，再用 setContentPane() 方法把该中间容器置为 JFrame 的内容面板。

【例 7-2】创建窗口。

在 Eclipse 中建立 Java 应用程序项目，输入如下程序代码。

```java
import java.awt.*;
import javax.swing.*;
public class JFrameDemo{
    public static void main(String []args){
        JFrame frm= new JFrame("登录窗口");  //创建窗口
        Container con = frm.getContentPane(); //获取内容面板
        JButton bt = new JButton("登录"); //创建 "登录" 按钮
        con.add(bt); //添加按钮
        frm.setSize(350,180); //设置框架大小
        frm.setVisible(true);  //设置框架的可见性
    }
}
```

结合程序代码进行分析，如下。

创建框架 JFrame 类的对象，获取窗口的内容面板。创建按钮 JButton 类的对象，在窗口的内容面板上加入按钮。程序运行结果如图 7-4 所示。

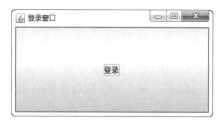

图 7-4　登录窗口

【例 7-3】用类继承形式创建窗口。

在 Eclipse 中建立 Java 应用程序项目，输入如下程序代码。

```java
import java.awt.*;
import javax.swing.*;
public class JFrameDemo2 extends JFrame{
```

```
JFrameDemo2(){
    super("利用继承形式创建窗口");
    setSize(300, 150);
    setVisible(true);
}
public static void main(String []args){
    JFrameDemo2 frm = new JFrameDemo2();
}
}
```

结合程序代码进行分析，如下。

定义框架 JFrame 类的子类 JFrameDemo2。定义 JFrameDemo2 类的构造方法，调用 JFrameDemo2 类的父类 JFrame 的构造方法给窗口添加标题，设置窗口的宽为 300 像素、高为 150 像素，设置窗口的可见性为真。创建 JFrameDemo2 类的对象实例 frm，并调用前面定义的构造方法初始化窗口。程序运行结果如图 7-5 所示。

图 7-5　用类继承形式创建的窗口

2. 面板容器 JPanel

面板容器 JPanel 也是常用的容器之一。面板容器是一种透明的容器，既没有标题，也没有边框，就像一块透明的玻璃。面板容器与 JFrame 不同，它不能作为最外层的容器单独存在，而必须作为一个组件放置到其他容器中，然后把它作为一个容器放置其他组件。

（1）创建面板容器的方法

- JPanel()：创建具有默认 FlowLayout 布局管理器的 JPanel 对象。
- JPanel(LayoutManager layout)：创建具有指定布局管理器的 JPanel 对象。

（2）面板容器的常用方法

public void setBorder(Border border)：设置面板容器的边框。其中 Border 类的参数可用 javax.swing.BorderFactory 类中的方法获得。

BorderFactory 类中获取相应边框的方法如下。

- createEmptyBorder()：普通边框。
- createCompoundBorder()：组合边框。
- createTitledBorder()：带标题的边框。
- createRaisedBevelBorder()：设置边框凸起的效果。
- createLoweredBevelBorder()：设置边框凹陷的效果。

【例 7-4】应用继承形式创建面板，并设置面板的边框。

在 Eclipse 中建立 Java 应用程序项目，输入如下程序代码。

```
import java.awt.*;
import javax.swing.*;
class JPanelDemo extends JPanel{
 JButton btn=new JButton("按钮");              //创建按钮
 public JPanelDemo()  {                        //定义面板的构造方法
   add(btn);                                    //在面板中添加按钮
 }
 public static void main(String[] args){
```

135

```
    JFrame frm=new JFrame ("面板窗口");                //创建窗口
    frm.setSize(300,200);
    JPanelDemo jpn=new JPanelDemo();                 //创建面板
    jpn.setBorder(BorderFactory.createTitledBorder("面板的边框")); //设置面板边框
    frm.setContentPane(jpn);                         //在窗口中添加面板
    frm.setVisible(true);
  }
}
```

结合程序代码进行分析，如下。

定义面板 JPanel 的子类 JPaneDemo。在类中定义按钮。设置面板对象 jpn 的边框，并加入边框标题。程序运行结果如图 7-6 所示。

（3）面板的分类

图 7-6 面板窗口

Swing 将面板按其功能做了如下的分类。

① 根面板（RootPane）：根面板由玻璃面板（Glass Pane）、内容面板（Content Pane）、分层面板（Layered Pane）和可选择的菜单条（Menu Bar）组成，如图 7-7 所示。内容面板和可选择的菜单条放在同一分层。玻璃面板是完全透明的，默认值为不可见，是为接收鼠标事件和在所有组件上绘图方便提供的。

根面板提供的常用方法如下。

- Container getContentPane()：获得内容面板。
- setContentPane(Container)：设置内容面板。
- JMenuBar getMenuBar()：获得菜单条。
- setMenuBar(JMenuBar)：设置菜单条。
- JLayeredPane getLayeredPane()：获得分层面板。
- setLayeredPane(JLayeredPane)：设置分层面板。
- Component getGlassPane()：获得玻璃面板。
- setGlassPane(Component)：设置玻璃面板。

② 滚动面板（JScrollPane）：是带滚动条的面板，主要是通过移动 JViewport（视口）来实现的。JViewport 是一种特殊的对象，用于查看基层组件。滚动面板实际就是沿着组件移动 JViewpor，同时描绘出它在下面"看到"的内容。滚动面板是一个能够自己产生滚动条的容器，通常只包容一个组件，并且根据这个组件的大小自动产生滚动条。其效果如图 7-8 所示。

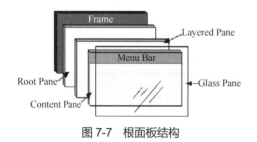

图 7-7 根面板结构

图 7-8 滚动面板效果

③ 分隔板面板（JSplitPane）：提供可拆分窗口，支持水平拆分和垂直拆分，并带有滚动

条。其效果如图 7-9 所示。

分隔板面板的常用方法如下。

- addImpl(Component comp,Object constraints,int index)：增加指定的组件。
- setTopComponent(Component comp)：设置顶部的组件。
- setDividerSize(int newSize)：设置拆分的大小。
- setUI(SplitPaneUI ui)：设置外观和感觉。

④ 选项板面板（JTabbedPane）：选项板面板提供一组可供用户选择的带有标签或图标的选项卡。其效果如图 7-10 所示。

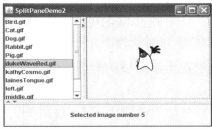

图 7-9　分隔板面板效果　　　　　　图 7-10　选项板面板效果

选项板面板的常用方法如下。

- add(String title,Component component)：增加一个带特定标签的组件。
- addChangeListener(ChangeListener l)：选项板面板注册监听器。

【例 7-5】以选项板面板为例，演示典型面板的使用。

在 Eclipse 中建立 Java 应用程序项目，输入如下程序代码。

```java
import java.awt.*;
import javax.swing.*;
class MyTabbedPane extends JFrame{
    JTabbedPane jtp;                         //定义选项板
    JButton jbn[];                           //定义按钮数组
    MyTabbedPane(){
        super("选项板面板");
        jtp = new JTabbedPane();             //创建选项板
        jbn = new JButton[4];                //创建 4 个按钮
        for(int i = 0;i<4;i++){
            jbn[i] = new JButton("这是第" + i + "页的面板");
            jtp.addTab("Tab" + i,jbn[i]);
        }
        getContentPane().add(jtp,BorderLayout.CENTER); //框架中加入选项板
        setSize(300,200);
        setVisible(true);
    }
}
public class JTabbedPaneDemo{
  public static void main(String []args){
    new MyTabbedPane();
  }
}
```

结合程序代码进行分析，如下。

定义选项板 JTabbedPane 类的对象。定义按钮 JButton 类的数组对象，并在选项板中加入按钮，其中 addTab()方法也可以替换为 add()方法。利用 BorderLayout 布局将选项板加入框架的内容面板中。程序运行结果如图 7-10 所示。

7.2.2　布局管理

为了实现跨平台的特性并且获得动态的布局效果，Java 语言将容器内的所有组件安排给布局管理器负责管理。布局管理器负责指定容器中组件的位置和大小。布局管理器只需要确定组件和其他组件的相对位置，而不需要决定它的坐标，这样的好处就是当改动窗口大小时，布局管理器会自动更新布局来配合窗口的大小，使与平台无关的用户界面更易于实现。创建一个新的容器时，应该调用 setLayout()方法指定布局管理器。布局管理器主要包括：FlowLayout、BorderLayout、GridLayout、CardLayout、BoxLayout 等。

1．FlowLayout

FlowLayout（流式布局管理器）将组件按照加入的先后顺序从左向右排列，一行排满转入下一行继续排列，直到把所有组件显示出来。FlowLayout 是面板容器 JPanel 默认使用的布局管理器。

创建 FlowLayout 布局的主要方法如下。

- FlowLayout()：默认居中对齐，组件间距为 5 像素。
- FlowLayout(int align)：可以设置对齐方式。组件对齐方式包括右对齐（FlowLayout.RIGHT）、居中对齐（FlowLayout.CENTER）和左对齐（FlowLayout.LEFT）。
- FlowLayout(int align,int hgap,int vgap)：可以设置对齐方式和组件的间距。

【例 7-6】在窗口中以 FlowLayout 布局方式加入 5 个按钮。

在 Eclipse 中建立 Java 应用程序项目，输入如下程序代码。

```
import java.awt.*;
import javax.swing.*;
public class FlowDemo{
  public static void main(String []args){
  JFrame frm=new JFrame("FlowLayout 布局");
  Container con = frm.getContentPane();    //获取内容面板
  FlowLayout flow=new FlowLayout(FlowLayout.CENTER,5,10);  //设置布局
  con.setLayout(flow);    //设置布局为流式布局
  for (int i=1 ; i<=5 ; i++)
      con.add(new JButton("按钮" + i));  //加入按钮
  frm.setSize(250, 150);
  frm.setVisible(true);
  }
}
```

结合程序代码进行分析，如下。

定义 FlowLayout 布局，设置为居中对齐方式，水平间距为 5 像素，垂直间距为 10 像素。设置框架内容面板的布局为流式布局。程序运行结果如图 7-11 所示。放大窗口后的布局效果如图 7-12 所示。

图 7-11 FlowLayout 布局   图 7-12   放大窗口后的布局效果

2. BorderLayout

BorderLayout（边界布局管理器）将容器的布局分为 5 个区：北区、南区、东区、西区和中区。这几个区的分布规律是"上北下南，左西右东"，与地图的方位相同。当容器的大小改变时，容器中各个组件的相对位置不变，其中间部分组件的大小会发生变化，四周组件的宽度固定不变。组件可以指定放在哪个区内。因为只有 5 个区，所以最多只能容纳 5 个组件。当然，不一定非要将 5 个区全部放置组件。

BorderLayout 是 JFrame 和 JApplet 的默认布局方式。向 BorderLayout 布局的容器添加组件时，每添加一个组件都应指明该组件加在哪个区中。添加组件的 add()方法的第一个参数指明加入的区。东、南、西、北、中这 5 个区可用 5 个静态常量表示：BorderLayout.EAST、BorderLayout.SOUTH、BorderLayout.WEST、BorderLayout.NORTH 和 BorderLayout.CENTER。

创建 BorderLayout 布局的方法如下。

* BorderLayout()：创建组件间无间距的 BorderLayout 对象。
* BorderLayout(int hgap,int vgap)：创建有指定组件间距的 BorderLayont 对象。

【例 7-7】将 5 个按钮加入 BorderLayout 布局的 5 个区。

在 Eclipse 中建立 Java 应用程序项目，输入如下程序代码。

```java
import java.awt.*;
import javax.swing.*;
public class BorderDemo{
  public static void main(String []args){
     JFrame frm=new JFrame("BorderLayout 布局");
     Container con = frm.getContentPane();
     con.setLayout(new BorderLayout());  //设置布局为 BorderLayout
     con.add(BorderLayout.NORTH, new JButton("北"));
     con.add(BorderLayout.SOUTH, new JButton("南"));
     con.add(BorderLayout.EAST, new JButton("东"));
     con.add(BorderLayout.WEST, new JButton("西"));
     con.add(BorderLayout.CENTER, new JButton("中"));
     frm.setSize(300,150);
     frm.setVisible(true);
  }
}
```

结合程序代码进行分析，如下。

设置框架内容面板的布局为 BorderLayout。定义 5 个按钮并将其分别加入窗口的北区、南区、东区、西区和中区。程序运行结果如图 7-13 所示。

图 7-13　BorderLayout 布局

3．GridLayout

GridLayout（网格布局管理器）把容器区域分成若干大小相同的网格，每个网格可以放置一个组件，这种布局方式对数量众多的组件很合适。创建 GridLayout 时，可以给定网格的行数和列数。改变容器的大小后，其中组件的相对位置不变，但大小改变。容器中各个组件的高度、宽度相同。各个组件默认的排列方式为从上到下、从左到右。由于没有容器默认使用 GridLayout，因此在使用 GridLayout 前，要用 setLayout()方法将容器的布局管理器设置为 GridLayout。在向 GridLayout 添加组件时，组件加入容器要按序进行，每个网格中都必须加入组件，若希望某个网格为空，可以为该网格加入一个空的标签。

创建 GridLayout 布局的方法如下。

- GridLayout()：创建单行每个组件一列的 GridLayout 对象。
- GridLayout(int rows,int cols)：创建指定行列数的 GridLayout 对象。
- GridLayout(int rows,int cols,int hgap,int vgap)：创建指定行列数和指定间距的 GridLayout 对象。

【例 7-8】利用 GridLayout 布局，制作计算器的图形用户界面。

在 Eclipse 中建立 Java 应用程序项目，输入如下程序代码。

```
import java.awt.*;
import javax.swing.*;
public class GridDemo{
    public static void main(String []args){
        JFrame  frm = new JFrame("GridLayout 布局");
        Container  con = frm.getContentPane();
        String str[]={"7","8","9","÷","4","5","6","×","1","2","3","-","0",
".","=","+"};
        GridLayout gl= new GridLayout(4,4);   //设置布局为 4 行 4 列
        con.setLayout(gl);
        int size=16;
        JButton btn[]=new JButton[size];            //定义按钮数组
        for (int i=0; i<size; i++)
        {
            btn[i] = new JButton(str[i]);
            con.add(btn[i]);
        }
        frm.pack();
        frm.setVisible(true);
    }
}
```

结合程序代码进行分析，如下。

设置框架内容面板的布局为4行4列的 GridLayout 布局。定义按钮数组并将 16 个按钮加入窗口中。程序运行结果如图 7-14 所示。

图 7-14　GridLayout 布局

4. CardLayout

CardLayout（卡片布局管理器）将组件像卡片一样叠放起来，使得多个组件共享同一显示空间，但每次只显示一个组件。因此需要使用某种方法翻阅这些卡片，这需要事件处理方法来解决。为了使用叠在下面的组件，可以为每个组件取一个名字，名字在用 add() 方法向容器添加组件时指定。需要某个组件时，通过 show() 方法指定该组件的名称来选取它。也可以顺序使用这些组件，或直接指明选取第一个组件（用 first() 方法）或最后一个组件（用 last() 方法）。

创建 CardLayout 布局的方法如下。

- CardLayout()：创建间距为 0 的 CardLayout 对象。
- CardLayout(int hgap,int vgap)：创建指定间距的 CardLayout 对象。

【例 7-9】设置窗口布局为 CardLayout 布局。

在 Eclipse 中建立 Java 应用程序项目，输入如下程序代码。

```java
import java.awt.*;
import javax.swing.*;
public class CardLayoutDemo {
    public static void main(String []args){
        JFrame frm=new JFrame("CardLayout 布局");
        Container  con = frm.getContentPane();
        con.setLayout(new CardLayout(30,40));        //设置 CardLayout 布局
        JButton b1=new JButton("第一个卡片");
        JButton b2=new JButton("第二个卡片");
        con.add("card1",b1);
        con.add("card2",b2);
        frm.setSize(300,150);
        frm.setVisible(true);
    }
}
```

结合程序代码进行分析，如下。

设置窗口布局为 CardLayout 布局，与边框的水平间距是 30 像素，垂直间距是 40 像素。将两个按钮组件顺序添加到卡片布局管理器的各个卡片上。它们共享同一显示区域，因此只能见到最上面的"第一个卡片"按钮。程序运行结果如图 7-15 所示。

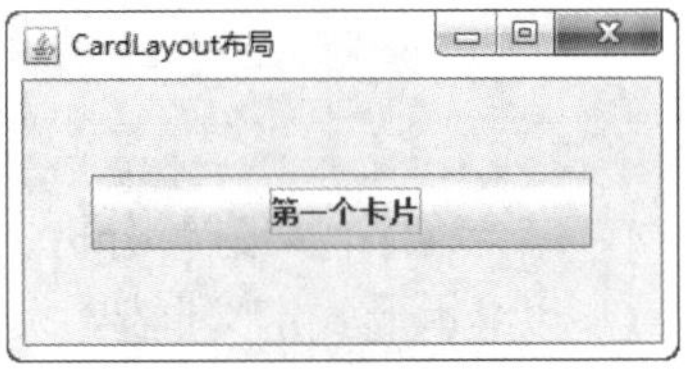

图 7-15　CardLayout 布局

5. BoxLayout

BoxLayout（盒子布局管理器）按照自下而上（y 轴）或者自左而右（x 轴）的顺序依次加入组件。建立一个 BoxLayout 对象，必须指明两个参数，即被布局的容器和 BoxLayout 的

主轴。默认情况下，组件在纵轴方向上居中对齐。利用 BoxLayout 布局，可以在容器中水平或垂直地安排布局。

【例 7-10】利用 BoxLayout 布局，设计登录窗口。

在 Eclipse 中建立 Java 应用程序项目，输入如下程序代码。

```java
import javax.swing.*;
class BoxLayoutDemo extends JFrame{
  private JLabel  jLabel1,jLabel2;
  private JButton jConnect;
  private JTextField jUID;
  private JPasswordField jPwd;
  BoxLayoutDemo(){
    super("登录窗口");
    jLabel1 = new JLabel("用户名: ");
    jLabel2 = new JLabel("密码: ");
    jConnect = new JButton("登录");
    jUID = new JTextField(15);
    jPwd = new JPasswordField(15);
    Box userName = Box.createHorizontalBox();     //创建 Box 容器的水平格式
    Box password = Box.createHorizontalBox();
    Box submitButton = Box.createHorizontalBox();
    userName.add(jLabel1);                          //在 Box 容器中加入组件
    userName.add(jUID);
    password.add(jLabel2);
    password.add(jPwd);
    submitButton.add(jConnect);
    //设置 BoxLayout 布局
    this.setLayout(newBoxLayout(this.getContentPane(),BoxLayout.Y_AXIS));
    this.add(userName);
    this.add(password);
    this.add(submitButton);
    userName.setVisible(true);
    password.setVisible(true);
    submitButton.setVisible(true);
    this.setSize(240,120);
    this.setVisible(true);
    this.setDefaultCloseOperation(EXIT_ON_CLOSE);
  }
  public static void main(String[] args){
    new BoxLayoutDemo();
  }
}
```

结合程序代码进行分析，如下。

以继承形式定义框架。定义 3 个 Box 类组件，Box 类可以创建影响布局的不可见容器组件。在 3 个 Box 容器中分别加入组件。设置 BoxLayout 布局，将 y 轴设为主轴，即以垂直方式放置组件。程序运行结果如图 7-16 所示。

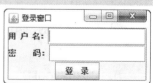

图 7-16　BoxLayout 布局

任务 7.3 基本组件

本任务讲解 Java 应用程序图形用户界面开发中的常见基本组件,包括按钮组件、标签组件、文本框组件、复选框组件与单选按钮组件、列表框组件与组合框组件,为今后实现 Java 的图形用户界面程序开发打下坚实的基础。

基本组件

7.3.1 按钮组件

按钮(JButton)是图形用户界面中非常重要的一种基本组件。按钮一般对应一个事先定义好的事件,执行某个功能。当用户单击按钮时,系统自动执行与该按钮关联的程序,从而实现预定的功能。

1. 创建按钮

创建按钮的方法如下。

- JButton():创建空按钮。
- JButton(String text):创建带文字的按钮。
- JButton(Icon icon):创建带图标的按钮。
- JButton(String text,Icon icon):创建带文字和图标的按钮。

2. 常用方法

JButton 类的常用方法如下。

- String getText():获取按钮标签字符串。
- void setText(String s):设置按钮标签。
- void setMnemonic(String s):设置按钮的快捷键。
- void setToolTipText(String s):设置按钮的提示信息。
- void setActionCommand(String s):设置按钮动作命令。
- String getActionCommand():获取按钮动作命令。

【例 7-11】制作带提示信息的按钮。

在 Eclipse 中建立 Java 应用程序项目,输入如下程序代码。

```java
import java.awt.*;
import javax.swing.*;
public class TipButtons extends JPanel{
  public TipButtons(){
    JButton submit = new JButton("保存");//定义按钮
    submit.setToolTipText("数据保存");          //为按钮设置提示信息
    JButton quit = new JButton("退出");
    quit.setToolTipText("退出不保存数据");
    add(submit);
    add(quit);
  }
  public static void main(String []args){
JFrame myFrame = new JFrame("带提示信息的按钮");
    TipButtons tb = new TipButtons();  //生成面板
    myFrame.getContentPane().add(tb);  //框架中加入面板
    myFrame.setSize(250,150);
```

```
        myFrame.setVisible(true);
    }
}
```

结合程序代码进行分析，如下。

利用继承方式创建面板 TipButtons。创建按钮，并为按钮设置提示信息。将按钮加入面板。程序运行结果如图 7-17 所示。

图 7-17　带提示信息的按钮

7.3.2　标签组件

标签（JLabel）是用户不能修改而只能查看其内容的组件，常用来在用户界面上输出信息。

1．创建标签

创建标签的方法如下。

- JLabel()：创建空标签。
- JLabel(Iconicon)：创建带指定图标的标签。
- JLabel(String text)：创建带文字的标签。
- JLabel(String text,int horizontalAlignment)：创建带文字和指定水平对齐方式的标签。

其中 horizontalAlignment（水平对齐方式）可以使用表示左对齐（JLabel.LEFT）、右对齐（JLabel.RIGHT）和居中对齐（JLabel.CENTER）的常量。

2．常用方法

JLabel 类的常用方法如下。

- public void setText(String text)：定义标签将显示的单行文字。
- public String getText()：返回标签显示的文字。
- public Icon getIcon()：返回标签显示的图标。
- public void setIcon(Icon icon)：定义标签将显示的图标。

【例 7-12】在窗口中加入一个标签，并设置标签文字的颜色和字体样式。

在 Eclipse 中建立 Java 应用程序项目，输入如下程序代码。

```
import java.awt.*;
import javax.swing.*;
public class JLabelDemo{
    public static void main(String []args){
        JFrame frm=new JFrame("标签组件");
        JLabel lab=new JLabel();        //建立标签对象
        Container  con = frm.getContentPane();
        frm.setSize(300,150);
        lab.setText("学习标签组件的使用");//在标签内加上文字
        lab.setForeground(Color.RED);    //设置颜色
        Font fnt=new Font("楷体",Font.ITALIC+Font.BOLD,26);  //设置字体的样式
        lab.setFont(fnt);                //设置标签的字体
        con.add(lab);
        frm.setVisible(true);
    }
}
```

结合程序代码进行分析，如下。

创建标签 JLabel 类的对象，设置标签上显示的文字内容。设置标签显示文字的颜色。定义字体样式，字体为楷体，字形为 ITALIC（斜体）与 BOLD（加粗），字号为 26；然后设置标签字体。程序运行结果如图 7-18 所示。

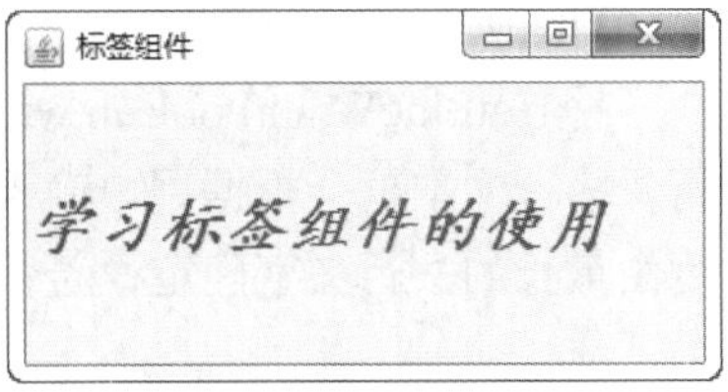

图 7-18　标签组件

7.3.3　文本框组件

Java 语言提供了单行文本框、密码框和多行文本框等文本框形式，它们都是图形用户界面中实现交互的主要组件。

1. 单行文本框

单行文本框一般用来让用户输入如姓名、地址这样的信息。它是一个能够接收用户键盘输入的单行文本区域。JTextField 类提供对单行文本框的支持。对单行文本框的使用，请参看例 7-10。

创建单行文本框的方法如下。

- JTextField()：创建新的单行文本框。
- JTextField(int columns)：创建具有指定长度的空单行文本框。
- JTextField(String text)：创建带初始文本内容的单行文本框。
- JTextField(String text, int columns)：创建带初始文本内容并具有指定长度的单行文本框。

JTextField 类的常用方法如下。

- public void setText(String s)：在文本框中显示字符串 s。
- public String getText()：获得文本框中的字符串。

2. 密码框

密码框类（JPasswordField 类）是 JTextField 类的子类。在 JPasswordField 对象中输入的文字会被其他字符替代。这个组件常用来输入密码等安全级别要求更高的信息。密码框的创建方法与单行文本框的创建方法类似。对密码框的使用，请参看例 7-10。

JPasswordField 类的常用方法如下。

- char[] getPassword()：返回输入的密码。
- char getEchoChar()：返回输入文本时回显在密码框中的字符。
- void setEchoChar(char c)：设置回显字符，默认回显字符为 "*" 字符。

3. 多行文本框

JTextField 是单行文本框，不能显示多行文本，如果想要显示大段的多行文本，可以使用 JTextArea 类支持的多行文本框。

创建多行文本框的方法如下。

- JTextArea()：创建空的多行文本框。
- JTextArea(int rows, int columns)：创建指定行列数的多行文本框，其中 rows 为 JTextArea 的高度，以行为单位；columns 为 JTextArea 的宽度，以字符为单位。
- JTextArea(String text)：创建带初始文本内容的多行文本框。
- JTextArea(String text, int rows, int columns)：创建带初始文本内容和指定大小的多行文

本框。

JTextArea 类的常用方法如下。

- setLineWrap(boolean wrap)：设置是否允许自动折行。当 wrap 为 true 时，允许自动折行。多行文本框会根据用户输入的内容自动扩展大小。若不自动折行，那么多行文本框的宽度由最长的一行文字确定；若数据行数超过了预设的行数，则多行文本框会扩展自身的高度去适应。
- getText()：获得多行文本框中文本内容。
- setText()：设置多行文本框中文本内容。
- setEditable(boolean)：确定是否可编辑多行文本框的内容。

【例 7-13】在窗口中加入多行文本框用于显示信息。

在 Eclipse 中建立 Java 应用程序项目，输入如下程序代码。

```java
import javax.swing.*;
import java.awt.*;
class JTextAreaDemo extends JFrame{
    public JTextAreaDemo(){
        super("多行文本框组件");
        this.setBounds(150,150,300,200);
        this.setLayout(null);
    }
    public static void main(String[] args){
        JTextAreaDemo app=new JTextAreaDemo();
        JTextArea txt=new JTextArea();
        txt.append("Java 语言是一门面向对象的编程语言，\n");
        txt.append("具有开源、跨平台和应用广泛等优点。\n");
        txt.setForeground(Color.RED);
        txt.setBounds(30,20,220,100);
        app.getContentPane().add(txt);
        app.setVisible(true);
    }
}
```

结合程序代码进行分析，如下。

设置窗口出现的位置和窗口大小。定义多行文本框，然后在多行文本框中追加需要显示的文本内容。设置文本显示的颜色。设置多行文本框在窗口中的显示位置和大小。程序运行结果如图 7-19 所示。

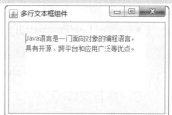

图 7-19　多行文本框组件

7.3.4　复选框与单选按钮组件

复选框与单选按钮组件都是在图形用户界面中很常用的选择类组件。用户可以通过选择信息的方式，来完成信息的输入。这样既可以加快信息的输入速度，又可以保证信息的内容满足业务的逻辑需求。

1.　复选框组件

JCheckBox 类提供对复选框组件的支持，复选框组件是具有开关或真假状态的组件。
创建复选框的方法如下。

- JCheckBox()：创建无文本的初始未选中复选框。
- JCheckBox(Icon icon)：创建有图标、无文本的初始未选中复选框。
- JCheckBox(Icon icon, boolean selected)：创建带图标和选择状态但无文本的复选框。

其中 selected 为 true 时，表示按钮初始状态为选中。

- JCheckBox(String text)：创建带文本的初始未选中复选框。

JCheckBox 类的常用方法如下。

public boolean isSelected()：当复选框被选中时返回 true，否则返回 false。

【例 7-14】在窗口中加入 3 个复选框组件，供用户选择喜欢的运动。

在 Eclipse 中建立 Java 应用程序项目，输入如下程序代码。

```java
import java.awt.*;
import javax.swing.*;
public class CheckboxDemo extends JFrame{
    CheckboxDemo(){
        JPanel pan=new JPanel();
        JLabel lab=new JLabel("请选择你喜欢的运动：");
        JCheckBox ckb1=new JCheckBox("足球",true);
        JCheckBox ckb2=new JCheckBox("篮球");
        JCheckBox ckb3=new JCheckBox("游泳");
        pan.add(lab);
        pan.add(ckb1);
        pan.add(ckb2);
        pan.add(ckb3);
        add(pan);
        setSize(350,100);
    }
    public static void main(String []args){
        CheckboxDemo frm=new CheckboxDemo();
        frm.setTitle("复选框组件");
        frm.setVisible(true);
    }
}
```

结合程序代码进行分析，如下。

定义 3 个复选框，并设置第 1 个复选框为默认选中状态。程序运行结果如图 7-20 所示。

图 7-20　复选框组件

2．单选按钮组件

在一组单选按钮中，可进行选择其中一个的操作，即进行"多选一"操作。因为单选按钮是在一组按钮中选择一个，所以必须将单选按钮进行分组。可用 ButtonGroup 类创建单选按钮的组对象，应用对象的 add()方法顺序加入各个单选按钮。

创建单选按钮的方法如下。

- JRadioButton()：创建无文本的初始未选中单选按钮。
- JRadioButton(Icon icon)：创建有图标、无文本的初始未选中单选按钮。
- JRadioButton(Icon icon, boolean selected)：创建带图标和选择状态但无文本的单选按钮。其中 selected 为 true 时，表示按钮初始状态为选中。
- JRadioButton(String text)：创建带文本的初始未选中单选按钮。

【例 7-15】在窗口中加入 2 个单选按钮组件，供用户选择性别。

在 Eclipse 中建立 Java 应用程序项目，输入如下程序代码。

```java
import java.awt.*;
import javax.swing.*;
public class JRadioButtonDemo extends JPanel{
    public JRadioButtonDemo(){
        setLayout(new GridLayout(3,1));
        JLabel lab=new JLabel("请你的性别：");
        JRadioButton rdbtn1 = new JRadioButton("男",true);
        JRadioButton rdbtn2 = new JRadioButton("女");
        ButtonGroup group = new ButtonGroup();
        group.add(rdbtn1);
        group.add(rdbtn2);
        add(lab);
        add(rdbtn1);
        add(rdbtn2);
    }
    public static void main(String s[]){
        JRadioButtonDemo panel = new JRadioButtonDemo();
        JFrame frm = new JFrame("单选按钮组件");
        frm.getContentPane().add(panel);
        frm.setSize(250, 150);
        frm.setVisible(true);
    }
}
```

结合程序代码进行分析，如下。

定义 2 个单选按钮，设置第 1 个单选按钮为默认选中状态。定义单选按钮组，并将单选按钮加入其中，否则单选效果无法实现。程序运行结果如图 7-21 所示。

图 7-21　单选按钮组件

7.3.5　列表框与组合框组件

列表框组件与组合框组件也是图形用户界面中很常用的选择类组件。用户可以通过选择信息的方式，来完成与程序之间的信息交互。

1. 列表框组件

JList 类支持的列表框是允许用户从一个列表中选择一个或多个选项的组件。这对于显示一个数组或向量表的信息是非常有用的。列表框使用户易于操作大量的选项信息。列表框的所有项目都是可见的，如果选项很多，超出了列表框可见区的范围，则列表框的旁边会显示一个滚动条。

创建列表框的方法如下。

- JList()：创建空的列表框。
- JList(Object[] listData)：创建显示指定数组 listData 中元素的列表框。

【例 7-16】在窗口中加入列表框组件，供用户选择喜欢的城市。

在 Eclipse 中建立 Java 应用程序项目，输入如下程序代码。

```java
import java.awt.*;
import javax.swing.*;
import javax.swing.border.*;
public class JListDemo extends JFrame{
    public static void main(String[] args){
        new JListDemo();
    }
    public JListDemo(){
        JFrame frm=new JFrame("列表框组件");
        Container con = frm.getContentPane();
        String[] entries = {"北京","上海","天津","其他"};
        JList jl = new JList(entries);
        jl.setVisibleRowCount(3);
        JScrollPane listPane = new JScrollPane(jl); //定义带滚动条的面板
        JPanel listPanel = new JPanel();
        Border listPanelBorder = BorderFactory.createTitledBorder("选择喜欢的城市：");
        listPanel.setBorder(listPanelBorder);
        listPanel.add(listPane);
        con.add(listPanel, BorderLayout.CENTER);
        frm.setSize(250, 150);
        frm.setVisible(true);
    }
}
```

结合程序代码进行分析，如下。

定义字符数组，保存要显示的城市信息；定义列表框的对象，用字符数组内容作为列表框中列表的值，并设置列表框显示范围为 3 行。定义一个带滚动条的面板，设置面板的边框并添加一个标题，然后将列表框加入面板中。程序运行结果如图 7-22 所示。

图 7-22　列表框组件

2. 组合框组件

组合框（JComboBox）可以看作 JTextField 和 JList 的结合。组合框用于在多个选项中选择一项。在未选择组合框时，组合框显示为带按钮的一个选项的形式；当对组合框按键操作或单击时，组合框会打开并列出有多个选项的一个列表，供用户选择。在 Java 语言中，组合框有可编辑的和不可编辑的两种形式，默认是不可编辑的组合框。

创建组合框的方法如下。

- JComboBox()：创建空的组合框。
- JComboBox(Object[] item)：指定数组创建组合框。

JComboBox 类的常用方法如下。

149

- int getItemSelectedIndex()：得到被选中选项的下标。
- void setSelectedIndex(int index)：选取指定下标的选项。
- Object getSelectedItem()：得到被选中的选项。
- void setSelectedItem(Object ob)：选取指定的选项。

【例 7-17】在窗口中加入组合框组件，供用户选择喜欢的运动。

在 Eclipse 中建立 Java 应用程序项目，输入如下程序代码。

```java
import java.awt.*;
import javax.swing.*;
public class JComboBoxDemo extends JFrame{
    public JComboBoxDemo(){
        super("组合框组件");
        Container con = getContentPane();
        JPanel  panel1 = new JPanel();
        Label   label1 = new Label("选择你最喜欢的运动：");
        String[] strsports = {"篮球","游泳","足球","羽毛球"};
        JComboBox comboBox = new JComboBox(strsports);
        comboBox.setEditable(true);   //设置组合框为可编辑类型
        panel1.add(label1);
        panel1.add(comboBox);
        con.add(panel1,BorderLayout.NORTH);
    }
    public static void main(String []args){
        JFrame  frm = new JComboBoxDemo();
        frm.setDefaultCloseOperation(JFrame.EXIT_ON_CLOSE);
        frm.setSize(300,150);
        frm.setVisible(true);
    }
}
```

结合程序代码进行分析，如下。

定义字符数组，保存要显示的运动信息；定义组合框的对象，用字符数组内容作为组合框中列表的值，并设置组合框为可编辑类型。程序运行结果如图 7-23 所示。

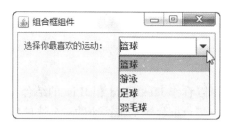

图 7-23　组合框组件

菜单与工具栏

任务 7.4　菜单与工具栏

本任务讲解 Java 图形用户界面开发中的菜单与工具栏，包括下拉式菜单、弹出式菜单和工具栏的使用及相关属性，为后面内容的学习打下坚实的基础。

7.4.1 菜单的实现

菜单将一个应用程序的命令按层次化管理并组织在一起,是一种常用的图形用户界面组件。常见的菜单有下拉式菜单和弹出式菜单(快捷菜单)。

1. 下拉式菜单

下拉式菜单包含一个菜单条(也称为菜单栏,即 MenuBar),在菜单条上安排有若干菜单(Menu),每个菜单又包含若干菜单项(MenuItem),每个菜单项对应一个命令或子菜单项。它们构成一个应用程序的菜单系统。用鼠标或键盘选择对应于一个命令的菜单项与单击一个按钮类似。使用菜单系统可方便地向程序发布命令。典型的下拉式菜单如图 7-24 所示。

图 7-24　典型的下拉式菜单

在构建菜单系统时,可按照菜单系统的层次一步一步地进行,具体步骤如下。

① 用 JMenuBar 类创建菜单条。可以简单地用 JMenuBar()构造方法创建一个新菜单条。例如:

```
JMenuBar aMenuBar = new JMenuBar();
```

② 用 JMenu 类创建菜单。可以用 JMenu 类的构造方法来创建菜单。

- public JMenu():构造一个无文本的菜单。
- public JMenu(String s):用字符串 s 作为文本来构造一个菜单。

例如:

```
JMenu aMenu = new JMenu("文件");
```

③ 用 JMenuItem 类创建菜单项。JMenuItem 类的构造方法如下。

- public JMenuItem():创建菜单项,但不设置文本和图标。
- public JMenuItem(Icon icon):创建带图标的菜单项。
- public JMenuItem(String text):创建具有指定文本的菜单项。
- public JMenuItem(String text, Icon icon):创建具有文本和图标的菜单项。
- public JMenuItem(String text,int mnemonic):创建具有文本和快捷字母的菜单项。

例如:

```
JMenuItem aMenuItem = new JMenuItem("新建");
```

④ 将菜单项加入菜单中,将菜单加入菜单条中。可以用 JMenuBar 类和 JMenu 类的 add()方法完成添加工作。

例如:

```
aMenuBar.add(aMenu);
aMenu.add(aMenuItem);
```

另外，可以用 addSeparator() 方法向菜单添加分隔线。

⑤ 将菜单条加入容器中。可以向实现了 MenuContainer 接口的容器（如框架）加入菜单系统。在 JFrame 类中使用如下方法可为框架设置菜单条。

```
JFrame aFrame = new JFrame();
aFrame.setJMenuBar(aMenuBar);
```

⑥ 处理菜单项选择事件。为了检测对菜单项做出的选择，需要监听菜单项事件。选择一个菜单项正如单击一个 JButton 按钮。事件处理的相关内容可参见本书项目 8 中的讲解。

【例 7-18】制作菜单，包含"文件""编辑"两个主菜单。"文件"菜单包含"打开""保存""退出" 3 个菜单项。"编辑"菜单包含"复制""搜索"两个菜单项。"搜索"菜单包含"查找""替换"两个菜单项。

在 Eclipse 中建立 Java 应用程序项目，输入如下程序代码。

```java
import javax.swing.*;
public class MenuDemo{
    public static void main(String []args){
        JFrame frm = new JFrame("菜单演示案例");
        JMenuBar mb = new JMenuBar();
        frm.setJMenuBar(mb);
        JMenu m1 = new JMenu("文件");
        JMenu m2 = new JMenu("编辑");
        mb.add(m1);
        mb.add(m2);
        JMenuItem mi1 = new JMenuItem("打开");
        JMenuItem mi2 = new JMenuItem("保存");
        JMenuItem mi3 = new JMenuItem("退出");
        m1.add(mi1);
        m1.add(mi2);
        m1.addSeparator();
        m1.add(mi3) ;
        JMenuItem mi4 = new JMenuItem("复制");
        m2.add(mi4);
        m2.addSeparator();
        JMenu mi5 = new JMenu("搜索");
        JMenuItem mi6 = new JMenuItem("查找");
        JMenuItem mi7 = new JMenuItem("替换");
        m2.add(mi5);
        mi5.add(mi6);
        mi5.add(mi7);
        frm.setSize(300,220) ;
        frm.setVisible(true) ;
    }
}
```

结合程序代码进行分析，如下。

创建菜单条。创建菜单标题并加入菜单条。创建菜单项并加入菜单标题。程序运行结果如图 7-25 所示。

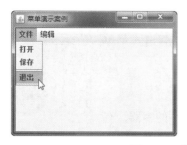

图 7-25　菜单演示案例

2. 弹出式菜单

弹出式菜单（JPopupMenu）是一种非常方便的菜单工具。它平常依附于某个容器或组件上，并不显示出来，当用户单击鼠标右键时，才会弹出。

弹出式菜单的创建和菜单的创建基本相同，也需要创建一个弹出式菜单后再加入菜单项。

① 创建弹出式菜单。使用 JPopupMenu()方法创建一个弹出式菜单。

例如：

```
JPopupMenu pmenu = new JpopupMenu();
```

② 添加菜单项。使用 add()方法完成菜单项的添加工作。

例如：

```
pmenu.add(mitem);
```

【例 7-19】制作弹出式菜单。当在文本框上单击鼠标右键时，弹出该菜单。

在 Eclipse 中建立 Java 应用程序项目，输入如下程序代码。

```
import java.awt.*;
import javax.swing.*;
public class JPopMenuDemo extends JFrame{
    public JPopMenuDemo(){
        super("弹出式菜单案例");
        JPopupMenu pop = new JPopupMenu();
        JMenuItem pmi1 = new JMenuItem("剪切");
        JMenuItem pmi2 = new JMenuItem("复制");
        JMenuItem pmi3 = new JMenuItem("粘贴");
        pop.add(pmi1);
        pop.add(pmi2);
        pop.add(pmi3);
        JTextField txt = new JTextField(15);
        this.setLayout(new FlowLayout());
        getContentPane().add(txt);
        txt.setComponentPopupMenu(pop);
    }
    public static void main(String []args){
        JFrame  frm = new JPopMenuDemo();
        frm.setSize(300,200);
        frm.setVisible(true);
    }
}
```

结合程序代码进行分析，如下。

创建弹出式菜单并加入菜单项。将文本框与弹出式菜单关联。程序运行结果如图 7-26 所示。

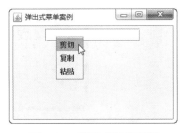

图 7-26　弹出式菜单案例

7.4.2　工具栏的实现

工具栏（JToolBar）是用于显示常用工具控件的容器。有些菜单选项的使用频率较高，每次使用都要打开菜单，这样的操作效率较低。为此，可以在工具栏中提供与这些菜单项相对应的快捷按钮，以提高操作效率。工具栏中通常是一些带有图标的按钮，当然也可以是其他类型的图形用户界面组件，如组合框等。工具栏还有一个特点，即可以被拖动到所在容器的其他边界。

① 创建工具栏的方法。

JToolBar(String name)：在生成工具栏时，指明工具栏的标题。

② JToolBar 类的常用方法。

- getComponentIndex(Component c)：返回一个组件的序号。
- getComponentAtIndex(int i)：得到一个指定序号的组件。

【例 7-20】制作带有工具栏的窗口。

在 Eclipse 中建立 Java 应用程序项目，输入如下程序代码。

```java
import javax.swing.*;
import java.awt.*;
public class JToolBarDemo extends JFrame{
    public static void main(String[] args){
        new JToolBarDemo();
    }
    public JToolBarDemo(){
        super("带有工具栏的窗口");
        JButton button1=new JButton("保存");
        JButton button2=new JButton("打印");
        JButton button3=new JButton("复制");
        JToolBar toolBar=new JToolBar();
        toolBar.add(button1);
        toolBar.add(button2);
        toolBar.add(button3);
        JPanel panel=new JPanel();
        setContentPane(panel);
        panel.setLayout(new BorderLayout());
        panel.add(toolBar,BorderLayout.NORTH);
        setSize(300,150);
        setVisible(true) ;
    }
}
```

结合程序代码进行分析，如下。

创建工具栏并加入功能按钮。程序运行结果如图 7-27 所示。

图 7-27　带有工具栏的窗口

任务 7.5　拓展实践任务

本任务通过一组拓展实践任务，将前文介绍的 Java 程序图形用户界面开发的基本框架和常用组件等知识点结合起来进行应用。通过拓展实践环节，帮助读者强化语法知识点的实际应用能力，进一步熟悉 Java 图形用户界面的开发过程。

拓展实践任务

7.5.1　计算器界面的实现

在初步掌握了 Java 图形用户界面开发的基本框架和常用组件后，下面通过实践任务来考核一下大家对相关知识点的掌握情况。

【实践任务 7-1】编写 Java 图形化程序，制作计算器界面，如图 7-28 所示。

① 解题思路：创建窗口，在窗口的上部加入一个文本框，用于显示用户数据；创建面板，在面板上加入计算器所需的功能按钮；将面板加入窗口。

② 参考代码。

图 7-28　计算器界面

```
import java.awt.*;
import javax.swing.*;
public class Calcuface extends JFrame{
    public Calcuface(){
        Container con = getContentPane();
        JTextField txtinput=new JTextField(10);
        con.add(txtinput,BorderLayout.NORTH);
        JPanel  panel1 = new JPanel();
        panel1.setLayout(new GridLayout(4,4));
        String str[]={"7","8","9","÷","4","5","6","×","1","2","3","-","0",
".","=","+"};
        int length=16;
        JButton btn[]=new JButton[length];
        for(int i=0; i<length; i++)
        {
            btn[i] = new JButton(str[i]);
            panel1.add(btn[i]);
        }
        con.add(panel1,BorderLayout.CENTER);
    }
    public static void main(String []args){
        JFrame  frm = new Calcuface();
```

```
            frm.setTitle("计算器界面");
            frm.pack();
            frm.setVisible(true);
        }
}
```

7.5.2　用户注册界面的实现

在学习了 Java 图形用户界面开发的框架、布局管理器和组件后，下面通过实践任务来考核一下大家对相关知识点的掌握情况。

【实践任务 7-2】编写 Java 图形化程序，制作用户注册界面，如图 7-29 所示。

① 解题思路：创建窗口，在窗口中添加标签组件、单行文本框组件、密码框组件、组合框组件和按钮组件，对应用户注册时所需填写的相关信息；设置窗口布局管理器，控制组件在窗口中的位置。

② 参考代码。

图 7-29　用户注册界面

```java
import javax.swing.*;
class UserRegister extends JFrame{
    UserRegister(){
        super("用户注册界面");
        JLabel jLabel1 = new JLabel("用户名：");
        JLabel jLabel2 = new JLabel("密码：");
        JLabel jLabel3 = new JLabel("确认密码：");
        JLabel jLabel4 = new JLabel("用户身份：");
        JButton btn = new JButton("注册");
        JTextField jUid = new JTextField(15);
        JPasswordField jPwd = new JPasswordField(15);
        JPasswordField jConfirmPwd = new JPasswordField(15);
        String[] str = {"管理员","VIP用户","普通用户"};
        JComboBox jcomboBox = new JComboBox(str);
        Box userName = Box.createHorizontalBox();
        Box password = Box.createHorizontalBox();
        Box confirmPassword = Box.createHorizontalBox();
        Box userPerm = Box.createHorizontalBox();
        Box submitButton = Box.createHorizontalBox();
        userName.add(jLabel1);
        userName.add(jUid);
        password.add(jLabel2);
        password.add(jPwd);
        confirmPassword.add(jLabel3);
        confirmPassword.add(jConfirmPwd);
        userPerm.add(jLabel4);
        userPerm.add(jcomboBox);
        submitButton.add(btn);
        this.setLayout(new BoxLayout(this.getContentPane(),BoxLayout.Y_AXIS));
        this.add(userName);
        this.add(password);
```

```
        this.add(confirmPassword);
        this.add(userPerm);
        this.add(submitButton);
        userName.setVisible(true);
        password.setVisible(true);
        confirmPassword.setVisible(true);
        userPerm.setVisible(true);
        submitButton.setVisible(true);
        this.setSize(300,200);
        this.setVisible(true);
        this.setDefaultCloseOperation(EXIT_ON_CLOSE);
    }
    public static void main(String[] args){
        new UserRegister();
    }
}
```

项目小结

本项目先对图形用户界面的开发进行了介绍，包括图形用户界面的基本组成、建立图形用户界面的基本流程以及 Java 中常用的图形用户界面类库；其次讲解了 Java 图形用户界面程序中的容器处理，包括常用的容器组件和布局管理器的使用；接着讲解了 Java 图形用户界面程序中的常用组件，包括按钮组件、标签组件、文本框组件、复选框组件、单选按钮组件、列表框组件和组合框组件；然后讲解了 Java 图形用户界面程序中的菜单和工具栏，包括下拉式菜单、弹出式菜单和工具栏的使用；最后通过一组拓展实践任务，将前文介绍的知识点结合起来进行应用，帮助读者强化知识点的实际应用能力，进一步熟悉 Java 图形用户界面的开发。

课后习题

1. 填空题

① Java 图形用户界面技术经历了两个发展阶段：通过提供 AWT 开发包和（　　　）开发包来体现。

②（　　　）布局管理器使容器中各个组件呈网格布局，平均占据容器空间。

③ 框架的默认布局管理器是（　　　）。

④ 在组件中显示时所用的字体可以用（　　　）方法设置。

⑤ 容器里的组件的位置和大小是由（　　　）决定的。

2. 选择题

① 向容器添加新组件的方法是（　　　）。

　　A．add()方法　　　　B．insert()方法　　　　C．fill()方法　　　　D．set()方法

② 关于布局管理器，下列说法正确的是（　　　）。

　　A．布局管理器用来部署 Java 应用程序的网上发布

　　B．布局管理器本身不是接口

　　C．布局管理器用来管理组件放置在容器的位置和大小

　　D．以上说法都不对

③ 关于 Panel，下列说法错误的是（　　　）。

    A.　Panel 可以作为最外层的容器单独存在

    B.　Panel 必须作为一个组件放置在其他容器中

    C.　Panel 可以是透明的，没有边框和标题

    D.　Panel 是一种组件，也是一种容器

④ 布局管理器的相关类是（　　　）。

    A.　FlowLayout　　　B.　BorderLayout　　　C.　GridLayout　　　D.　以上选项都是

3. 简答题

① 什么是 Swing？Swing 与 AWT 有哪些不同？

② Swing 有哪些常用组件？

4. 编程题

制作如下用户界面，程序运行效果如图 7-30 所示。

图 7-30　编程题运行效果

项目 ❽ Java 程序的事件处理

在上一个项目中我们学习了如何构建 Java 应用程序的图形用户界面,但这个图形用户界面还不能响应用户的任何操作。如果想要图形用户界面能够接收到用户的操作,就必须给相关组件加上事件处理。在图形用户界面程序设计里,事件处理是不可或缺的环节。那么 Java 程序提供了什么样的图形用户界面事件处理模型?如何进行鼠标和键盘的事件处理?就让我们一起在本项目中开始学习 Java 的事件处理模型,掌握事件源、事件和事件处理等基本概念,掌握鼠标和键盘的事件处理方法。

学习目标

知识目标:
1. 熟悉 Java 的事件处理机制
2. 熟悉 Java 的常用处理事件

能力目标:
1. 掌握 Java 的事件处理模型
2. 掌握常用的激活事件处理方法
3. 掌握常用的鼠标和键盘等事件处理方法

素养目标:
1. 培养知识获取和分析整合的能力
2. 培养严谨的思维方式和知识应用的能力

程序人生

在本项目中,我们将开始学习 Java 程序的事件处理,进而完善图形用户界面的功能。大家在实践中会发现,软件的开发有时就像搭积木一样。我们可以将软件中的不同部分或者功能看作一块一块的积木。我们通过程序控制着积木的排列和堆叠,一步一步地完成我们的构想。虽然我们最终只能看到最上层的图形用户界面,但是下层的事件处理同样至关重要。这就像我们的学习过程,最先学习的往往是基础,有了坚实的基础才能完成漂亮的上层建筑。"九层之台,起于累土"。学习就是不断将知识总结、升华的过程,最终把最精彩的一面呈现出来。

任务8.1 事件监听与处理

要让图形用户界面接收用户的操作，就必须给组件加上事件处理机制。如果程序中没有编写事件处理方法，那么即使 JVM 通知程序发生了某事件，例如按钮被单击，但是由于程序中没有相应的事件处理方法，也只能忽略该事件。下面我们来了解 Java 程序中的事件监听和事件处理。

8.1.1 Java 程序事件处理机制概述

1. 事件处理的基本概念

（1）事件

事件（Event）是系统在捕获用户界面操作过程中产生的代表相应操作的一个数据结构，是用户操作在 Java 系统内的数字表达。如果用户单击了某个按钮，或某个组件的状态发生了某种变化，或按了某个键盘按键等，系统都认为产生了某个事件。它描述发生了什么事情。用户与用户界面上的组件交互是通过响应各种事件来实现的。例如，用户单击了一个按钮，就意味着发生了一个按钮事件。

（2）事件源

产生事件的组件称为事件源（Event Source）。例如，若用户用鼠标单击某个按钮，则该按钮就是事件源。

（3）监听器

监听器（Listener）是调用事件处理方法的对象，它能够监听事件源，以便对事件源所发生的事件做出相应的处理。事件源通过调用相应的方法将某个对象作为自己的监听器。

（4）事件注册

事件源为了将其上产生的事件传递给监听器接收并处理，应该提供注册监听器和注销监听器的方法。注册监听器用于使该事件源上发生的事件能够被监听器接收并处理。注销监听器用于使监听器不能监听到该事件源上发生的事件。

（5）监听器接口

监听器接口能够接收、解析和处理事件类对象，定义了与用户交互的事件处理方法。Java 语言规定，为了使监听器能够对事件源发生的事件做出处理，创建该监听器的类必须声明、实现相应的监听器接口。当事件源发生事件时，监听器会自动调用执行被类实现的某个接口方法。Java 语言中为每类事件都提供了相应的事件监听器接口。接口中规定了处理事件需要实现的方法。实现了某事件监听器接口的类，就要具体实现该接口规定的方法，否则不能处理事件。

（6）授权处理模型

同一个事件源上可能发生多种事件，就像一所学校可能有多件事情会发生一样。例如，学生的学籍注册、专业选择、课程选修和宿舍分配等。学校会安排（授权）不同的部门进行管理，如教务处管理学生的学籍注册、专业选择和课程选修；学生处管理宿舍分配。Java 语言对事件的处理采取了这种称为授权处理模型（Delegation Model）的机制。事件源可以把在其自身上所有可能发生的事件，分别授权给不同的事件处理者来处理。如在一个按钮对象上既可能发生鼠标单击事件，也可能发生鼠标双击事件。该按钮对象可以授权给两个事件处理者分别处理鼠标单击事件和鼠标双击事件。有时也将事件处理者称为监听器，监听器时刻监

听事件源上所有发生的事件类型。一旦
该事件类型与自己所负责处理的事件类
型一致，就马上进行处理。授权处理模
型把事件的处理委托给外部的处理实
体，实现了将事件源和监听器分离的机
制。也就是说，事件源和事件处理是分
开的，一般组件都不处理自己的事件，
而是将事件处理委托给外部的处理实

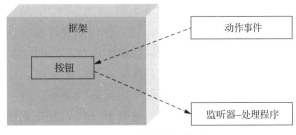

图 8-1　授权处理模型

体，这种事件处理模型称为授权处理模型，如图 8-1 所示。

事件处理者（监听器）通常是一个类，该类要能够处理某种类型的事件，就必须实现与该事件类型相对应的接口。

下面我们先通过一个简单的案例，来初步了解如何编写 Java 的事件处理程序。

【例 8-1】创建一个窗口，窗口中放置一个按钮。当该按钮被单击时，显示"欢迎学习 Java 的事件处理"消息提示框。

在 Eclipse 中建立 Java 应用程序项目，输入如下程序代码。

```java
import java.awt.*;
import javax.swing.*;
import java.awt.event.*;
public class ButtonEventDemo extends JFrame implements ActionListener{
    public static void main(String []args){
        ButtonEventDemo frm=new ButtonEventDemo();
        frm.setLayout(new FlowLayout());
        JButton button=new JButton("单击");
        frm.add(button);
        button.addActionListener(frm);
        frm.setTitle("事件处理演示");
        frm.setSize(250,150);
        frm.setVisible(true);
    }
    public void actionPerformed(ActionEvent e){
        JOptionPane.showMessageDialog(this,"欢迎学习 Java 的事件处理");
    }
}
```

结合程序代码进行分析，如下。

加载 java.awt.event.* 类库，程序中要调用的事件处理方法、事件监听器及事件监听接口都来自此。创建类，实现事件 ActionListener 接口，使得 ButtonEventDemo 类具有事件处理的能力。为事件源按钮 button 添加（注册）监听器。定义按钮被单击时调用的 actionPerformed() 方法。当单击按钮时，该方法会被自动调用。程序运行结果如图 8-2 所示。

图 8-2　事件处理演示

2．Java 的事件处理机制

事件处理技术是 Java 语言图形用户界面设计中十分重要的技术。用户在图形用户界面中输入命令是通过移动鼠标或单击特定界面元素来实现的。为了能够接收用户的命令，界面系统需要能够识别这些鼠标或键盘的操作，并做出相应的反应。通常，一个键盘或鼠标的操作会激发一个系统预先定义好的事件。用户只需要设计程序代码，定义每个特定事件发生时对应的响应操作。这些程序代码将在它们对应的事件发生时由系统自动调用。Java 程序运行时系统会生成 ActionEvent 类的对象，该对象中描述了事件发生时的一些信息。事件处理者对象接收到系统传递过来的事件对象，并进行相应的处理。Java 的事件处理流程如图 8-3 所示。

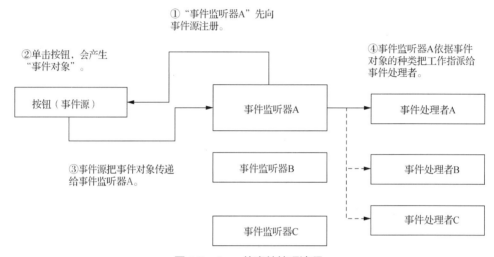

图 8-3　Java 的事件处理流程

8.1.2　事件监听器接口

不同事件源上发生的事件种类是不同的。例如，JButton（按钮）对象作为事件源可能引发的事件为 ACTION _ PERFORMED，JCheckbox（复选框）对象作为事件源可能引发的事件为 ITEM _ STATE _ CHANGES。

不同的事件由不同的监听器进行处理。每类事件都有对应的事件监听器。监听器定义在 java.awt.event 包中，根据动作来定义方法。

1．AWT 事件及其对应的监听器接口

编写事件处理程序时，应先确定关注的事件属于何种监听器类型。表 8-1 列出了 AWT 事件及其对应的监听器接口。

表 8-1　AWT 事件及其对应的监听器接口

事件类别	描述信息	接口名	方法
ActionEvent	激活组件	ActionListener	actionPerformed(ActionEvent)
ItemEvent	选择了某些项	ItemListener	itemStateChanged(ItemEvent)
MouseEvent	鼠标移动	MouseMotionListener	mouseDragged(MouseEvent) mouseMoved(MouseEvent)

续表

事件类别	描述信息	接口名	方法
MouseEvent	鼠标单击等	MouseListener	mousePressed(MouseEvent) mouseReleased(MouseEvent) mouseEntered(MouseEvent) mouseExited(MouseEvent) mouseClicked(MouseEvent)
KeyEvent	键盘输入	KeyListener	keyPressed(KeyEvent) keyReleased(KeyEvent) keyTyped(KeyEvent)
FocusEvent	组件收到或失去焦点	FocusListener	focusGained(FocusEvent) focusLost(FocusEvent)
AdjustmentEvent	移动滚动条等组件	AdjustmentListener	adjustmentValueChanged(AdjustmentEvent)
ComponentEvent	对象移动、缩放、显示/隐藏等	ComponentListener	componentMoved(ComponentEvent) componentHidden(ComponentEvent) componentResized(ComponentEvent) componentShown(ComponentEvent)
WindowEvent	窗口收到窗口级事件	WindowListener	windowClosing(WindowEvent) windowOpened(WindowEvent) windowIconified(WindowEvent) windowDeiconified(WindowEvent) windowClosed(WindowEvent) windowActivated(WindowEvent) windowDeactivated(WindowEvent)
ContainerEvent	容器中增加、删除组件	ContainerListener	containerAdded(ContainerEvent) containerRemoved(ContainerEvent)
TextEvent	文本框发生改变	TextListener	textValueChanged(TextEvent)

2. Swing 事件源及其对应的事件监听器接口

Swing 的事件处理机制继续沿用 AWT 的事件处理机制。因此，基本的事件处理需要使用 java.awt.event 包中的类。另外，javax.swing.event 包中也增加了一些新的事件及其监听器接口，扩展了新的功能。Swing 事件源及其对应的事件监听器接口，如表 8-2 所示。

表 8-2 Swing 事件源及其对应的事件监听器接口

Swing 的事件源	事件监听器接口	所属的包
AbstractButton JTextField Timer JDirectoryPane	ActionListener	java.awt.event
JScrollBar	AdjustmentListener	java.awt.event
JComponent	AncestorListener	javax.swing.event
DefaultCellEditor	CellEditorListener	javax.swing.event

续表

Swing 的事件源	事件监听器接口	所属的包
AbstractButton DefaultCaret JProgressBar JSlider JTabbedPane JViewport	ChangeListener	javax.swing.event
AbstractDocument	DocumentListener	javax.swing.event
AbstractButton JComboBox	ItmeListener	java.awt.event
JList	ListSelectionListener	javax.swing.event
JMenu	MenuListener	javax.swing.event
AbstractAction JComponent TableColumn	PropertyChangeListener	java.awt.event
JTree	TreeSelectionListener	javax.swing.event
JPopupMenu	WindowListener	java.awt.event

Java 语言类的层次非常分明，因而只支持单继承。为了实现多重继承的能力，Java 语言用接口来实现，一个类可以实现多个接口，这种机制比多重继承具有更简单、更灵活、更强大的功能。在 AWT 中就经常实现多个接口。无论实现了几个接口，接口中已定义的方法都必须一一实现，虽然某些方法不需要具体的操作，可以用空的方法体来代替，但必须所有方法都重写。

8.1.3 事件的处理

1. 事件源的注册

在确定监听器的类型后，要用事件源类的注册方法来注册一个监听器类的对象。这样事件源产生的事件会传送给已注册的处理该类事件的监听器对象，该对象将自动调用相应的事件处理方法来处理该事件。注册监听器可使用以下方法模型。

事件源对象.add 事件监听器 (事件监听器对象)

2. 事件的相应处理

完成事件源注册后，要调用事件源本身的相关方法向监听者注册。当事件源上发生监听者可以处理的事件时，事件源把这个事件作为实际参数传递给监听者中负责这类事件的方法，这个方法被系统自动调用执行后，事件就得到了处理。

【例 8-2】创建一个窗口，放置 2 个按钮。单击不同的按钮时，在文本框中显示不同的信息内容。

在 Eclipse 中建立 Java 应用程序项目，输入如下程序代码。

```
import java.awt.*;
import java.awt.event.*;
import javax.swing.*;
import java.util.Date;
public class But2Event extends JPanel implements ActionListener{
    static JTextField txt;
```

```
But2Event(){
    JButton b1=new JButton("欢迎信息");
    JButton b2=new JButton("当前日期");
    txt=new JTextField(40);
    b1.addActionListener(this);
    b2.addActionListener(this);
    add(b1);
    add(b2);
}
public void actionPerformed(ActionEvent e){
    if(e.getActionCommand().equals("欢迎信息"))
        txt.setText("欢迎学习 Java 事件处理");
    if(e.getActionCommand().equals("当前日期"))
    {
        Date dt=new Date();
        txt.setText("今天是: " + dt);
    }
    txt.setHorizontalAlignment(JLabel.CENTER);
}
public static void main(String []args){
    JFrame frm = new JFrame();
    frm.setTitle("单击按钮显示信息窗口");
    frm.getContentPane().add(new But2Event(),BorderLayout.SOUTH);
    frm.getContentPane().add(txt);
    frm.pack();
    frm.setVisible(true);
}
}
```

结合程序代码进行分析，如下。

创建类，实现事件 ActionListener 接口。分别给 2 个按钮（即事件源）注册监听器。定义按钮被单击时调用的 actionPerformed()方法。程序运行结果如图 8-4 所示。

图 8-4　单击按钮显示信息窗口

8.1.4　事件适配器

一旦指定一个类实现某个事件监听器接口，就必须实现这个事件监听器接口的所有方法，否则只能将类定义为抽象类而无法定义这个类的实例。方便起见，Java 语言提供了事件适配器 Adapter 类，用来实现含有多个方法的监听器接口。Adapter 类中的方法是空的。当我们使用时，可以继承 Adapter 类，只需重写需要使用的方法。

Adapter 类用于将那些具有很多方法的监听器接口集合成一个抽象类，使用户不需要在程序中实现每个方法。Adapter 类只是为了简化编程而提供的一种中间转换工具，使程序员在定义监听器类时可以不必因直接实现监听器接口而被迫重写所有的抽象方法。

下面通过窗口事件，说明使用事件监听器接口和事件适配器这两种不同方法的程序编写方式。

1. 使用类实现监听器接口

定义一个类来实现 WindowListener 接口，根据需求在相应的方法中添加需要的代码，然后让其他方法为空即可。

【例 8-3】定义类实现 WindowListener 接口。

在 Eclipse 中建立 Java 应用程序项目，输入如下程序代码。

```java
import java.awt.*;
import javax.swing.*;
import java.awt.event.*;
public class TestListener{
    public static void main(String[] args){
        JFrame frm=new JFrame("使用事件监听器接口");
        frm.setSize(250,150);
        MyListener listener=new MyListener();
        frm.addWindowListener(listener);
        frm.setVisible(true);
    }
}
class MyListener implements WindowListener{
    public void windowOpened(WindowEvent e){
        JOptionPane.showMessageDialog(null, "窗口打开");
    }
    public void windowClosing(WindowEvent e){
        JOptionPane.showMessageDialog(null, "窗口关闭中");
    }
    public void windowClosed(WindowEvent e){}
    public void windowIconified(WindowEvent e){}
    public void windowDeiconified(WindowEvent e){}
    public void windowActivated(WindowEvent e){}
    public void windowDeactivated(WindowEvent e){}
}
```

结合程序代码进行分析，如下。

定义监听器的对象 listener。为窗口对象 frm 注册监听器。定义类，该类实现了 WindowListener 接口。程序运行结果如图 8-5 所示。

图 8-5　使用类实现监听器接口的方式

2. 事件适配器类

WindowListener 监听器接口中包含 7 个方法，即使在使用中只想使用其中一个方法，也必须重新定义剩余的其他无关方法。

Java 针对不同监听器接口提供了对应的适配器类。这些类已经实现了监听器接口的所有方法，但是不做任何实际工作。当使用适配器时，程序员只需要实现所需使用的方法即可。

下面将例 8-3 中程序的 MyListener 类改为继承事件适配器的类。在可以实现完全相同的功能的情况下，对代码进行简化。

【例 8-4】定义类实现 WindowAdapter 适配器。

在 Eclipse 中建立 Java 应用程序项目，输入如下程序代码。

```java
import java.awt.*;
import javax.swing.*;
import java.awt.event.*;
public class TestListener{
    public static void main(String[] args){
        JFrame frm=new JFrame("使用事件适配器");
        frm.setSize(250,150);
        MyListener listener=new MyListener();
        frm.addWindowListener(listener);
        frm.setVisible(true);
    }
}
class MyListener extends WindowAdapter{
    public void windowOpened(WindowEvent e){
        JOptionPane.showMessageDialog(null, "窗口打开");
    }
    public void windowClosing(WindowEvent e){
        JOptionPane.showMessageDialog(null, "窗口关闭中");
    }
}
```

结合程序代码进行分析，如下。

定义监听器的对象 listener。为窗口对象 frm 注册监听器。定义类，该类实现事件适配器 WindowAdapter。程序运行结果如图 8-6 所示。

图 8-6　使用事件适配器的方式

任务 8.2　常用处理事件

本任务讲解 Java 的常用处理事件，包括激活组件事件处理、鼠标事件处理、按键事件处理和选择事件处理，为后面内容的学习打下坚实的基础。

常用处理事件

8.2.1　激活组件事件处理

在前面的案例中，已经使用过 ActionEvent 类，当用户单击按钮或在文本框中输入文字后按 Enter 键时，便触发了激活组件事件（ActionEvent）。

Java 语言程序设计与实现（微课版）（第 2 版）

ActionEvent 类的核心事件处理方法为 actionPerformed()，用来实现相应的处理功能。

激活组件事件对应的监听器接口为 ActionListener。

激活组件事件对应的事件源包括 JButton、JTextField、JTextArea、JRadioButton、JCheckBox、JComboBox、JMenuItem 等。

ActionEvent 类的其他方法还有以下几个。

- void setActionCommand(String ac)：设置动作命令。
- String getActionCommand()：获取动作命令。

【例 8-5】创建窗口，在用户选择所需字体后显示用户所选的内容。

在 Eclipse 中建立 Java 应用程序项目，输入如下程序代码。

```
import java.awt.*;
import java.awt.event.*;
import javax.swing.*;
public class JRadioEvent extends JFrame implements ActionListener{
    JLabel  label;
    public JRadioEvent(){
        super("激活组件事件");
        Container con = getContentPane();
        label = new JLabel("请选择所需的字体：");
        con.add(label, BorderLayout.CENTER);
        JRadioButton radio1 = new JRadioButton("宋体");
        JRadioButton radio2 = new JRadioButton("楷体");
        ButtonGroup group = new ButtonGroup();
        group.add(radio1);
        group.add(radio2);
        JPanel  panel = new JPanel();
        panel.add(radio1);
        panel.add(radio2);
        con.add(panel,BorderLayout.SOUTH);
        radio1.addActionListener(this);
        radio2.addActionListener(this);
    }
    public void actionPerformed(ActionEvent e){
        JRadioButton rb = (JRadioButton)e.getSource();
        label.setText("你选择的字体是：" + rb.getText());
    }
    public static void main(String []args){
        JFrame  frm = new JRadioEvent() ;
        frm.setSize(300,150) ;
        frm.setVisible(true) ;
    }
}
```

结合程序代码进行分析，如下。

定义窗口类，实现事件 ActionListener 接口。创建单选按钮并加入单选按钮组，否则单选效果无法实现。给 2 个单选按钮注册监听器。定义单选按钮被选中时调用的 actionPerformed() 方法。程序运行结果如图 8-7 所示。

图 8-7 选择所需字体

【**例 8-6**】创建窗口，使用组合框显示城市列表，用户选择对应选项后，在文本框内显示用户所选的城市信息。

在 Eclipse 中建立 Java 应用程序项目，输入如下程序代码。

```java
import java.awt.*;
import java.awt.event.*;
import javax.swing.*;
public class JComboBoxEvent extends JFrame implements ActionListener{
    private JTextField  textField;
    private JComboBox comboBox;
    public JComboBoxEvent(){
        super("选择城市");
        Container con = getContentPane();
        JPanel  panel1 = new JPanel();
        JLabel  label1 = new JLabel("请选择所在的城市: ");
        String[] city = {"北京","天津","上海","重庆","其他"};
        comboBox = new JComboBox(city);
        comboBox.addActionListener(this);
        panel1.add(label1) ;
        panel1.add(comboBox) ;
        con.add(panel1, BorderLayout.NORTH);
        JPanel  panel2 = new JPanel();
        JLabel  label2 = new JLabel("你选择的城市是: ");
        textField = new JTextField(15);
        panel2.add(label2);
        panel2.add(textField);
        con.add(panel2, BorderLayout.CENTER);
    }
    public void actionPerformed(ActionEvent e){
        Object  citySelect = comboBox.getSelectedItem();
        String  str = (String)citySelect;
        textField.setText(str);
    }
    public static void main(String []args){
        JFrame  frm = new JComboBoxEvent();
        frm.setSize(250,200);
        frm.setVisible(true);
    }
}
```

结合程序代码进行分析，如下。

定义窗口类，实现事件 ActionListener 接口。创建组合框并加入城市列表信息。给组合框注册监听器。定义选择组合框中选项后调用的 actionPerformed()方法。程序运行结果如图 8-8 所示。

图 8-8　选择所在城市

8.2.2　鼠标事件处理

在 java.awt.event 包中定义了两个接口，即 MouseListener 和 MouseMotionListener，在这两个接口中定义了鼠标事件的处理方法。

① 接口 MouseListener 中的常用方法如下。

- mousePressed(MouseEvent e)：当鼠标左键被按下时调用。
- mouseClicked(MouseEvent e)：当单击鼠标时调用。
- mouseReleased(MouseEvent e)：当鼠标左键被释放时调用。
- mouseEntered(MouseEvent e)：当鼠标进入当前窗口时调用。
- mouseExited(MouseEvent e)：当鼠标离开当前窗口时调用。

② 接口 MouseMotionListener 中的常用方法如下。

- mouseDragged(MouseEvent e)：当鼠标拖曳时调用。
- mouseMoved(MouseEvent e)：当鼠标移动时调用。

上述接口对应的注册监听器的方法分别是：addMouseListener()和 addMouseMotionListener()。

另外，在程序处理时还经常使用 MouseEvent 类的方法 getX()、getY()来获取鼠标当前所在位置的坐标。

1. 使用接口处理鼠标事件

【例 8-7】在窗口中移动或拖曳鼠标，然后显示鼠标所在位置的坐标，并输出与鼠标操作相应的信息。

在 Eclipse 中建立 Java 应用程序项目，输入如下程序代码。

```
import javax.swing.*;
import java.awt.*;
import java.awt.event.*;
import java.awt.event.MouseEvent;
public class Mouse_Event extends JFrame implements MouseMotionListener{
    static Label labx=new Label();
    static Label laby=new Label();
    static Label lab=new Label();
    public static void main(String agrs[]){
        Mouse_Event frm=new Mouse_Event();
        frm.setTitle("显示鼠标位置");
        frm.setLayout(null);
        frm.addMouseMotionListener(frm);
        labx.setBounds(40,20,80,20);
        laby.setBounds(40,40,80,20);
        lab.setBounds(40,60,100,40);
```

```
        frm.setSize(250,150);
        frm.add(labx);
        frm.add(laby);
        frm.add(lab);
        frm.setVisible(true);
    }
    public void mouseMoved(MouseEvent e){
        labx.setText("横坐标 x="+e.getX());
        laby.setText("纵坐标 y="+e.getY());
        lab.setText("鼠标移动");
    }
    public void mouseDragged(MouseEvent e){
        labx.setText("横坐标 x="+e.getX());
    laby.setText("纵坐标 y="+e.getY());
    lab.setText("鼠标拖曳");
    }
}
```

结合程序代码进行分析，如下。

定义窗口类，实现事件 MouseMotionListener 接口。实现鼠标移动后调用的 mouseMoved() 方法。实现鼠标拖曳后调用的 mouseDragged() 方法。程序运行结果如图 8-9 所示。

图 8-9　显示鼠标位置

2. 使用适配器处理鼠标事件

【例 8-8】在窗口中单击鼠标画蓝色的圆点。

在 Eclipse 中建立 Java 应用程序项目，输入如下程序代码。

```
import javax.swing.*;
import java.awt.event.*;
import java.awt.*;
public class MouseAdapterDemo extends JFrame{
  public MouseAdapterDemo(){
      addMouseListener(new CircleLis());
      setForeground(Color.blue);
      setBackground(Color.white);
      setTitle("单击鼠标画圆点");
      setSize(250,150);
      setVisible(true);
  }
  public static void main(String agrs[]){
      new MouseAdapterDemo();
  }
  class CircleLis extends MouseAdapter{
```

```
    public void mousePressed(MouseEvent e){
        int radius = 10;
        JFrame frm = (JFrame)e.getSource();
        Graphics gp = frm.getGraphics();
        gp.fillOval(e.getX()-radius,e.getY()-radius,2*radius,2*radius);
    }
  }
}
```

结合程序代码进行分析，如下。

定义类继承适配器 MouseAdapter 类，实现单击鼠标后调
用的 mousePressed()方法。程序运行结果如图 8-10 所示。

图 8-10　单击鼠标画圆点

8.2.3　按键事件处理

在 java.awt.event 包中定义了接口 KeyListener，在这个接
口中定义了实现键盘按键事件的处理方法。

KeyListener 接口中的常用方法如下。

- public void keyPressed(KeyEvent e)：当有按键按下时调用。
- public void keyReleased(KeyEvent e)：当有按键松开时调用。
- public void keyTyped(KeyEvent e)：当有字符输入时调用。

假设当前键盘为小写状态，要输入一个大写字母"B"，我们的操作过程为：先按住 Shift
键不放，再按 B 键，然后松开 B 键和 Shift 键。整个过程中 Java 系统会产生 5 个事件。

① 按住 Shift 键：为按键 Shift 调用 keyPressed()方法。

② 按 B 键：为按键 B 调用 keyPressed()方法。

③ 输入字符"B"：为字符"B"调用 keyTyped()方法。

④ 松开 B 键：为按键 B 调用 keyReleased()方法。

⑤ 松开 Shift 键：为按键 Shift 调用 keyReleased()方法。

此外，当程序需要识别引发键盘事件的按键时，还可以使用 KeyEvent 类中提供的方法。

- public char getKeyChar()：返回该事件中键的字符。
- public static String getKeyText(int keyCode)：返回描述键代码的字符串。

1．使用接口处理按键事件

【例 8-9】以 KeyListener 接口处理按键事件。在窗口上放置一个单行文本框和一个多行
文本框。当用户操作键盘时，输入的字符显示在单行文本框中，按键信息和触发事件显示在
多行文本框中。

在 Eclipse 中建立 Java 应用程序项目，输入如下程序代码。

```
import javax.swing.*;
import java.awt.*;
import java.awt.event.*;
public class KeyEventDemo extends JFrame implements KeyListener{
  static JTextArea txta = new JTextArea("",5,20);
  public static void main(String []args){
      KeyEventDemo frm=new KeyEventDemo();
      frm.setSize(250,150);
      frm.setTitle("按键事件处理");
```

```
        frm.setLayout(new FlowLayout(FlowLayout.CENTER));
        JTextField txtf = new JTextField("请按下任意键",15);
        txtf.addKeyListener(frm);
        txta.setEditable(false);
        frm.add(txtf);
        frm.add(txta);
        frm.setVisible(true);
    }
    public void keyPressed(KeyEvent e){
        txta.setText("按下的键是:【" + e.getKeyChar() + "】键\n");
        txta.append("keyPressed()方法被调用\n");
    }
    public void keyReleased(KeyEvent e){
        txta.append("keyReleased()方法被调用\n");
    }
    public void keyTyped(KeyEvent e){
        txta.append("keyTyped()方法被调用\n");
    }
}
```

结合程序代码进行分析,如下。

定义窗口类,实现 KeyListener 接口。给单行文本框注册监听器。实现按键按下时调用的
keyPressed()方法。实现按键放开时调用的 keyReleased()方法。实现敲击键盘时调用的
keyTyped()方法。程序运行结果如图 8-11 所示。

图 8-11 通过 KeyListener 接口处理按键事件

2. 使用适配器处理按键事件

【例 8-10】以适配器处理按键事件。在窗口上放置一个单行文本框和一个多行文本框。当用
户操作键盘时,如果按的是如 F1、F2 这样的功能键,在多行文本框中显示"功能键被按下"的
信息。如果按的是其他键,输入的字符显示在单行文本框中,按键信息显示在多行文本框中。

在 Eclipse 中建立 Java 应用程序项目,输入如下程序代码。

```
import javax.swing.*;
import java.awt.*;
import java.awt.event.*;
public class KeyEvent2 extends JFrame{
    static JTextArea txa = new JTextArea("",5,20);
    public static void main(String []args){
        KeyEvent2 frm=new KeyEvent2();
        frm.setSize(280,150);
        frm.setTitle("利用适配器处理按键事件");
        frm.setLayout(new FlowLayout(FlowLayout.CENTER));
```

```
        JTextField txf = new JTextField(15);
        txf.addKeyListener(new KeyLis());
        txa.setEditable(false);
        frm.add(txf);
        frm.add(txa);
        frm.setVisible(true);
    }
    static class KeyLis extends KeyAdapter{
        public void keyPressed(KeyEvent e){
            txa.setText("");
            if(e.isActionKey())
                txa.append("功能键被按下\n");
            else
                txa.append("【" + e.getKeyChar() + "】键被按下\n");
        }
    }
}
```

结合程序代码进行分析，如下。

给单行文本框注册监听器。定义类继承适配器 KeyAdapter，在该类中只需要处理键盘按键按下时对应的 keyPressed()方法。程序运行结果如图 8-12 所示。

8.2.4 选择事件处理

选择事件也可以利用 ItemEvent 类来进行处理。ItemEvent 图 8-12 使用适配器处理按键事件
类中只包含一个事件 ITEM_STATE_CHANGED。对应需要实现的监听器接口为 ItemListener。处理事件时需要重写的方法为 itemStateChanged()。

① 引发 ITEM_STATE_CHANGED 事件的动作如下。
- 改变复选框类 JCheckbox 对象的选中或不选中状态。
- 改变列表框类 JList 对象选项的选中或不选中状态。
- 改变单选按钮类 JRadioButton 对象的选中或不选中状态。

② ItemEvent 类的主要方法如下。
- public ItemSelectable getItemSelectable()：返回引发选中状态变化的事件源。
- public Object getItem()：返回引发选中状态变化事件的具体选项。
- public int getStateChange()：返回具体的选中状态变化类型。

【例 8-11】在窗口上放置两个复选框，用户使用复选框选择字体的样式："粗体 Bold"和"斜体 Italic"。用户选择后，在单行文本框中显示字体样式的变化情况。

在 Eclipse 中建立 Java 应用程序项目，输入如下程序代码。

```
import javax.swing.*;
import java.awt.event.*;
import java.awt.*;
public class JCheckBoxEvent extends JFrame implements ItemListener{
    private JTextField txt;
    private JCheckBox bold,italic;
    public JCheckBoxEvent(){
        txt = new JTextField("观察这里文字字形的变化",40);
```

```
        txt.setFont(new Font("Serif",Font.PLAIN,20));
        getContentPane().add(txt,BorderLayout.NORTH);
        bold = new JCheckBox("粗体 Bold");
        bold.addItemListener(this);
        getContentPane().add(bold,BorderLayout.CENTER);
        italic = new JCheckBox("斜体 Italic");
        italic.addItemListener(this);
        getContentPane().add(italic,BorderLayout.SOUTH);
    }
    public void itemStateChanged(ItemEvent e){
        int bo = bold.isSelected()?Font.BOLD:Font.PLAIN;
        int it = italic.isSelected()?Font.ITALIC:Font.PLAIN;
        txt.setFont(new Font("Serif",bo + it,20));
    }
    public static void main(String[] args){
        JCheckBoxEvent frm = new JCheckBoxEvent();
        frm.setTitle("选择字体样式");
        frm.setSize(300, 150);
        frm.setVisible(true);
    }
}
```

结合程序代码进行分析，如下。

定义窗口类，实现 ItemListener 接口。给 2 个复选框注册监听器。实现当复选框状态改变时调用的 itemStateChanged()方法。程序运行结果如图 8-13 所示。

图 8-13　选择字体样式

任务 8.3　拓展实践任务

本任务通过一组拓展实践任务，将前文介绍的 Java 语言的事件处理机制和常用处理事件等知识点结合起来进行应用。通过拓展实践环节，帮助读者强化各知识点的实际应用能力，进一步熟练掌握 Java 图形化程序的事件处理过程。

拓展实践任务

8.3.1　加法计算器功能的实现

在掌握了 Java 图形用户界面开发的常用组件和激活组件事件处理后，下面通过实践任务来考核一下大家对相关知识点的掌握情况。

【实践任务 8-1】编写 Java 图形化程序，制作加法计算器，如图 8-14 所示。

① 解题思路：创建窗口，实现 ActionListener 监听器接口。在窗口中加入单行文本框，供用户输入用于计算的

图 8-14　加法计算器

数据。在窗口中加入按钮，在按钮上注册监听器。当用户单击按钮后，触发 actionPerformed()

Java 语言程序设计与实现（微课版）（第 2 版）

事件。在事件方法中完成获得用户输入的数据、求和并在标签框上输出结果的任务。

② 参考代码。

```java
import java.awt.*;
import javax.swing.*;
import java.awt.event.*;
public class Adder implements ActionListener{
    JTextField  TOprand1,TOprand2;
    JLabel  LAdd,LSum;
    public Adder(){
        JFrame frm = new JFrame("加法计算器");
        TOprand1 = new JTextField(5);
        TOprand2 = new JTextField(5);
        LAdd = new JLabel("+");
        LSum = new JLabel("= 0");
        JButton BAdd = new JButton("加法");
        frm.setLayout(new FlowLayout());
        frm.add(TOprand1);
        frm.add(LAdd);
        frm.add(TOprand2);
        frm.add(LSum);
        frm.add(BAdd);
        frm.pack();
        frm.setVisible(true);
        BAdd.addActionListener(this);
    }
    public void actionPerformed(ActionEvent event){
        double  sum,n1,n2;
        n1=Double.valueOf(TOprand1.getText ()).doubleValue ();
        n2=Double.valueOf(TOprand2.getText()).doubleValue();
        sum=n1+n2 ;
        LSum.setText("= " + sum);
    }
    public static void main(String[] args){
        Adder adder = new Adder();
    }
}
```

8.3.2　简易通讯录功能的实现

在掌握了 Java 图形用户界面开发的常用组件和常用事件处理方式后，下面通过实践任务来考核一下大家对相关知识点的掌握情况。

【实践任务 8-2】编写 Java 图形化程序，制作简易通讯录。用户在单行文本框中输入信息后按 Enter 键，将相应的内容显示在上方的多行文本框内。当用户单击"退出"按钮时，关闭当前窗口。结果如图 8-15 所示。

① 解题思路：创建窗口，实现监听器接口。在窗口中加入单行文本框，供用户输入信息。在单行文本框上注册监听器，当用户按 Enter 键后，触发相关事件。在事件中完成在多行文本框中添加信息的功能。在窗口中加入按钮，在按钮上注册监听器。当用户单击按钮后，触发相关事件。在事件方法中完成关闭窗口的功能。

图 8-15　简易通讯录

② 参考代码。

```java
import javax.swing.*;
import java.awt.*;
import java.awt.event.*;
public class JTEvent extends JFrame implements ActionListener{
    JButton btn;
    JTextField tf1,tf2;
    JTextArea Area;
    JTEvent(){
        super("简易通讯录");
        addWindowListener(new WindowAdapter(){
            public void windowClosing(WindowEvent e){
                System.exit(0);
            }
        });
        setSize(350,200);
        setLocation(200,200);
        setFont(new Font("宋体",Font.PLAIN,12));
        setLayout(new FlowLayout());
        Area=new JTextArea (5,30);
        tf1=new JTextField(10);
        tf2=new JTextField(10);
        btn=new JButton("退出");
        add(Area);
        add(new JLabel("姓名: "));
        add(tf1);
        add(new JLabel("电话: "));
        add(tf2);
        add(btn);
        tf1.addActionListener(this);
        tf2.addActionListener(this);
        btn.addActionListener(this);
        setVisible(true);
    }
    public void actionPerformed(ActionEvent e){
        if (e.getSource() == tf1)
            Area.append("姓名: " + tf1.getText() + "\n");
        if (e.getSource() == tf2)
            Area.append("电话: " + tf2.getText() + "\n");
        if (e.getSource()==btn)
            dispose();
```

```
    }
    public static void main(String []args){
        new JTEvent();
    }
}
```

8.3.3 菜单功能的实现

在掌握了 Java 图形用户界面的菜单实现和相关的事件处理方式后，下面通过实践任务来考核一下大家对相关知识点的掌握情况。

【实践任务 8-3】编写 Java 图形化程序，制作菜单。当用户选择了"显示"菜单项后，将"显示"菜单项设置为不可以操作，将"隐藏"菜单项设置为可以操作。当用户选择了"隐藏"菜单项后，将"显示"菜单项设置为可以操作，将"隐藏"菜单项设置为不可以操作。当用户选择了"退出"菜单项后，关闭当前窗口。结果如图 8-16 所示。

图 8-16　菜单事件处理

① 解题思路：创建窗口，在窗口中添加菜单。定义类实现监听器接口。在菜单项上注册监听器，当用户选择菜单项后，触发相关事件。在事件中完成各个菜单项的功能程序代码编写。

② 参考代码。

```
import java.awt.*;
import javax.swing.*;
import java.awt.event.*;
public class itemEvent extends JFrame{
    private JMenuItem item1,item2;
    itemEvent(){
        choiceHandler ch = new choiceHandler();
        JMenuBar mb = new JMenuBar();
        JMenu fm = new JMenu("文件");
        JMenuItem item = new JMenuItem("退出");
        item.addActionListener(ch);
        fm.add(item);
        mb.add(fm);
        JMenu mm = new JMenu("选择");
        item1 = new JMenuItem("显示");
        mm.add(item1);
        item1.addActionListener(ch);
        mm.addSeparator();
        item2 = new JMenuItem("隐藏");
        mm.add(item2);
        item2.addActionListener(ch);
        mb.add(mm);
        setTitle("菜单事件处理");
```

```
        setJMenuBar(mb);
        setSize(250,150);
        setVisible(true) ;
    }
    class choiceHandler implements ActionListener {
        public void actionPerformed(ActionEvent ae){
            String strCommand = ae.getActionCommand();
            if(strCommand.equals("退出"))
                System.exit(0);
            if (strCommand.equals("显示"))
            {
                item2.setEnabled(true);
                item1.setEnabled(false);
            }
            if (strCommand.equals("隐藏"))
            {
                item1.setEnabled(true);
                item2.setEnabled(false);
            }
        }
    }
    public static void main(String[] args){
        new itemEvent();
    }
}
```

项目小结

本项目首先讲解了 Java 语言的事件监听与处理，包括 Java 程序的事件处理机制、事件监听器接口、事件处理和事件适配器等；然后讲解了常用处理事件，包括激活组件事件处理、鼠标事件处理、按键事件处理和选择事件处理等；最后通过一组拓展实践任务，将前文介绍的知识点结合起来进行应用，帮助读者强化知识点的实际应用能力，进一步熟练掌握 Java 应用程序图形用户界面开发中事件处理的实现过程。

课后习题

1. 填空题

① 当用户在 TextField 中输入一行文字并按 Enter 键后，程序实现（　　）接口可实现对回车事件的响应。

② Java 的事件处理程序一般包括：建立事件源、（　　）和将事件源注册到监听器。

③ Swing 的事件处理机制包括：（　　）、事件和事件处理者。

④ 传递给实现了 java.awt.event.MouseMotionListener 接口的类中 mouseDragged()方法的事件对象是（　　）类。

2. 选择题

① 事件处理是（　　）。

　A. 对用户操作的描述　　　　　　　　　　B. 接收事件对象并对其进行处理

    C. 图形用户界面上的组件   D. 以上都不是

② 关于框架，下列说法错误的是（　　　）。

    A. 框架是顶级窗口

    B. Frame 可以直接监听键盘输入事件

    C. 框架可以显示标题，重置大小

    D. 当 Frame 关闭时，将产生 WindowEvent 事件

③ 当敲击一次键盘时执行（　　　）方法。

    A. keyTyped()　　　　B. keyPressed()　　　　C. keyReleased()　　D. keyDown()

④ 实现下列（　　　）接口可以对 TextField 对象的事件进行监听和处理。

    A. ActionListener   B. FocusListener

    C. MouseMotionListener   D. WindowListener

⑤ 下列（　　　）不是事件处理机制中的角色。

    A. 事件   B. 事件源   C. 事件接口   D. 事件处理者

⑥ 事件处理机制能够让图形用户界面响应用户的操作，主要涉及（　　　）。

    A. 事件   B. 事件处理   C. 事件源   D. 以上都是

⑦ 事件源是（　　　）。

    A. 图形用户界面上的组件   B. 处理事件的类

    C. 对用户操作的描述   D. 以上都不是

3. 简答题

① Java 程序中事件处理涉及哪些方面？

② 请说明事件监听器接口的用途。

③ 请说明适配器的用途。

4. 编程题

① 编写图形化程序，计算用户所输入数值的平方值，结果如图 8-17 所示。

② 编写图形化程序，制作登录窗口。在用户输入用户名和密码后，判断用户输入的信息是否与程序中初始设定的值一致，结果如图 8-18 所示。程序中初始的用户名为 zhang，密码为 123456。如果一致，则显示"登录成功"；如果不同，则显示"用户名与密码不正确！"。

图 8-17　计算平方

图 8-18　登录窗口

项目 ⑨ Java 程序的数据库开发

在计算机的数据存储中，最常用的方法之一就是使用数据库来存储和管理数据。因此，基于数据库的应用程序开发也成为最主要的应用程序开发类型。Java 语言如何进行数据库的开发？为了使 Java 语言具备对数据库的操作能力，Sun 公司于 1996 年提供了一套访问数据库的标准 Java 类库，即 Java 数据库互联（Java DataBase Connectivity，JDBC）。就让我们一起在本项目中走进 Java 程序的数据库开发，学习 JDBC 数据库访问模型，掌握 JDBC API 的使用方法。在此基础上，着重学习 Java 程序对 MySQL 数据库的常见数据操作业务的实现。

学习目标

知识目标：
1. 熟悉 JDBC 数据库访问模型
2. 熟悉 JDBC API 中的常用接口

能力目标：
1. 掌握 Java 程序连接数据库的方式
2. 掌握 Java 程序操作数据库的方式
3. 掌握 Java 程序关闭连接的方式

素养目标：
1. 培养有效执行学习计划的能力
2. 培养思考数据的有序管理分析问题的能力

程序人生

在本项目中，我们将开始学习 Java 的数据库开发，掌握 JDBC 技术如何处理数据库中的数据存取。利用数据库技术进行大批量的数据处理，将有效地提高数据处理的效率。通过分析数据库技术的成因及效果，可以发现数据的有序管理和处理数据效率提升是成正比关系的。同样，在现实生活中，守序和效率提升也是成正比关系的，守序是高效率的基础。守序带来的不仅仅是时间成本的节约，甚至是生命安全的保障。守序是社会和谐的基础和前提，是每个人安居乐业的基础。我们今天正在努力构建的和谐社会，既是一个充满活力的社会，也是一个安定有序的社会。只有每一个人都成为社会稳定与社会和谐的建设者、推动者和维护者，才能更快地构建和谐社会。

作为新时代的一名大学生，更应该以身作则，成为一名遵守社会秩序的"模范标兵"。

数据库访问技术
概述

任务 9.1　数据库访问技术概述

本任务是 Java 语言的 JDBC 数据库访问技术的简介。JDBC 由一些 Java 语言编写的类和接口组成，是一种可用于执行 SQL 语句的 Java API。JDBC 为 Java 的数据库开发人员提供了一种标准的应用程序设计接口，使开发人员可以用 Java 语言编写完整的数据库应用程序项目。

9.1.1　JDBC 技术概述

在 Java 的技术体系中，访问数据库的技术被称为 JDBC。它是 Java 语言访问数据库的一种规范，提供了一系列的 API。JDBC API 是一组标准的 Java 语言中的接口和类。使用这些接口和类，Java 程序可以访问不同类型的数据库，建立与数据库的连接，执行 SQL 语句来完成对数据库中数据的增加、删除、修改和查询等常见操作。Java 程序使用 JDBC 访问数据库的基本体系结构，如图 9-1 所示。

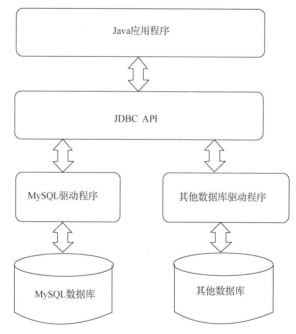

图 9-1　Java 程序使用 JDBC 访问数据库的基本体系结构

从图 9-1 中可以知道，Java 程序通过 JDBC 可以连接不同的数据库。由于不同数据库产品的提供厂商不一样，其连接的方式也有不同之处。因此，为了使 Java 程序与不同数据库产品都可以建立连接，JDBC 不仅需要提供访问数据库的 API，还需要封装与各种数据库通信的相关信息参数。Java 的数据库开发人员使用 JDBC API 编写应用程序后，就可以很方便地将处理数据的 SQL 语句传送给几乎任何的数据库，常用的数据库如 MySQL、Oracle 或 SQL Server 等。Java 程序和 JDBC 技术的结合，可以让数据库开发人员在开发数据库应用时实现"一次编写，随处运行"的效果。

JDBC 是由一系列 Connection（连接）、Statement（执行 SQL 语句）和 ResultSet（结果集）

构成的，其主要作用包括以下 3 个方面。

① 建立 Java 程序与数据库的连接通信。

② 向数据库发起执行 SQL 语句的请求。

③ 处理数据库执行 SQL 语句后返回的数据结果集。

9.1.2 JDBC 数据库访问模型

Java 程序的类型大致可以分为 Java 程序和 Java 小程序两类。因此，JDBC API 既支持数据库访问的两层模型，也支持数据库访问的三层模型。

1. JDBC 两层访问模型

在 JDBC 两层访问模型中，Java 程序将直接与数据库进行通信。在这种情况下，需要借助一个 JDBC 驱动程序来与所访问的特定 DBMS（DataBase Management System，数据库管理系统）进行通信连接。Java 程序的 SQL 语句被送往数据库中执行，之后将执行的结果返回给应用程序。存放数据的数据库可以位于另一台物理计算机上。应用程序可以通过网络连接到这个数据库服务器上，这就是典型的客户机/服务器的模型。其中应用程序所位于的计算机被称为客户机，提供数据库服务的计算机被称为数据库服务器。网络可以是企业内部的局域网或者公共的互联网。JDBC 两层访问模型如图 9-2 所示。

2. JDBC 三层访问模型

在 JDBC 三层访问模型中，用户通过浏览器调用 Java 小程序。Java 小程序提出 SQL 语句请求。SQL 语句请求先是被发送到业务服务所在的"中间层"，即业务逻辑服务器。然后，通过业务逻辑服务器上的 JDBC 与数据库服务器上的数据库进行通信连接。由数据库服务器上的 DBMS 来处理 SQL 语句，并将处理的数据结果返回给用户。用户可以在浏览器中看到最终的数据处理情况。JDBC 三层访问模型如图 9-3 所示。

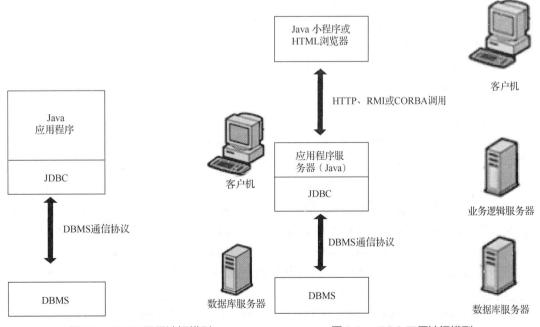

图 9-2　JDBC 两层访问模型　　　　图 9-3　JDBC 三层访问模型

9.1.3 JDBC API 概述

JDBC API 定义了一系列 Java 接口，用来表示与数据库的常见业务，例如连接数据库、执行 SQL 语句和保存执行结果的数据结果集等。

JDBC API 中由一个驱动程序管理器来管理连接到不同数据库的各个驱动程序。JDBC 驱动程序可以全部由 Java 语言编写，也可以由本地方法来与现有数据库访问接口进行连接。

JDBC API 包含在 java.sql 包中，其中几个重要接口的作用如表 9-1 所示。

表 9-1 JDBC API 中重要接口的作用

接口	作用
java.sql.DriverManager	管理驱动程序
java.sql.Connection	处理与数据库的连接
java.sql.Statement	在指定连接中处理 SQL 语句
java.sql.ResultSet	保存数据库操作后的结果集

1. Driver 接口

每一个数据库驱动程序如果要实现与 JDBC API 的对接，就需要实现 Driver 接口。也就是说，每个驱动程序都应该提供一个实现 Driver 接口的类。在加载某一个 Driver 类时，该类应该创建自己的实例并向 DriverManager 注册该实例。

2. DriverManager 接口

DriverManager 接口是 JDBC 的驱动程序管理器，作用于应用程序和驱动程序之间，负责管理 JDBC 的驱动程序。它可以跟踪可用的驱动程序，并在数据库与相应的驱动程序之间建立连接。在使用 JDBC 驱动程序之前，必须先加载驱动程序并向 DriverManager 进行注册。DriverManager 提供方法来建立与数据库的连接。

注册数据库驱动程序后，DriverManager 就可以使用 getConnection()方法来获得一个数据库连接对象。DriverManager 会尝试着从初始化时加载的那些驱动程序中，以及与当前应用程序相同的类加载器显性加载的那些驱动程序中，查找合适的驱动程序进行使用。

DriverManager 接口中 getConnection()方法的常用形式如下。

```
static Connection getConnection(String url)
Static Connection getConnection(String url,String user,String password)
```

其中，url 为连接数据库的信息串，user 为访问数据库的用户名，password 为访问数据库的密码。

3. Connection 接口

Connection 接口用来定义数据库的连接，一个 Connection 对象表示与一个特定数据库的连接。默认情况下，Connection 处于自动提交模式。也就是说，在执行每个 SQL 语句后，都会自动完成提交操作。如果禁用了 Connection 的自动提交模式，当进行提交操作时，就必须显性地调用 commit()方法进行手动提交，否则无法在数据库中保存对数据的更改类型的操作。

Connection 接口中的常用方法如下。

- Statement createStatement()：创建一个 Statement 对象，将 SQL 语句发送到数据库中进

行处理。没有参数的 SQL 语句通常使用 Statement 对象进行执行。如果执行带有参数的 SQL 语句，则使用 PreparedStatement 对象更有效。

- Statement createStatement(int resultSetType,int resultSetConcurrency)：用于创建一个 Statement 对象，该对象将生成具有给定类型和并发性的 ResultSet 对象。此方法与不带参数的 createStatement()方法的功能类似，但它允许重写默认结果集类型，可以设置其并发性。

- Statement createStatement(int resultSetType,int resultSetConcurrency,int resultSetHoldability)：其中 resultSetType 和 resultSetConcurrency 的作用同上一种形式。resultSetHoldability 参数的值可以取 ResultSet.HOLD_CURSORS_OVER_COMMIT（结束提交后保留游标）或 ResultSet.CLOSE_CURSORS_AT_COMMIT（提交时关闭游标）。

- void commit()：用于提交当前事务中对数据库的修改，并释放当前连接所持有的数据库锁。

- void rollback()：回滚当前事务中的所有改动，并释放当前连接所持有的数据库锁。

4．Statement 接口

Statement 接口用于执行 SQL 语句，并返回执行后所生成的结果对象。在默认情况下，同一时刻每个 Statement 对象只能打开一个 ResultSet 对象。

Statement 接口中的常用方法如下。

- void addBatch(String sql)：该方法用于将给定的 SQL 语句添加到 Statement 对象的当前列表中，然后调用 executeBatch( )方法可以批量执行列表中的 SQL 语句。

- ResultSet executeQuery(String sql)：该方法用于执行给定的 SQL 语句。数据库执行 SQL 语句后返回单个 ResultSet 对象保存执行的数据结果。SQL 语句通常是静态的 SQL 语句。

- int executeUpdate(String sql)：该方法用于执行给定的 SQL 语句。SQL 语句可能为 insert、update 或 delete 语句，以及 DDL（Data Definition Language，数据定义语言）语句，如 create table、drop table 等。insert、update 或 delete 语句的作用是更新表中零行或多行中的一列或多列的数据。executeUpdate()方法的返回值是一个整数，代表操作所影响到的数据表中的行数。对于 create table 和 drop table 等不操作行的语句，executeUpdate()的返回值总为 0。

- boolean execute(String sql)：该方法用于执行给定的存储过程或动态的 SQL 语句。execute()方法应该仅在存储过程或动态的 SQL 语句能返回多个 ResultSet 对象、多个更新计数或者 ResultSet 对象与更新计数的组合时使用。

5．PreparedStatement 接口

PreparedStatement 接口是从 Statement 接口继承过来的。PreparedStatement 接口有两大特点：第一，PreparedStatement 接口中包含的 SQL 语句是预编译的，所以当需要多次执行同一条 SQL 语句时，使用 PreparedStatement 接口传送这条 SQL 语句可以大大提高执行效率；第二，PreparedStatement 接口所包含的 SQL 语句中允许有一个或多个输入参数。创建 PreparedStatement 接口的实例时，输入参数用"?"代替。在执行带参数的 SQL 语句前，必须对"?"进行赋值。为了对"?"进行赋值，PreparedStatement 接口中增加了大量的 setXxx()方法，用于完成对输入参数进行赋值。

PreparedStatement 接口中的常用方法如下。

```
void setXxx(int parameterIndex, Xxx x)
```
该方法表示将 SQL 语句中给定的第 parameterIndex 个参数设为 x，Xxx 表示参数的数据

Java 语言程序设计与实现（微课版）（第 2 版）

类型。其中，parameterIndex 参数表示第几个参数，标号从 1 开始。即第一个参数的 parameterIndex 为 1，第二个参数的 parameterIndex 为 2。用来设置参数值的 setXxx()方法必须指定为与输入参数的 SQL 类型兼容的数据类型。例如，如果输入参数是 SQL 类型中的 int 类型，那么应该使用 setInt()方法。

6. DatabaseMetaData 接口

DatabaseMetaData 接口保存了数据库的所有特性，并且提供了许多方法来获取这些特性信息。DatabaseMetaData 接口中常用的方法如下。

- String getDatabaseProductName()：获取所连接数据库的名称。
- String getDatabaseProductVersion()：获取所连接数据库的版本号。
- String getDriverName()：获取 JDBC 驱动程序的名称。
- String getUserName()：获取当前登录数据库的用户名。

7. ResultSet 接口

ResultSet 接口负责存储执行查询数据库操作的数据结果。ResultSet 对象通常由执行查询数据库的 SQL 语句生成，并进一步提供一系列的方法对数据进行增加、删除和修改等操作。

ResultSet 具有指向其当前结果集中数据行的指针。开始时，该指针被置于数据行的第一行之前。利用 next()方法可以将指针移动到下一行。直到结果集中没有下一行时，next()方法返回 false。因此，可以在循环中使用指针的移动来迭代访问整个结果集。

默认的 ResultSet 是不可更新的，仅有一个向前移动的指针。因此，结果集只能迭代访问一次，并且只能按照从结果集的第一行到最后一行的顺序进行访问。我们也可以生成具有可滚动性或可更新性的 ResultSet，如下面的代码所示。

```
Statement stmt=conn.createStatement(ResultSet.TYPE_SCROLL_INSENSITIVE,
ResultSet. CONSUR_UPDATABLE);
ResultSet rs=stmt.executeQuery("select 字段名1,字段名2 from 表名");
```

上面代码的作用是生成可滚动并且不受其他更新影响的可更新的结果集 rs。

使用 ResultSet 接口中的方法有如下两种方式。

① 更新当前行中的字段值。在可滚动的 ResultSet 对象中，可以向前和向后移动指针，将其置于绝对位置或相对于当前行的位置。

以下代码段将指针移动到指定行，然后更新该行的相关数据。

```
rs.absolute(5); //将指针移动到结果集 rs 的第 5 条记录
rs.updateString("NAME","AINSWORTH"); //将第 5 条记录的 NAME 字段的值设置为"AINSWORTH"
rs.updateRow(); //更新数据库中的数据
```

② 将值插入插入行中。可更新的 ResultSet 对象具有一个与其关联的特殊行，该行用作构建要插入行的暂存区域。

以下代码段将指针移动到插入行，并使用方法 insertRow()将数据插入结果集和数据表中。

```
rs.moveToInsertRow(); //移动当前的记录指针到插入行
rs.updateString(1,"AINSWORTH"); //将插入行中第 1 列的值更新为"AINSWORTH"
rs.updateInt(2,35); //将插入行中第 2 列的值更新为 35
rs.insertRow(); //更新结果集和数据库中的数据
```

任务9.2 应用 JDBC 访问数据库

本任务主要讲解如何使用 JDBC 访问数据库，包括 JDBC 访问数据库的基本步骤，常见的 JDBC 驱动程序及加载方法等操作，为后面的 Java 数据库开发程序的编写打下坚实的基础。

应用 JDBC 访问数据库

9.2.1 加载 JDBC 驱动程序

应用 JDBC 技术访问数据库的第一步是加载 JDBC 驱动程序。常见的数据库都有对应的 JDBC 驱动程序。Java 程序可以通过类 Class 的静态方法 forName()载入相关的数据库驱动程序。

加载数据库 JDBC 驱动程序的参考代码如下。

```
Class.forName("驱动程序串");
```

JDBC 驱动程序有 4 种：JDBC-ODBC 桥连接驱动程序、本地 API 驱动程序、网络协议驱动程序和 Java 数据库驱动程序。驱动程序不同，加载的方式也有所区别。但是无论采用哪种加载驱动程序的方法，都不会影响操作数据库的逻辑业务代码。这样有利于代码的维护和升级。

在 Java 数据库应用程序开发中，常用的驱动程序为 JDBC-ODBC 桥连接驱动程序和 Java 数据库驱动程序。

1. JDBC-ODBC 桥连接驱动程序

Java 程序和数据库建立连接的一种常见方式是使用 JDBC-ODBC 桥连接驱动程序。JDBC-ODBC 桥连接驱动程序是利用 ODBC（Open Data DataBase Connectivity，开放式数据库互连）驱动程序来提供对 JDBC 的访问。把 JDBC API 调用转换成 ODBC API 调用，然后 ODBC API 调用针对数据库供应商的 ODBC 驱动程序访问对应的数据库。即利用 JDBC-ODBC 桥连接驱动程序，通过 ODBC 来存储数据源，并由 ODBC 建立和数据库的连接。

JDBC-ODBC 桥连接驱动程序的优点是，ODBC 是微软引进的数据库连接技术，提供了数据库访问的通用平台；并且 ODBC 被广泛使用，建立这种桥连接后，JDBC 就有能力访问几乎所有常见类型的数据库。

但其缺点也很明显，Java 程序必须依赖于 ODBC，造成可移植性差，即应用程序驻留的计算机必须提供 ODBC。目前这种连接方式多见于访问微软的 Access 数据库。

使用 JDBC-ODBC 桥连接驱动程序方式和数据库建立连接的过程如图 9-4 所示。

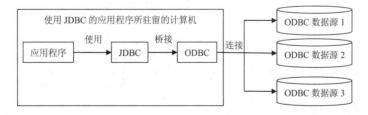

图 9-4 使用 JDBC-ODBC 桥连接驱动程序方式和数据库建立连接的过程

（1）建立 JDBC-ODBC 桥连接

JDBC 使用 java.lang 包中的 Class 类来建立 JDBC-ODBC 桥连接，Class 类使用其静态方法 forName()加载 sun.jdbc.odbc 包中的 JdbcOdbcDriver 类，建立 JDBC-ODBC 桥连接。建立

JDBC-ODBC 桥连接的代码如下。

```
Class.forName("sun.jdbc.odbc.JdbcOdbcDriver");
```

（2）创建 ODBC 数据源

应用程序要访问本地或远程的 Access 数据库，就需要在应用程序所在的计算机上创建
ODBC 数据源。

创建 ODBC 数据源的步骤如下。

① 选择 Windows 系统的"开始"→"设置"→"控制面板"命令，打开"控制面板"
窗口，如图 9-5 所示。

② 双击"管理工具"选项，打开图 9-6 所示的"管理工具"窗口。

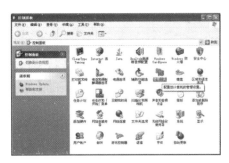

图 9-5 "控制面板"窗口   图 9-6 "管理工具"窗口

③ 双击"数据源(ODBC)"选项，进入"ODBC 数据源管理器"对话框，如图 9-7 所示，
其中列出了当前用户已有的 ODBC 数据源的名称。切换至"用户 DSN"选项卡，单击"添
加"按钮，可以创建新的数据源；单击"删除"按钮，可以删除选择的数据源；单击"配置"
按钮，可以重新配置选择的数据源。

④ 在"ODBC 数据源管理器"对话框中单击"添加"按钮，打开"创建新数据源"对
话框，如图 9-8 所示。在该对话框中，可以为新增的数据源选择驱动程序。这里要连接 Access
数据库，因此选择"Microsoft Access Driver(*.mdb)"选项，单击"完成"按钮。

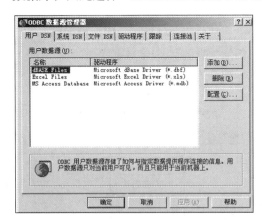

图 9-7 "ODBC 数据源管理器"对话框   图 9-8 "创建新数据源"对话框

⑤ 打开"ODBC Microsoft Access 安装"对话框，如图 9-9 所示，需要用户设置数据源名，
例如 database。如果要使用计算机中已存在的 Access 数据库，可单击"选择"按钮，在弹出的

对话框中选择数据库所在的磁盘位置及数据库；如果要创建新数据库，则单击"创建"按钮。

⑥ 单击"创建"按钮，打开"新建数据库"对话框，输入数据库名，并选择数据库的存储位置，然后单击"确定"按钮，如图 9-10 所示。

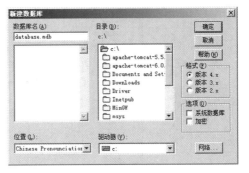

图 9-9 "ODBC Microsoft Access 安装"对话框　　　　图 9-10 "新建数据库"对话框

⑦ 系统提示数据库创建成功后，可以在"ODBC Microsoft Access 安装"对话框中看到数据库文件所在位置的完整路径，如图 9-11 所示。

⑧ 单击"确定"按钮，返回"ODBC 数据源管理器"对话框，可以看到名为 database 的数据源已经在"用户数据源"列表框中显示，如图 9-12 所示。

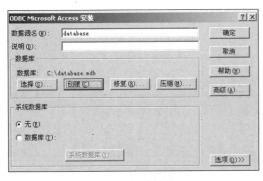

图 9-11 显示新建的数据库　　　　　　图 9-12 数据源已被加入列表框

⑨ 单击"确定"按钮，完成数据源的创建。

2. Java 数据库驱动程序

Java 数据库驱动程序是指用 Java 语言编写的数据库驱动程序。JDBC 可以调用本地的 Java 数据库驱动程序和相应的数据库建立连接，其连接过程如图 9-13 所示。

由于 Java 数据库驱动程序不依赖于 ODBC 数据源，因此在使用 Java 数据库驱动程序访问数据库时不需要设置数据源，这就使得应用程序具有很好的可移植性。但是当 Java 数据库驱动程序升级后，如果访问数据库的应用程序想使用升级版本的 Java 数据库驱动程序，就必须重新安装新的 Java 数据库驱动程序。

另外，许多数据库厂商都提供了与自己数据库相对应的 Java 数据库驱动程序，如 Oracle 数据库驱动程序 ojdbc6.jar、MySQL 数据库驱动程序 mysql-connector-java-8.0.16.jar 和 SQL Server 数据库驱动程序 sqljdbc4.jar 等。用户可以在 Java 的官方网站或者是要访问的数据库官方网站下载所需的 Java 数据库驱动程序。

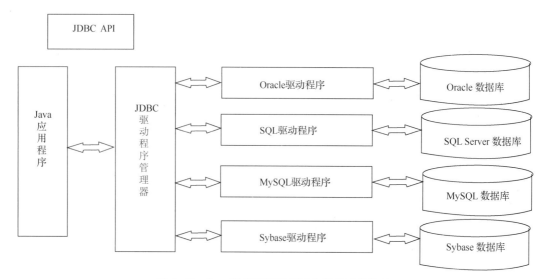

图 9-13　Java 数据库驱动程序与数据库的连接

程序员可以使用 Class.forName(String driver)方法加载并注册一个驱动程序。其中 driver 为驱动程序的类名。访问不同的数据库时，加载的数据库驱动程序也不同，即驱动程序类名也是不同的。

以下是加载常见 Java 数据库驱动程序的方法。

```
//SQL Server 2000 及之前版本的数据库
Class.forName("com.microsoft.jdbc.sqlserver.SQLServerDriver");
//SQL Server 2005 及之后版本的数据库
Class.forName("com.microsoft.sqlserver.jdbc.SQLServerDriver");
//MySQL 5 及之前版本的数据库
Class.forName("com.mysql.jdbc.Driver");
//MySQL 8 及之后版本的数据库
Class.forName("com.mysql.cj.jdbc.Driver");
//Oracle 数据库
Class.forName("oracle.jdbc.driver.OracleDriver");
//Sybase 数据库
Class.forName("com.sybase.jdbc.SybDriver");
```

9.2.2　创建数据库连接

加载完 JDBC 驱动程序之后，就可以建立与数据库的连接。首先使用 java.sql 包中的 Connection 类声明一个连接对象，然后使用 DriverManager 类调用静态方法 getConnection() 创建这个连接对象。参考代码如下。

```
Connection conn = DriverManager.getConnection(连接字符串,用户名,密码);
```

当 DriverManager 类调用 getConnection()方法时，它会搜索整个驱动程序列表，直到找到一个能够连接到数据连接字符串中指定数据库的驱动程序。

采用不同的 JDBC 驱动程序加载方式或连接不同的数据库时，连接字符串也是不同的。

1. 采用 JDBC-ODBC 桥连接驱动程序连接数据库

采用 JDBC-ODBC 桥连接驱动程序连接数据库时，其连接字符串为 "jdbc:odbc:数据源名"。例如，以 JDBC-ODBC 桥连接驱动程序连接 Access 数据库，数据源名为 database，则连接字符串为 "jdbc:odbc:database"。

创建数据库连接的参考代码如下。

```
Connection conn=DriverManager.getConnection("jdbc:odbc:database","username",
"password");
```

这样，应用程序就和数据源 database 建立了连接。应用程序一旦和数据源建立连接，就可以通过 SQL 语句和该数据源指定的数据库中的表进行交互操作，如查询、修改、删除表中的数据等。

2. 采用 Java 数据库驱动程序连接数据库

采用 Java 数据库驱动程序连接数据库时，不同数据库的连接字符串也有所不同。以数据库名 university 为例，常用数据库的连接字符串如表 9-2 所示。

表 9-2 常用数据库的连接字符串

数据库	连接字符串
SQL Server 2000	jdbc:microsoft:sqlserver://localhost:1433;DatabaseName=university
SQL Server 2005	jdbc:sqlserver://localhost:1433;DatabaseName=university
MySQL 5	jdbc:mysql://localhost:3306/university
MySQL 8	jdbc:mysql://localhost:3306/university?serverTimezone=GMT
Oracle	jdbc:oracle:thin:@localhost:1521:university

下面以 Java 程序访问 MySQL 8 数据库，建立连接为例。

MySQL 8 中的数据库名为 university；登录 MySQL 8 数据库服务器的用户名为 root，登录的密码为 123456。创建数据库连接的参考代码如下。

```
//设置数据库的连接参数信息
String driverName = "com.mysql.cj.jdbc.Driver";
String dbURL = "jdbc:mysql://localhost:3306/university?serverTimezone=GMT";
String userName = "root";
String userPWD = "123456";
//加载 MySQL 8 的数据库驱动程序
Class.forName(driverName);
//连接 university 数据库
dbConn = DriverManager.getConnection(dbURL,userName,userPWD);
```

9.2.3 执行 SQL 语句

在与数据库建立连接后，Java 程序就可以使用 JDBC 提供的 API 和数据库进行交互操作，如查询数据库中的数据记录、删除数据库中的数据记录等。

JDBC 和数据库交互的主要方式是使用 SQL 语句。JDBC 提供的 API 可以将标准的 SQL 语句发送给数据库，从而实现程序与数据库的交互操作。

1. 执行查询的 SQL 语句

执行查询的 SQL 语句主要可以分为两个步骤：向数据库发送 SQL 查询语句和处理查询结果。

（1）向数据库发送 SQL 查询语句

先使用 Statement 接口声明一个 Statement 对象，然后利用已创建的连接对象调用

createStatement()方法创建这个 Statement 对象，参考代码如下。

```
Statement stmt=conn.createStatement();
```

（2）处理查询结果

创建 Statement 对象之后，这个对象就可以调用相应的方法查询数据库中的表，并将查询结果存放在一个 ResultSet 类声明的对象中。即 SQL 语句对数据库的查询操作，将返回一个 ResultSet 对象。

调用 Statement 对象的 executeQuery()方法，可以执行查询数据的 SQL 语句。

例如，在 student 表中有 6 个字段（列）。现在想要查询表中的所有数据记录，即进行整表的查询操作，参考代码如下。

```
ResultSet rs = stmt.executeQuery("select * from student");
```

查询到的数据结果保存在结果集 rs 对象中，结果集对象的结构与 student 表的结构一致，也包括 6 个字段。

调用 executeQuery()方法执行查询 SQL 语句返回的结果是保存在 ResultSet 的对象中的。ResultSet 对象一次只能看到一个数据行。因此，对 ResultSet 对象的处理必须逐行进行。当处理完当前数据行后，可使用 next()方法指向下一个数据行。ResultSet 对象在获得一行数据后，可以使用 getXxx()方法获得结果集中的字段值。getXxx()方法中的参数可以为列的下标，也可以为列的名称。

ResultSet 对象常用的方法如表 9-3 所示。

表 9-3　ResultSet 对象常用的方法

返回类型	方法名称	返回类型	方法名称
boolean	next()	String	getString(String columnName)
String	getString(int columnIndex)	int	getInt(String columnName)
int	getInt(int columnIndex)	byte	getByte(String columnName)
byte	getByte(int columnIndex)	float	getFloat(String columnName)
float	getFloat(int columnIndex)	double	getDouble(String columnName)
double	getDouble(int columnIndex)	long	getLong(String columnName)
long	getLong(int columnIndex)	Date	getDate(String columnName)
Date	getDate(int columnIndex)		

例如，对于结果集 rs 对象，其第 4 个字段的数据类型为整数型，其余字段的数据类型为字符串型，若想输出表中的所有数据记录，以列的下标为参数，其参考代码如下。

```
//显示结果集 rs 中的所有数据信息
while(rs.next()){
    System.out.println("学号: " + rs.getString(1));
    System.out.println("姓名: " + rs.getString(2));
    System.out.println("性别: " + rs.getString(3));
    System.out.println("年龄: " + rs.getInt(4));
    System.out.println("籍贯: " + rs.getString(5));
    System.out.println("所在系部: " + rs.getString(6));
}
```

2. 执行更新的 SQL 语句

Statement 对象不仅可以执行查询操作，还可以执行对数据库的更新操作，如增加、修改、删除数据记录等。

调用 Statement 对象的 executeUpdate()方法可以实现对数据库的更新操作。executeUpdate()方法的返回值是相应的更新对数据库表中数据记录产生影响的行数，因此其返回值的类型为 int 类型。

（1）增加数据记录

例如，向 student 表中插入一条信息，学号为"2021001"，姓名为"zhangsan"，参考代码如下。

```
String sql = "insert into student(xuehao,name) values('2021001','zhangsan')";
Statement stmt=conn.createStatement();
stmt.executeUpdate(sql);
```

还可以定义一个 int 类型的变量来获取 excuteUpdate()方法的返回值，即在数据表中增加的数据记录行数，参考代码如下。

```
int result = stmt.executeUpdate(sql);
```

如果在 student 表中增加数据记录成功，则变量 result 的值为 1；如果增加数据记录失败，则变量 result 的值为随机的负数。因此，程序员可以利用判断 excuteUpdate()方法的返回值的情况，得知操作是否成功，并进一步给出相关的提示信息。

（2）修改数据记录

例如，将 student 表中学号为"2021001"的学生的姓名改为"zhangqiang"，参考代码如下。

```
String sql = "update student set name='zhangqiang' where xuehao='2021001'";
int result = stmt.executeUpdate(sql);
```

如果在 student 表中修改数据记录成功，则变量 result 的值为 1；如果修改数据记录失败，则变量 result 的值为随机的负数；如果 result 的值为 0，则表示数据表中没有符合查询条件的数据记录行。因此，程序员可以利用判断 excuteUpdate()方法的返回值的情况，给出相关的提示信息。

（3）删除数据记录

例如，删除 student 表中学号为"2021001"的学生数据记录信息，参考代码如下。

```
String sql = "delete from student where xuehao='2021001'";
int result = stmt.executeUpdate(sql);
```

如果在 student 表中删除数据记录成功，则变量 result 的值为 1；如果删除数据记录失败，则变量 result 的值为随机的负数；如果 result 的值为 0，则表示数据表中没有符合查询条件的数据记录行。因此，程序员可以利用判断 excuteUpdate()方法的返回值的情况，给出相关的提示信息。

9.2.4 断开与数据库的连接

当对数据库的所有操作都执行完毕后，应释放应用程序所占用的资源，即关闭之前产生的 Connection、Statement 和 ResultSet 的相关对象。关闭的顺序与创建的顺序相反，即先关闭 ResultSet 对象和 Statement 对象，再关闭 Connection 对象。参考代码如下。

```
rs.close();
stmt.close();
conn.close();
```

注意，当生成 ResultSet 对象的 Statement 对象关闭、重新执行或用来从多个结果的序列中检索下一个结果时，ResultSet 对象都会自动关闭。

常见数据库
访问操作

任务 9.3　常见数据库访问操作

本任务主要讲解 Java 程序在进行数据库开发时常见的访问操作，包括连接数据库、在数据库表中查询数据记录、在数据库表中增加数据记录、在数据库表中修改数据记录和在数据库表中删除数据记录等操作。本任务以 MySQL 8 数据库为例，进行上述对数据库操作的实现。

9.3.1　MySQL 数据库表简介

在进行 Java 程序的数据库项目开发之前，我们应该先进行一些数据库方面的准备工作，如创建所需的数据库表。

1. MySQL 数据库概述

MySQL 是当今流行的开源关系数据库管理系统，是 Oracle（甲骨文）公司旗下的主力产品之一。关系数据库将数据保存在不同的数据表中，而不是将所有数据放在一个"大仓库"内。这样就提高了数据处理的速度与灵活性。MySQL 是一个多用户、多线程的关系数据库。并且由于 MySQL 数据库产品是免费的开源软件项目，对数据库应用的开发者来说使用 MySQL 可以有效地降低开发成本。因此，MySQL 数据库被广泛应用于 Java 数据库项目开发中。

使用 MySQL 创建数据库之前，请先安装 MySQL 数据库管理系统。MySQL 是开源、免费产品，开发人员可以在 Oracle 公司的官方网站中免费下载该产品。本任务以 MySQL 8 数据库为例进行说明。

MySQL 数据库管理系统的安装与基本操作，不属于本书需讲解的知识范畴。读者如需了解相关内容，请自行查阅 MySQL 数据库的相关资料，本书不赘述。此处，默认开发人员已经安装好 MySQL 数据库管理系统，并掌握如何在 MySQL 数据库管理系统下创建数据库和创建数据表的基本操作。

2. MySQL 数据库表简介

本项目的案例是以 MySQL 8 数据库作为背景数据库的。在进行案例程序代码的编写前，需要先在 MySQL 8 的数据库管理系统中，创建一个名为 university 的数据库。

university 数据库创建成功后，在数据库中创建名为 student（学生表）的数据表。

student 数据表包含 6 个数据字段，其表结构如图 9-14 所示。

名	类型	长度	小数点	不是 null	
xuehao	char	7	0	☑	🔑1
name	varchar	20	0	☐	
sex	char	2	0	☐	
age	int	11	0	☐	
jiguan	varchar	50	0	☐	
dept	varchar	50	0	☐	

图 9-14　student 表结构

0

- 字段 xuehao：信息含义为学生学号，固定长度字符类型，长度为 7 位，是 student 表的主键，不能为空。学号的编码规则为总长 7 位，前 4 位为学生的入学年份，后 3 位为学生的入学顺位，如 2021001。
- 字段 name：信息含义为学生姓名，可变长度字符类型，长度为 20 位，可以为空。
- 字段 sex：信息含义为学生性别，固定长度字符类型，长度为 2 位，可以为空。性别的填写值为男或女。
- 字段 age：信息含义为学生年龄，整数型数字类型，长度为 11 位，可以为空。
- 字段 jiguan：信息含义为学生籍贯，可变长度字符类型，长度为 50 位，可以为空。
- 字段 dept：信息含义为学生所在系部，可变长度字符类型，长度为 50 位，可以为空。

在 student 数据表创建成功后，在数据表中可以增加 3 条用于程序案例运行的测试数据，如图 9-15 所示。

xuehao	name	sex	age	jiguan	dept
2021001	zhangsan	男	18	天津	计算机系
2021002	lisi	女	20	山东	经管系
2021003	wangwu	男	19	河北	机电系

图 9-15　student 表中的测试数据

9.3.2　连接 MySQL 数据库

在 MySQL 数据库准备完毕后，我们将开始实现连接 MySQL 数据库的操作任务。通过前文介绍可知，Java 程序利用 JDBC 连接 MySQL 数据库需要使用相应的 MySQL 数据库驱动程序。开发人员可以在 MySQL 的官方网站免费下载获得或者在本书配套的资源库中获得。

1. 在 Java 程序项目中添加 MySQL 数据库驱动程序

① 参照本书项目 1 中讲解的步骤，在 Eclipse 中建立 Java 程序项目。将准备好的 MySQL 8 数据库驱动程序的 JAR 文件复制到项目的 src 目录下。

② 用鼠标右键单击应用程序项目名称，在弹出的快捷菜单中选择 Build Path→Configure Build Path 命令，如图 9-16 所示。

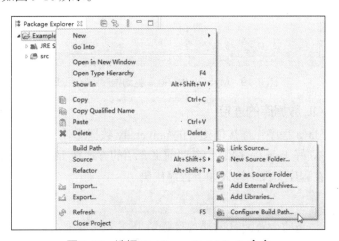

图 9-16　选择 Configure Build Path 命令

③ 在弹出的 Java Build Path 界面中选择 Libraries 标签，单击 Add JARs 按钮，如图 9-17 所示。

④ 在弹出的 JAR Selection 窗口中选择已经复制到 src 目录下的 MySQL 8 数据库驱动程序的 JAR 文件，然后单击 OK 按钮，如图 9-18 所示。

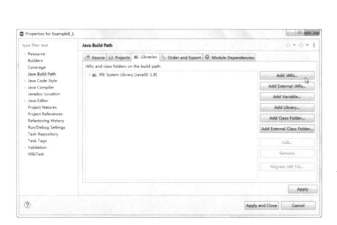

图 9-17　Java Build Path 界面

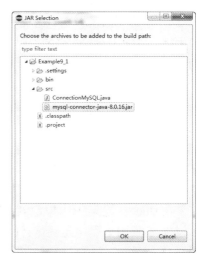

图 9-18　JAR Selection 窗口

⑤　在返回的对话框中的 Libraries 标签下就可以看到已经成功添加到应用程序项目中的 MySQL 8 的驱动程序信息。单击 Apply and Close 按钮，完成整个驱动程序添加过程（见图 9-19）。

图 9-19　MySQL 8 数据库驱动程序添加完成

2. 实现 MySQL 数据库的连接

【例 9-1】建立 Java 程序，连接创建好的 university 数据库。

在 Eclipse 中建立好 Java 程序项目，参照前文介绍的方式在 Java 程序项目中添加 MySQL 数据库驱动程序。在程序文件中输入如下程序代码。

```java
import java.sql.*;
public class ConnectionMySQL{
    public static void main(String[] args) throws Exception{
        Connection dbConn = null;
        //设置数据库的连接参数信息
        String driverName = "com.mysql.cj.jdbc.Driver";
        String dbURL = "jdbc:mysql://localhost:3306/university?serverTimezone=
GMT";
        String userName = "root";
        String userPWD = "123456";
        try{
```

```
        //加载数据库驱动程序
        Class.forName(driverName);
        //连接数据库
        dbConn = DriverManager.getConnection(dbURL,userName,userPWD);
        System.out.println("连接数据库成功! ");
    }catch (Exception e){
        //异常处理
        System.out.println("数据库连接失败: " + e);
    }finally{
        //关闭数据库连接
        if (dbConn!=null){
            dbConn.close();
        }
    }
    }
}
```

结合程序代码进行分析, 如下。

加载 JDBC 的 java.sql 包。声明数据库连接对象 dbConn。设置 MySQL 数据库的连接参数信息。第 12 行, 加载数据库驱动程序。第 14 行, 连接 university 数据库。第 22 行, 关闭数据库的连接。程序运行结果如图 9-20 所示。

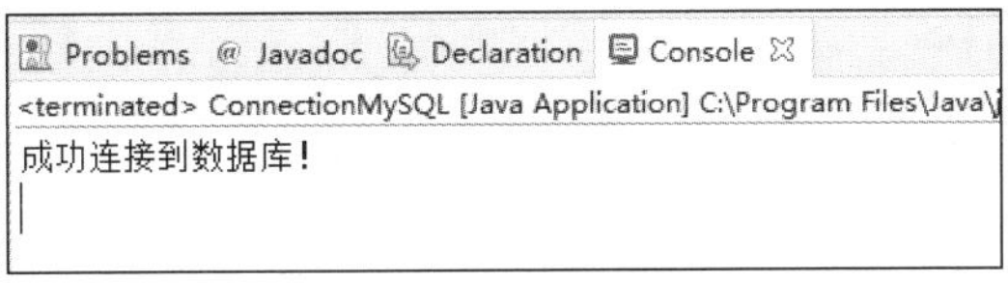

图 9-20　数据库连接成功

9.3.3　查询数据操作

当 Java 程序与 university 数据库建立连接后, 就可以使用 JDBC 提供的 API 对数据库中的 student 数据表进行查询数据操作。JDBC 提供的 API 可以将标准的查询 SQL 语句 select 发送给 MySQL 数据库管理系统执行, 将执行的查询结果返回给 Java 程序进行处理。

【例 9-2】建立 Java 程序, 对 university 数据库的 student 数据表进行整表数据查询。

在 Eclipse 中建立好 Java 程序项目,参照前文介绍的方式在 Java 程序项目中添加 MySQL 数据库驱动程序。在程序文件中输入如下程序代码。

```
import java.sql.*;
public class SelectMySQL{
    public static void main(String[] args) throws Exception{
        Connection dbConn = null;
        //设置数据库的连接参数信息
        String driverName = "com.mysql.cj.jdbc.Driver";
        String dbURL = "jdbc:mysql://localhost:3306/university?serverTimezone=
GMT";
        String userName = "root";
        String userPWD = "123456";
        try{
            //加载数据库驱动程序
```

```
        Class.forName(driverName);
        //连接数据库
        dbConn = DriverManager.getConnection(dbURL,userName,userPWD);
        System.out.println("连接数据库成功! ");
        //执行 SQL 语句
    Statement stmt = dbConn.createStatement();
    ResultSet rs = stmt.executeQuery("select * from student");
    //显示表中的数据
    while(rs.next()){
System.out.println("--------------------------");
        System.out.println("学号: " + rs.getString(1));
        System.out.println("姓名: " + rs.getString(2));
        System.out.println("性别: " + rs.getString(3));
        System.out.println("年龄: " + rs.getInt(4));
        System.out.println("籍贯: " + rs.getString(5));
        System.out.println("所在系部: " + rs.getString(6));
    }
    //释放资源
    rs.close();
    stmt.close();
}catch (Exception e){
    //异常处理
    System.out.println("出现异常: " + e);
}finally{
    //关闭数据库连接
    if(dbConn!=null){
        dbConn.close();
    }
    }
    }
}
```

结合程序代码进行分析，如下。

使用 dbConn 连接对象创建 SQL 语句执行对象 stmt。使用语句执行对象 stmt 执行 select 语句，将查询到的数据结果保存到结果集对象 rs 中。将查询到的 student 表中的数据记录显示给用户。程序运行结果如图 9-21 所示。

9.3.4　增加数据操作

当 Java 程序与 university 数据库建立连接后，就可以使用 JDBC 提供的 API 对数据库中的 student 数据表进行增加数据操作。JDBC 提供的 API 可以将标准的增加 SQL 语句 insert 发送给 MySQL 数据库管理系统执行，将执行的增加结果返回给 Java 程序进行处理。

【例 9-3】建立 Java 程序，在 university 数据库的 student

```
Problems  @ Javadoc  Declaration  Console
<terminated> SelectMySQL [Java Application] C:\Program Fi
连接数据库成功!
--------------------------
学号: 2021001
姓名: zhangsan
性别: 男
年龄: 18
籍贯: 天津
所在系部: 计算机系
--------------------------
学号: 2021002
姓名: lisi
性别: 女
年龄: 20
籍贯: 山东
所在系部: 经管系
--------------------------
学号: 2021003
姓名: wangwu
性别: 男
年龄: 19
籍贯: 河北
所在系部: 机电系
```

图 9-21　查询到的 student 表中数据

数据表中增加一条新的学生数据记录（学号：2021004，姓名为 zhangqiang，性别为男，年龄为 19，籍贯为重庆，所在系部为计算机系）。

在 Eclipse 中建立好 Java 程序项目，参照前文介绍的方式在 Java 程序项目中添加 MySQL 数据库驱动程序。在程序文件中输入如下程序代码。

```java
import java.sql.*;
public class InsertMySQL{
    public static void main(String[] args) throws Exception{
        Connection dbConn = null;
        //设置数据库的连接参数信息
        String driverName = "com.mysql.cj.jdbc.Driver";
        String dbURL = "jdbc:mysql://localhost:3306/university?serverTimezone=
GMT";
        String userName = "root";
        String userPWD = "123456";
        try{
            //加载数据库驱动程序
            Class.forName(driverName);
            //连接 MySQL 数据库和 university 数据库
            dbConn = DriverManager.getConnection(dbURL,userName,userPWD);
            System.out.println("连接数据库成功！");
            //执行 SQL 语句
            Statement stmt = dbConn.createStatement();
            int result = stmt.executeUpdate("insert into student(xuehao,name,sex,
age,jiguan,dept)"
            + " values('2021004','zhangqiang','男',19,'重庆','计算机系')");
            if(result > 0){
        System.out.println("数据增加成功!! ");
            }
            //显示表中的数据
            ResultSet rs = stmt.executeQuery("select * from student");
            while(rs.next()){
        System.out.println("-------------------------");
                System.out.println("学号: " + rs.getString(1));
                System.out.println("姓名: " + rs.getString(2));
                System.out.println("性别: " + rs.getString(3));
                System.out.println("年龄: " + rs.getInt(4));
                System.out.println("籍贯: " + rs.getString(5));
                System.out.println("所在系部: " + rs.getString(6));
            }
            //释放资源
            rs.close();
            stmt.close();
        }catch (Exception e){
            //异常处理
            System.out.println("出现异常: " + e);
        }finally{
```

```
        //关闭数据库连接
        if(dbConn!=null){
            dbConn.close();
        }
    }
  }
}
```

结合程序代码进行分析，如下。

使用 dbConn 连接对象创建 SQL 语句执行对象 stmt。使用语句执行对象 stmt 执行 insert 语句，如果返回值大于 0 则表示数据增加成功。程序运行结果如图 9-22 所示。

9.3.5　修改数据操作

当 Java 程序与 university 数据库建立连接后，就可以使用 JDBC 提供的 API 对数据库中的 student 数据表进行修改数据操作。JDBC 提供的 API 可以将标准的修改 SQL 语句 update 发送给 MySQL 数据库管理系统执行，将执行的修改结果返回给 Java 程序进行处理。

【例 9-4】建立 Java 程序，在 university 数据库的 student 数据表中修改学号为 2021004 的学生数据记录信息。将该数据记录中的年龄修改为 20，籍贯修改为广东。

在 Eclipse 中建立好 Java 程序项目，参照前文介绍的方式在 Java 程序项目中添加 MySQL 数据库驱动程序。在程序文件中输入如下程序代码。

图 9-22　在 student 表中增加新数据记录

```java
import java.sql.*;
public class UpdateMySQL{
    public static void main(String[] args) throws Exception{
        Connection dbConn = null;
        //设置数据库的连接参数信息
        String driverName = "com.mysql.cj.jdbc.Driver";
        String dbURL = "jdbc:mysql://localhost:3306/university?serverTimezone=
GMT";
        String userName = "root";
        String userPWD = "123456";
        try{
            //加载数据库驱动程序
            Class.forName(driverName);
            //连接数据库
            dbConn = DriverManager.getConnection(dbURL,userName,userPWD);
            System.out.println("连接数据库成功! ");
            //执行SQL语句
            Statement stmt = dbConn.createStatement();
            int result = stmt.executeUpdate("update student set "
```

```
            + "age=20,jiguan='广东' where xuehao='2021004'");
        if(result > 0){
System.out.println("数据修改成功!! ");
        }
        //显示表中的数据
        ResultSet rs = stmt.executeQuery("select * from student");
        while(rs.next()){
System.out.println("-------------------------");
            System.out.println("学号: " + rs.getString(1));
            System.out.println("姓名: " + rs.getString(2));
            System.out.println("性别: " + rs.getString(3));
            System.out.println("年龄: " + rs.getInt(4));
            System.out.println("籍贯: " + rs.getString(5));
            System.out.println("所在系部: " + rs.getString(6));
        }
        //释放资源
        rs.close();
        stmt.close();
    }catch (Exception e){
        //异常处理
        System.out.println("出现异常: " + e);
    }finally{
        //关闭数据库连接
        if(dbConn!=null){
            dbConn.close();
        }
    }
  }
}
```

结合程序代码进行分析，如下。

使用 dbConn 连接对象创建 SQL 语句执行对象 stmt。使用语句执行对象 stmt 执行 update 语句，如果返回值大于 0 则表示数据修改成功。程序运行结果如图 9-23 所示。

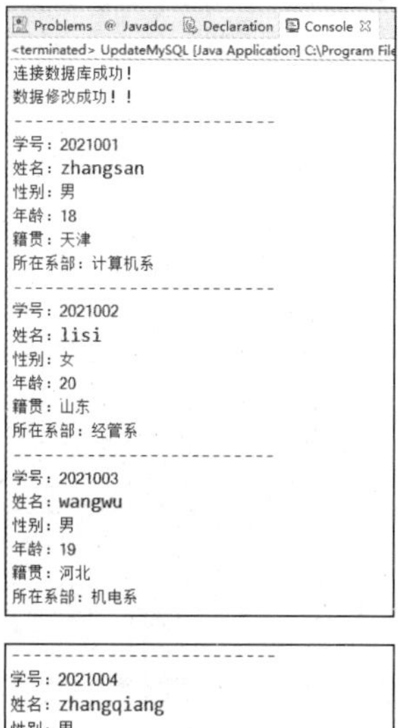

9.3.6　删除数据操作

当 Java 程序与 university 数据库建立连接后，就可以使用 JDBC 提供的 API 对数据库中的 student 数据表进行删除数据操作。JDBC 提供的 API 可以将标准的删除 SQL 语句 delete 发送给 MySQL 数据库管理系统执行，将执行的删除结果返回给 Java 程序进行处理。

【例 9-5】建立 Java 程序，在 university 数据库的 student 数据表中删除学号为 2021004 的学生数据记录信息。

在 Eclipse 中建立好 Java 程序项目，参照前文介绍的方式在 Java 程序项目中添加 MySQL 数据库驱动程序。在程序文件中输入如下程序代码。

```
 Problems  Javadoc  Declaration  Console 
<terminated> UpdateMySQL [Java Application] C:\Program File
连接数据库成功!
数据修改成功!!
-------------------------
学号: 2021001
姓名: zhangsan
性别: 男
年龄: 18
籍贯: 天津
所在系部: 计算机系
-------------------------
学号: 2021002
姓名: lisi
性别: 女
年龄: 20
籍贯: 山东
所在系部: 经管系
-------------------------
学号: 2021003
姓名: wangwu
性别: 男
年龄: 19
籍贯: 河北
所在系部: 机电系
```

```
-------------------------
学号: 2021004
姓名: zhangqiang
性别: 男
年龄: 20
籍贯: 广东
所在系部: 计算机系
```

图 9-23　修改 student 表中的数据记录

```java
import java.sql.*;
public class DeleteMySQL{
    public static void main(String[] args) throws Exception{
        Connection dbConn = null;
        //设置数据库的连接参数信息
        String driverName = "com.mysql.cj.jdbc.Driver";
        String dbURL = "jdbc:mysql://localhost:3306/university?serverTimezone=GMT";
        String userName = "root";
        String userPWD = "123456";
        try{
            //加载数据库驱动程序
            Class.forName(driverName);
            //连接数据库
            dbConn = DriverManager.getConnection(dbURL,userName,userPWD);
            System.out.println("连接数据库成功! ");
            //执行语句
        Statement stmt = dbConn.createStatement();
        int result = stmt.executeUpdate("delete from student where xuehao='2021004'");
            if(result > 0) {
        System.out.println("数据删除成功!! ");
            }
            //显示表中的数据
            ResultSet rs = stmt.executeQuery("select * from student");
            while(rs.next()){
        System.out.println("-------------------------");
                System.out.println("学号: " + rs.getString(1));
                System.out.println("姓名: " + rs.getString(2));
                System.out.println("性别: " + rs.getString(3));
                System.out.println("年龄: " + rs.getInt(4));
                System.out.println("籍贯: " + rs.getString(5));
                System.out.println("所在系部: " + rs.getString(6));
            }
            //释放资源
            rs.close();
            stmt.close();
        }catch (Exception e){
            //异常处理
            System.out.println("出现异常: " + e);
        }finally{
            //关闭数据库连接
            if(dbConn!=null){
                dbConn.close();
            }
        }
    }
}
```

结合程序代码进行分析，如下。

使用 dbConn 连接对象创建 SQL 语句执行对象 stmt。使用语句执行对象 stmt 执行 delete 语句，如果返回值大于 0 则表示数据删除成功。程序运行结果如图 9-24 所示。

Problems　Javadoc　Declaration　Console
<terminated> DeleteMySQL [Java Application] C:\Program File
连接数据库成功！
数据删除成功！！

学号：2021001
姓名：zhangsan
性别：男
年龄：18
籍贯：天津
所在系部：计算机系

学号：2021002
姓名：lisi
性别：女
年龄：20
籍贯：山东
所在系部：经管系

学号：2021003
姓名：wangwu
性别：男
年龄：19
籍贯：河北
所在系部：机电系

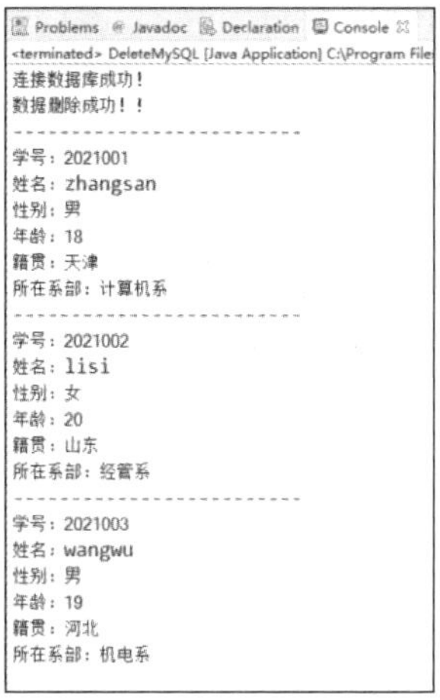

图 9-24　删除 student 表中的数据记录

任务 9.4　拓展实践任务

本任务通过一组拓展实践任务，将前文介绍的 Java 程序的基本语法和数据库开发的知识点结合起来进行应用。通过拓展实践环节，帮助读者强化相关知识点的实际应用能力，进一步熟练掌握 Java 数据库应用程序的编写。

拓展实践任务

9.4.1　数据排序功能的实现

在掌握了 JDBC 的数据库访问模型、连接数据库等知识点后，下面通过实践任务来检验一下大家对相关知识的灵活应用能力。

【实践任务 9-1】编写 Java 程序，按年龄的降序显示 university 数据库中 student 表的全部数据记录，结果如图 9-25 所示。

① 解题思路：实现与 university 数据库的连接；执行对 student 表按年龄降序排列的数据查询语句；显示查询到的数据结果；释放资源，关闭与数据库的连接。

② 参考代码。

```
import java.sql.*;
public class OrderMySQL{
    public static void main(String[] args) throws
Exception{
        Connection dbConn = null;
        //设置数据库的连接参数信息
        String driverName = "com.mysql.cj.jdbc.
Driver";
        String dbURL = "jdbc:mysql://localhost:
3306/university?serverTimezone=GMT";
```

连接数据库成功！
按年龄的降序显示表中数据：

学号：2021002
姓名：lisi
性别：女
年龄：20
籍贯：山东
所在系部：经管系

学号：2021003
姓名：wangwu
性别：男
年龄：19
籍贯：河北
所在系部：机电系

学号：2021001
姓名：zhangsan
性别：男
年龄：18
籍贯：天津
所在系部：计算机系

图 9-25　按年龄的降序显示表中数据

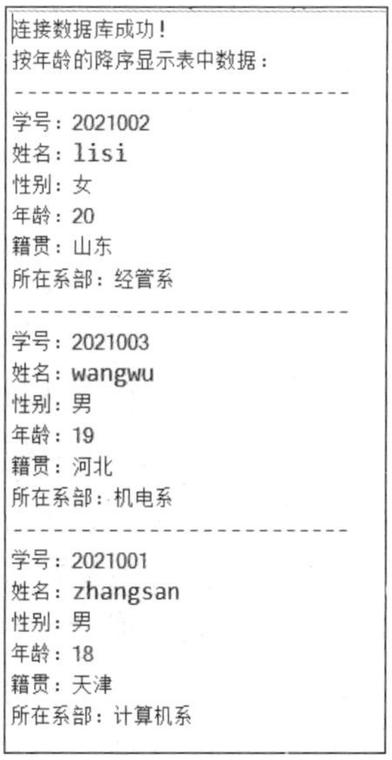

```java
        String userName = "root";
        String userPWD = "123456";
        try{
//加载数据库驱动程序
Class.forName(driverName);
//连接数据库
dbConn = DriverManager.getConnection(dbURL,userName,userPWD);
System.out.println("连接数据库成功！");
//执行 SQL 语句
    Statement stmt = dbConn.createStatement();
    ResultSet rs = stmt.executeQuery("select * from student order by age
DESC");
    System.out.println("按年龄的降序显示表中数据：");
    //显示表中的数据
    while(rs.next()){
System.out.println("--------------------------");
        System.out.println("学号： " + rs.getString(1));
        System.out.println("姓名： " + rs.getString(2));
        System.out.println("性别： " + rs.getString(3));
        System.out.println("年龄： " + rs.getInt(4));
        System.out.println("籍贯： " + rs.getString(5));
        System.out.println("所在系部： " + rs.getString(6));
    }
    //释放资源
    rs.close();
    stmt.close();
}catch(Exception e){
    //异常处理
    System.out.println("出现异常： " + e);
}finally{
    //关闭数据库连接
    if(dbConn!=null){
        dbConn.close();
    }
}
    }
}
```

9.4.2 按条件查询数据功能的实现

在掌握了 JDBC 常用的类和接口、Java 图形用户界面开发等知识点后，下面通过实践任务来检验一下大家对相关知识的灵活应用能力。

【实践任务 9-2】编写 Java 程序，按学号查询 university 数据库中 student 表的相关数据记录，结果如图 9-26 所示。

① 解题思路：实现与 university 数据库的连接；执行按学号精确查询 student 表中相关数据的语句；显示查询到的数据结果；释放资源，关闭与数据库的连接。

图 9-26　按学号查询表中的相关数据

② 参考代码。

```java
import java.sql.*;
import javax.swing.JOptionPane;
public class QueryMySQL{
    public static void main(String[] args) throws Exception{
        Connection dbConn = null;
        //设置数据库的连接参数信息
        String driverName = "com.mysql.cj.jdbc.Driver";
        String dbURL = "jdbc:mysql://localhost:3306/university?serverTimezone=GMT";
        String userName = "root";
        String userPWD = "123456";
        try{
            //加载数据库驱动程序
            Class.forName(driverName);
            //连接数据库
            dbConn = DriverManager.getConnection(dbURL,userName,userPWD);
            //输入要查询的条件
            String value = JOptionPane.showInputDialog("请输入学生的学号: ");
            //执行SQL语句
        Statement stmt = dbConn.createStatement();
        String sql = "select * from student where xuehao = '" + value + "'";
        ResultSet rs = stmt.executeQuery(sql);
        String result = "";
        while(rs.next()){
            result = result + "学号: " + rs.getString("xuehao") + "";
            result = result + "姓名: " + rs.getString("name") + "";
            result = result + "性别: " + rs.getString("sex") + "";
            result = result + "年龄: " + rs.getInt("age") + "";
            result = result + "籍贯: " + rs.getString("jiguan") + "";
            result = result + "所在系部: " + rs.getString("dept") + "\n";
        }
            //显示查询结果
            JOptionPane.showMessageDialog(null,"按条件查询的数据结果为: \n" + result);
            //释放资源
            rs.close();
            stmt.close();
        }catch (Exception e){
            //异常处理
```

205

```
            System.out.println("出现异常: " + e);
        }finally{
            //关闭数据库连接
            if(dbConn!=null){
                dbConn.close();
            }
        }
    }
}
```

9.4.3　模糊查询数据功能的实现

在掌握了 JDBC 中常用的数据库操作方法、Java 的图形化编程等知识点后，下面通过实践任务来检验一下大家对相关知识的灵活应用能力。

【实践任务9-3】编写 Java 程序，按学生所在系部查询 university 数据库中 student 表的相关数据记录，支持模糊查询条件的处理，结果如图 9-27 所示。

图 9-27　模糊条件查询表中的数据

① 解题思路：实现与 university 数据库的连接；执行按学生所在系部模糊查询 student 表中相关数据的语句；显示查询到的数据结果；释放资源，关闭与数据库的连接。

② 参考代码。

```
import java.sql.*;
import javax.swing.JOptionPane;
public class QueryMySQL2{
    public static void main(String[] args) throws Exception{
        Connection dbConn = null;
        //设置数据库的连接参数信息
        String driverName = "com.mysql.cj.jdbc.Driver";
        String dbURL = "jdbc:mysql://localhost:3306/university?serverTimezone=
GMT";
        String userName = "root";
        String userPWD = "123456";
        try{
            //加载数据库驱动程序
            Class.forName(driverName);
            //连接数据库
            dbConn = DriverManager.getConnection(dbURL,userName,userPWD);
            //输入要查询的条件
            String value = JOptionPane.showInputDialog("请输入学生所在的系: ");
            //执行 SQL 语句
            Statement stmt = dbConn.createStatement();
            String sql = "select * from student where dept like '%" + value + "%'";
            ResultSet rs = stmt.executeQuery(sql);
```

```
        String result = "";
        while(rs.next()){
            result = result + "学号: " + rs.getString("xuehao") + "";
            result = result + "姓名: " + rs.getString("name") + "";
            result = result + "性别: " + rs.getString("sex") + "";
            result = result + "年龄: " + rs.getInt("age") + "";
            result = result + "籍贯: " + rs.getString("jiguan") + "";
            result = result + "所在系部: " + rs.getString("dept") + "\n";
        }
        //显示查询结果
        JOptionPane.showMessageDialog(null,"按条件查询的数据结果为: \n" + result);
        //释放资源
        rs.close();
        stmt.close();
    }catch (Exception e){
        //异常处理
        System.out.println("出现异常: " + e);
    }finally{
        //关闭数据库连接
        if(dbConn!=null){
            dbConn.close();
        }
    }
}
}
```

项目小结

本项目首先讲解了 Java 语言的数据库访问技术 JDBC，包括 JDBC 技术的简介、JDBC 技术支持的数据访问模型以及 JDBC API 中的常用接口等；其次讲解了应用 JDBC 技术访问数据库的主要步骤，包括加载 JDBC 驱动程序、创建数据库连接、执行 SQL 语句以及断开与数据库的连接等；然后以 MySQL 数据库为例讲解了常见的数据库访问操作,包括连接 MySQL 数据库，应用 JDBC API 对 MySQL 数据库中的数据表进行查询、增加、修改和删除等常见数据操作；最后通过一组拓展实践任务，将前文介绍的知识点结合起来进行应用，帮助读者强化知识点的实际应用能力,进一步熟练掌握 Java 数据库开发程序的编写和集成开发工具的使用。

课后习题

1. 填空题

① 在 JDBC 中，对数据的查询结果是使用（   ）来进行保存处理的。

② SQL 查询语句中（   ）子句后面跟着查询条件，用于在一个查询中进行行的选择。

③ 常见的 JDBC 驱动程序有（   ）、（   ）、（   ）和（   ）。

④ JDBC 的主要任务是（   ）、（   ）、（   ）和（   ）。

⑤ 使用 Statement 对象的（　　）方法执行查询的 SQL 语句，使用（　　）方法执行更新的 SQL 语句。

2. 选择题

① 用于执行 SQL 语句并得到执行结果的是（　　）接口。

　　A. Driver　　　　　　B. Collection　　　　C. Statement　　　　D. ResultSet

② 负责管理 JDBC 驱动程序的是（　　）。

　　A. Driver　　　　　　B. Collection　　　　C. DriverManager　　D. ResultSet

③ 调用（　　）方法可以实现对数据库的更新操作。

　　A. execute()　　　　B. executeUpdate()　　C. executeQuery()　　D. executeDelete()

④ 使用 JDBC 连接 MySQL 8 数据库时，加载驱动程序的方法是（　　）。

　　A. Class.forName("sun.jdbc.odbc.JdbcOdbcDriver");

　　B. Class.forName("com.microsoft.jdbc.sqlserver.SQLServerDriver");

　　C. Class.forName("com.mysql.cj.jdbc.Driver");

　　D. Class.forName("Oracle.jdbc.driver.OracleDriver");

⑤ 在 Java 程序中使用 JDBC 访问数据库，需要导入（　　）包。

　　A. java.sql.*　　　　B. java.util.*　　　　C. javax.swing.*　　　D. java.awt.*

⑥ 在 JDBC 中，负责连接数据库的是（　　）接口。

　　A. Connection　　　　　　　　　　　　　B. Statement

　　C. Result　　　　　　　　　　　　　　　D. PreparedStatement

3. 判断题

① Connection 接口主要用于执行 SQL 语句并得到执行的结果。　　　　　　（　　）

② 调用 Statement 对象的 executeQuery()方法可以实现对数据库的更新操作。　（　　）

③ DriverManager 接口主要用于管理断开与数据库的连接。　　　　　　　　（　　）

④ ResultSet 接口主要用于保存查询到的数据结果集。　　　　　　　　　　（　　）

4. 简答题

① 简述 JDBC 主要的功能。

② JDBC API 包含哪些常用的接口？

③ 应用 JDBC 访问数据库需要哪些操作？

项目 ⑩ Java 程序的文件处理

文件是信息的存储和传输形式之一，也是信息处理的基本单位。它是由一个或多个文本文件、图片文件、音频文件等组成的，通过计算机读取和写入可以实现信息的传输和处理。那么使用 Java 语言可不可以操作文件呢？本项目就带领大家了解一下 Java 程序设计语言是如何操作文件的。本项目主要介绍如何运用 Java 语言进行文件的输入/输出操作，包括 Java 的输入/输出流、文件字节流和文件字符流、Java 的 File 类和 File 类的常用方法、文件的字节流 FileInputStream 类和 FileOutputStream 类、文件的字符流 FileReader 类和 FileWriter 类、文件的顺序访问和随机访问。

学习目标

知识目标：
1. 了解 Java 输入/输出流、文件字节流与文件字符流
2. 掌握 Java 的 File 类以及 File 类的常用方法的使用方法
3. 掌握文件输入字节流、文件输出字节流
4. 掌握文件输入字符流、文件输出字符流
5. 理解顺序访问文件
6. 理解随机访问文件

能力目标：
1. 能够使用 File 类的常用方法操作文件
2. 能够厘清文件字节流与文件字符流的概念
3. 能够使用文件字节流与文件字符流操作文件
4. 学会顺序访问文件以及随机访问文件

素养目标：
1. 培养具有主观能动性的学习能力
2. 培养使用 Java 程序熟练操作文件的能力

程序人生

众所周知，Java 是一门跨平台的语言，不同的操作系统有着完全不一样的文件系统和特性。JDK 会根据不同的操作系统（如 AIX、Linux、macOS、Solaris、UNIX、Windows 等）

编译成不同的版本。在 Java 语言中对文件的任何操作最终都是通过 Java 本地接口调用 C 语言函数实现的。Java 为了能够实现跨操作系统对文件进行操作，抽象了一个叫作 FileSystem 的对象，不同的操作系统只需要实现抽象出来的文件操作方法即可实现跨平台的文件操作。Java 语言提供了丰富的文件处理方法，这就要求我们熟练掌握文件相关的操作，只有把每一步都把握好，才能更好地解决开发过程中遇到的各种文件问题。

任务 10.1 文件处理简介

本任务的目标是理解 Java 程序的文件处理，主要包括 Java 程序中文件的概念、输入/输出流、字节流与字符流，以及 File 类中一些常用方法的使用。通过本任务的学习，读者可以对 Java 程序的文件处理有基本的了解，为后面文件处理的相关知识的学习奠定基础。

文件处理简介

10.1.1 文件概述

文件是最常见的数据源之一，在程序中经常需要将数据存储到文件中，也经常需要从指定的文件中读取数据。存储数据到文件时，程序员应根据需求对文件格式进行设计；读取已有的文件时，程序员也要熟悉对应的文件格式，以便把数据从文件中正确地读取出来。

文件的存储介质有很多，例如硬盘、光盘和 U 盘等，由于 I/O 类在设计时将从数据源转换为流对象的操作交由 API 实现，所以存储介质对程序员来说是透明的，和实际编写代码无关。

文件是计算机中一种基本的数据存储形式，在实际存储数据时，如果对于数据的读写速度要求不是很高，或存储的数据量不是很大，使用文件作为一种数据持久存储的方式是比较好的选择。

存储在文件中的数据和存储在内存中的数据不同，在文件中存储是一种"持久存储"，当程序退出或关闭计算机以后，数据仍存在；而存储在内存中的数据在程序退出或关闭计算机以后就会丢失。

在不同的存储介质中，文件中的数据都是以一定的顺序依次存储起来的，在实际读取时由硬件以及操作系统完成对数据的控制，保证程序读到的数据和存储的顺序保持一致。

每个文件以一个文件路径和文件名称进行表示，在需要访问该文件时，只需要知道该文件的路径以及文件的全名即可。在不同的操作系统下，文件路径的表示形式是不一样的，例如在 Windows 操作系统中，路径的表示形式一般为 C:\Windows\System，而在 UNIX 操作系统中，路径的表示形式则为/user/my。所以，如果需要让 Java 程序能够在不同的操作系统下运行，书写文件路径时需要加以注意。

1. 绝对路径和相对路径

绝对路径是指文件的完整路径，如 D:\java\Hello.java，其中包含文件的完整路径 D:\java 以及文件的全名 Hello.java。使用该路径可以唯一地找到一个文件，不会产生歧义。但是使用绝对路径表示文件受到的限制很大，且不能在不同的操作系统下运行，因为不同操作系统下绝对路径的表达形式不同。

相对路径是指文件的部分路径，如\test\Hello.java，其中只包含文件的部分路径\test 和文件的全名 Hello.java。部分路径是当前路径下的子路径，例如，当前程序在 D:\abc 下运行，则该文件的完整路径就是 D:\abc\test。使用相对路径可以更加通用地表示文件的位置，使得文件路径有一定的灵活性。

在 Eclipse 中运行程序时，当前路径是项目的根目录。例如，工作空间存储在 D:\javaproject 下，当前项目名称是 Test，则当前路径是 D:\javaproject\Test。在控制台下运行程序时，当前路径是 class 文件所在的目录，如果 class 文件包含包名，则以该 class 文件最顶层的包名作为当前路径。

此外，在 Java 语言的代码内部书写文件路径时，需要注意大小写应与目录名保持一致。"\"是 Java 语言中的特殊字符，书写时应特别注意。例如，"C:\test\java\Hello.java"需要书写成 "C:\\test\\java\\Hello.java" 或 "C:/test/java/Hello.java"。

2. 文件名称

文件名称一般采用"文件名.扩展名"的形式，其中文件名用来表示文件的作用，扩展名用来表示文件的类型。这是当前操作系统中常见的一种形式，如 readme.txt 文件，其中 readme 表示该文件是说明文件，txt 表示该文件是文本文件。操作系统会自动将特定格式的扩展名和对应的程序关联，在双击文件时使用特定的程序将其打开。

其实文件名称只是一个标识符，和实际存储的文件内容没有必然的联系，只是为了方便文件的使用。在程序中需要存储数据时，如果自己设计了特定的文件格式，则可以自定义文件的扩展名来标识文件类型。

和文件路径一样，在 Java 代码内部书写文件名称时也区分大小写，文件名称的大小写必须和操作系统中的大小写保持一致。而且，在书写文件名称时需要同时书写文件的扩展名。

10.1.2 输入/输出流概述

1. 输入/输出流

数据流是指所有的数据通信通道。例如，从键盘读取数据到程序中，这样就形成了一个数据通道，相当于将数据输入程序内部，这时，数据的起点是键盘，数据的终点是程序，在通道中流动的即程序所需要的数据。可见，数据从一个地方"流"向另一个地方，这种数据流动的通道称为数据流。

在程序中，输入和输出都是相对于当前程序而言的。程序在使用时，扮演了两种角色，一种角色是数据的提供者，即数据源；另一种角色是数据的使用者，即数据的目的地。如果程序是数据的提供者，它需要向外界提供数据，这种流称为输出流。如果程序是数据的使用者，它需要从外界读取数据，这种流称为输入流。例如，从键盘读取数据到程序中进行处理，即数据从外界流入程序，则在键盘和程序之间建立的就是输入流。

由于 Java 语言是一种面向对象的语言，因此在实现时，每个流类型都会使用专门的类表示，而把读或写该类型数据源的逻辑封装在类的内部。在开发人员实际使用时，创建对应的对象即可完成流的构造，后续的 I/O 操作只需要读或写流对象内部的数据即可。这样，I/O 操作对 Java 程序员来说就显得简单且易操作。

在 JDK API 中，基础的 I/O 类都位于 java.io 包中，而新实现的 I/O 类则位于 java.nio 包中。java.io 包中包括一系列的类来实现输入/输出处理。

在 Java 语言中，由于流是有方向的，可以将整个流的结构按照流的方向划分为两大类：输入流和输出流。而在实际实现时，在 java.io 包中又实现了两类流：字节流（byte stream）和字符流（char stream）。在字节流中，数据序列以字节为单位，即流中的数据按照一个字节一个字节的顺序形成流，因此该类流操作的基本单位是一个字节。在字符流中，数据序列以字符为单位，即流中的数据按照一个字符一个字符的顺序形成流，因此该类流操作的基本单位是一个字符。

2. 字节流

在 java.io 包中，字节流的输入流和输出流的基础类是 InputStream 和 OutputStream 两个抽象类，具体的输入或输出操作由这两个类的子类完成。

（1）字节输入流 InputStream 类

字节输入流需要按照字节形式构造读取数据的输入流的结构，每个该类的对象就是一个实际的输入流，在构造时由 API 完成将外部数据源转换为流对象的操作，这种转换对程序员来说是透明的，程序员只需要在程序中读取该流对象，就可以完成对外部数据的读取了。

InputStream 类是一个抽象类，是所有字节输入流的父类，其子类包括 FileInputStream、ByteArrayInputStream、PipedInputStream、SequenceInputStream、StringBufferInputStream、FilterInputStream、DataInputStream、LineNumberInputStream、BufferedInputStream、PushbackInputStream。根据输入数据的不同形式，可创建适当的 InputStream 的子类对象来完成输入。由于 InputStream 是所有字节输入流的父类，因此在 InputStream 类中包含的每个方法都会被所有字节输入流类继承。读取以及操作数据的基本方法都声明在 InputStream 类内部，每个子类可以根据需求覆盖对应的方法，这样的设计可以保证在实际使用时，每个字节输入流子类开放给程序员使用的功能方法是一致的，有利于简化 I/O 类学习的难度，方便开发者进行实际的编程。

InputStream 类常用的方法如下。

首先，常用的读数据的方法有以下几个。

① int read()：该方法是输入流类核心的方法。其作用是读取当前流对象中的第一个字节，该字节被读取出来以后，将被从流对象中删除，原来流对象中的第二个字节将变成第一个字节，而使用流对象的 available() 方法获得的数值也将减少 1。如果需要读取流中的所有数据，只要使用循环依次读取每个数据即可。当读取到流的末尾时，该方法返回-1。

② int read(byte[] b)：读取当前流对象中的字节，并将读取到的数据依次存储到数组 b（b 需要提前初始化完成）中，也就是把当前流中的第一个字节存储到 b[0] 中，第二个字节存储到 b[1] 中，依此类推。流中已经读取过的数据也会被删除，后续的数据会变成流中的第一个字节。实际读取的字节数量则作为方法的返回值返回。

③ int read(byte[] b,int off,int len)：将读取的字节存储到 b 中，读取中的第一个字节存储到 b[off] 中，第二个字节存储到 b[off+1] 中，以此类推，最多读取 len 个字节，实际读取的字节数量作为方法的返回值返回。

④ int available()：返回当前流对象中还没有被读取的字节数量，也就是获得流中数据的长度。假设初始情况下流内部包含 100 个字节，程序调用对应的方法读取了一个字节，则当前流中剩余的字节数量将变成 99。另外，该方法不是在所有字节输入流内部都能得到正确的实现，所以使用该方法获得流中数据的个数是不可靠的。

⑤ long skip(long n)：跳过当前流对象中的 n 个字节，实际跳过的字节数量作为方法的返回值返回。跳过 n 个字节以后，如果需要读取就会从新的位置开始读取。使用该方法可以跳过流中指定的字节数，而不用依次进行读取。

其次，常用的标记和关闭流的方法有以下几个。

① void mark(int readlimit)：为流中当前的位置设置标志，使得以后可以从该位置继续读取。变量 readlimit 指设置该标志以后可以读取的流中最大数据的个数。设置标志以后，若读取的字节数量超过该限制，则标志会失效。

② void reset()：重置输入流的读取位置为方法 mark() 所标记的位置。

③ boolean markSupported()：判断流是否支持标记。标记类似于书签，可以很方便地回到原来读过的位置继续向下读取。

④ void close()：关闭当前流对象，并释放该流对象占用的资源，这样既可以保证数据源的安全，也可以减少内存的占用。

由于 InputStream 类是字节输入流的父类，因此 InputStream 类的所有子类都包含以上的方法，这些方法是实现 I/O 流数据读取的基础。

（2）字节输出流 OutputStream 类

OutputStream 类是所有字节输出流的父类，在实际使用时，一般使用该类的子类进行编程，但是该类内部的方法是实现字节输出流的基础。OutputStream 类的子类包括 FileOutputStream、ByteArrayOutputStream、PipedOutputStream、SequenceOutputStream、ObjectOutputStream、FilterOutputStream、DataOutputStream、BufferedOutputStream、PrintStream。这些子类继承了 OutputStream 类的方法。其中常用的方法如下。

常用的输出数据的方法有以下几个。

① void write(int b)：该方法是输出流类的核心方法，其作用是向流的末尾写入一个字节，写入的字节为参数 b 的最后一个字节。在实际向流中写数据时，需要按照顺序进行写入，在 OutputStream 的子类内部进行实现。

② void write(byte[] b)：将数组 b 中的数据依次写入当前的流对象中。

③ void write(byte[] b, int off, intlen)：将数组 b 中从下标 off（包含）开始的 len 个字节依次写入流对象中。

常用的刷新和关闭流的方法有以下几个。

① void flush()：刷新输出流，强制输出当前流对象中的缓冲数据，可以实现立即输出。

② void close()：关闭输出流，释放流占用的资源，也可以由虚拟机在对流对象进行垃圾收集时隐式地关闭输出流。

3. 字符流

在 java.io 包中，字符流的输入流和输出流的基础类分别为 Reader 和 Writer 这两个抽象类，具体的输入或输出操作由这两个类的子类完成。

（1）字符输入流 Reader 类

字符输入流体系是对字节输入流体系的升级，在子类的功能上基本和字节输入流体系保持一一对应，但是由于内部设计方式的不同，使得字符输入流体系中的类的执行效率要比字节输入流体系中对应的类的执行效率高一些。在遇到实现类似功能的类时，可以优先选择使用字符输入流体系中的类，从而提高程序的执行效率。

Reader 类是所有字符输入流的父类，根据需要输入的数据类型的不同，可以创建适当的 Reader 类的子类对象来完成输入操作。Reader 类的子类包括 BufferedReader、LineNumberReader、CharArrayReader、FilterReader、InputStreamReader、FileReader、PipedReader、StringReader。

Reader 体系中的类和 InputStream 体系中的类在功能上是类似的，最大的区别就是 Reader

体系中的类读取数据的单位是字符，也就是每次最少读入一个字符（两个字节）的数据，Reader 体系中读数据的方法都以字符作为基本的操作单位。

Reader 类和 InputStream 类中的很多方法在声明和功能上都是类似的，但是 Reader 类中增加了如下两个读取数据的方法。

① int read(char[] ch)：读取当前流对象中的字符，并将读取到的数据依次存储到数组 ch 中，也就是把当前流中的第一个字符存储到 ch[0]中，第二个字符存储到 ch[1]中，依此类推。

② int read(char[] ch, int off, int len)：读取 len 个字符，将第一个字符存储到 ch[off]中，第二个字符存储到 ch[off+1]中，以此类推。

（2）字符输出流 Writer 类

字符输出流体系是对字节输出流体系的升级，在子类的功能实现上基本和字节输出流体系保持一一对应，但是由于内部设计方式的不同，使得字符输出流体系中的类的执行效率要比字节输出流体系中对应的类的执行效率高一些。在遇到实现类似功能的类时，可以优先选择使用字符输出流体系中的类，从而提高程序的执行效率。

Writer 类是所有字符输出流的父类，根据需要输出的数据类型的不同，可以创建适当的 Writer 类的子类对象来完成输出操作。Writer 类的子类包括 BufferedWriter、CharArrayWriter、FilteWriter、OutputStreamReader、FileWriter、PipedWriter、StringWriter、PrintWriter。

Writer 体系中的类和 OutputStream 体系中的类在功能上是类似的，最大的区别就是 Writer 体系中的类写入数据的单位是字符，也就是每次最少写入一个字符（两个字节）的数据，Writer 体系中写数据的方法都以字符作为基本的操作单位。

Writer 类和 OutputStream 类中的很多方法在声明和功能上都是类似的，但是 Writer 类中增加了如下两个输出数据的方法。

① void write(String str)：将字符串 str 写入流中，写入时首先将 str 使用 getChars()方法转换成对应的字符数组，然后依次写入流的末尾。

② void write(String str, int off, int len)：将字符串 str 中从下标 off（包含）开始的 len 个字符写入输出流中。

10.1.3 File 类的使用

1. File 类

为了方便地表示文件的概念，以及存储关于文件的一些基本操作，在 java.io 包中设计了一个专门的类——File 类。

File 类中包含大部分和文件操作相关的方法。该类的对象可以表示一个具体的文件或文件夹，所以曾有人建议将该类的名称修改成 FilePath，因为该类也可以表示一个文件夹，更准确地说是可以表示一个文件路径。File 类的对象可以表示一个具体的文件路径，可以是绝对路径，也可以是相对路径。创建文件对象的方法如下。

```
public File(String pathname);
```

其中，pathname 为文件的路径。

例如：

```
File f1 = new File("D:\\test\\1.txt");
File f2 = new File("1.txt");
File f3 = new File("E:\\abc");
```

上例中的 f1 和 f2 对象分别表示一个文件，f1 使用的是绝对路径，而 f2 使用的是相对路径；f3 则表示一个文件夹，文件夹也是文件路径的一种。

创建文件对象也可以使用如下方法。

```
public File(String parent, String child);
```

即使用父路径和子路径的结合来表示文件路径。例如：

```
File f4 = new File("D:\\test\\","1.txt");
```

实际上，f4 对象表示的文件路径是 D:\test\1.txt。

2．File 类的常用方法

File 类中包含很多获得文件或文件夹属性的方法，使用起来比较方便，下面将介绍几种常见的方法。

（1）createNewFile()方法

该方法的作用是创建指定的文件。该方法只能用于创建文件，不能用于创建文件夹，且文件路径中包含的文件夹必须存在。声明该方法的语法格式如下。

```
public boolean createNewFile() throws IOException;
```

（2）delete()方法

该方法的作用是删除当前文件或文件夹。如果删除的是文件夹，则该文件夹必须为空。如果需要删除一个非空的文件夹，则需要首先删除该文件夹内部的每个文件和文件夹，然后才可以删除，这需要通过编写一定的逻辑代码来实现。声明该方法的语法格式如下。

```
public boolean delete();
```

（3）exists()方法

该方法的作用是判断当前文件或文件夹是否存在。声明该方法的语法格式如下。

```
public boolean exists();
```

（4）getAbsolutePath()方法

该方法的作用是获得当前文件或文件夹的绝对路径。声明该方法的语法格式如下。

```
public String getAbsolutePath();
```

（5）getName()方法

该方法的作用是获得当前文件或文件夹的名称。声明该方法的语法格式如下。

```
public String getName();
```

（6）getParent()方法

该方法的作用是获得当前路径中的父路径。声明该方法的语法格式如下。

```
public String getParent();
```

（7）isDirectory()方法

该方法的作用是判断当前 File 对象是否为目录。声明该方法的语法格式如下。

```
public boolean isDirectory();
```

（8）isFile()方法

该方法的作用是判断当前 File 对象是否为文件。声明该方法的语法格式如下。

```
public boolean isFile();
```

（9）length()方法

该方法的作用是返回文件存储时占用的字节数。该方法获得的是文件的实际大小，而不是文件在存储时占用的空间数。声明该方法的语法格式如下。

```
public long length();
```
（10）list()方法

该方法的作用是返回当前文件夹下所有的文件名和文件夹名。这里需要说明的是，该名称不是绝对路径。声明该方法的语法格式如下。

```
public String[] list();
```
（11）listFiles()方法

该方法的作用是返回当前文件夹下所有的文件名称。声明该方法的语法格式如下。

```
public File[] listFiles();
```
（12）mkdir()方法

该方法的作用是创建当前文件夹，而不是创建该路径中的其他文件夹。假设 D 盘下只有一个 test 文件夹，则创建 D:\test\abc 文件夹可以成功，而使用 mkdir()方法创建 D:\a\b 文件夹则会失败，因为该路径中 D:\a 文件夹不存在。如果创建成功则返回 true，否则返回 false。声明该方法的语法格式如下。

```
public boolean mkdir();
```
（13）mkdirs()方法

该方法的作用是创建文件夹，如果当前路径中包含的父目录不存在，会自动根据需求创建。声明该方法的语法格式如下。

```
public boolean mkdirs();
```
（14）renameTo()方法

该方法的作用是修改文件名。修改文件名时不能改变文件路径，如果路径下已有具有相同文件名的文件，则会修改失败。声明该方法的语法格式如下。

```
public boolean renameTo(File dest);
```
（15）setReadOnly()方法

该方法的作用是设置当前文件或文件夹为只读。声明该方法的语法格式如下。

```
public boolean setReadOnly();
```
【例 10-1】File 类的常用方法。

```
import java.io.File;
/*
 * File 类使用示例
 */
public class FileDemo{
    public static void main(String[] args){
        //创建 File 对象
        File f1 = new File("d:\\test");
        File f2 = new File("1.txt");
        File f3 = new File("e:\\file.txt");
        File f4 = new File("d:\\", "1.txt");
        //创建文件
        try{
            boolean b = f3.createNewFile();
        }catch(Exception e){
            e.printStackTrace();
        }
```

```
    //判断文件是否存在
    System.out.println(f4.exists());
    //获得文件的绝对路径
    System.out.println(f3.getAbsolutePath());
    //获得文件名
    System.out.println(f3.getName());
    //获得父路径
    System.out.println(f3.getParent());
    //判断是否为目录
    System.out.println(f1.isDirectory());
    //判断是否为文件
    System.out.println(f3.isFile());
    //获得文件长度
    System.out.println(f3.length());
    //获得当前文件夹下所有文件和文件夹名称
    String[] s = f1.list();
    for(int i = 0;i <s.length; i++){
        System.out.println(s[i]);
    }
    //获得当前文件夹下所有文件名称
    File[] f5 = f1.listFiles();
    for(int i = 0;i < f5.length; i++){
        System.out.println(f5[i]);
    }
    //创建文件夹
    File f6 = new File("e:\\test\\abc");
    boolean b1 = f6.mkdir();
    System.out.println(b1);
    b1 = f6.mkdirs();
    System.out.println(b1);
    //修改文件名
    File f7 = new File("e:\\a.txt");
    boolean b2 = f3.renameTo(f7);
    System.out.println(b2);
    //设置文件为只读
    f7.setReadOnly();
    }
}
```

运行上述程序，结果如图 10-1 所示。

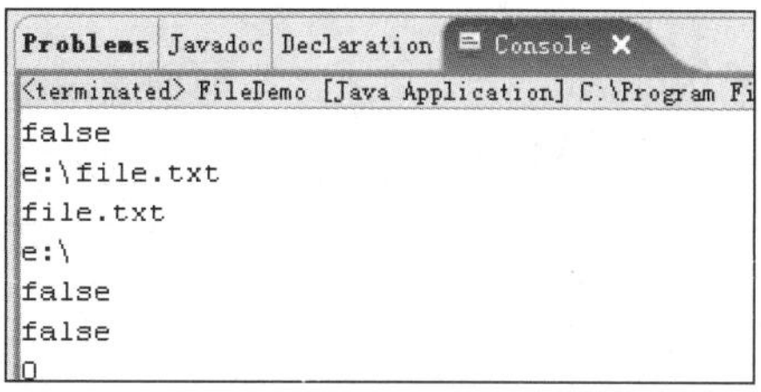

图 10-1 File 类的常用方法程序运行结果

文件的输入/输出
处理

任务 10.2　文件的输入/输出处理

本任务的目标是掌握文件的输入/输出处理，主要包括文件输入字节流及文件输出字节流、文件输入字符流及文件输出字符流、顺序访问文件和随机访问文件，为日后使用 Java 程序处理文件的输入/输出操作奠定坚实的基础。

10.2.1　文件字节流

文件输入/输出字节流指的是 FileInputStream 类和 FileOutputStream 类，它们分别继承了 InputStream 类和 OutputStream 类，用来对文件进行处理，使用它们所提供的方法可以打开本地主机上的文件，并进行顺序的输入/输出。

1．FileInputStream 类

FileInputStream 类用来创建磁盘文件的输入流对象，它提供了以字节方式顺序读取一个已经存在的文件数据的方法。可以使用文件名、文件对象或文件描述符创建文件输入字节流对象，通过 FileInputStream 类的构造方法来指定文件路径和文件名。

（1）构造方法

FileInputStream 类有两个构造方法如下。

① FileInputStream(String name)：使用指定的路径和文件名 name 创建流对象。例如：

```
FileInputStream fis = new FileInputStream("E:/filein.txt");
```

② FileInputStream(File file)：使用文件对象 file 创建流对象。例如：

```
FileInputStream fis2 = new FileInputStream(fis);
```

（2）读取文件数据

使用 FileInputStream 类的构造方法可以创建流对象，并且在程序和对应文件之间建立一个通道，打开相应的文件，就可以使用该对象的方法从文件里读取数据。由于 FileInputStream 类是 InputStream 类的子类，因此它也继承了 InputStream 类的以下几个 read()方法，用于读取字节信息。

① int read()：从输入流中读取一个字节，返回值为此字节的 ASCII 值。如果没有输入可用，则此方法将阻塞。如果已到达文件末尾，则返回-1。

② int read(byte[] b)：从输入流中读取数据，写入字节数组 b 中，最多读取 b.length 个字节，并返回读入缓冲区的字节总数。如果已到达文件末尾，则返回-1。

③ int read(byte[] b, int off, int len)：从输入流中读取数据，从字节数组 b 的元素 b[off]开始写入读取到的数据，最多读取 len 个字节，并返回读取的字节数。如果已到达文件末尾，则返回-1。

（3）关闭文件输入流

数据读取完毕后，可以使用两种方法关闭流。一种是使用继承 InputStream 类的 close()方法，显式地关闭流对象；另一种是使用自动垃圾收集系统隐式地关闭流对象，自动进行资源的回收。

2．FileOutputStream 类

FileOutputStream 类用来创建磁盘文件的输出流对象，它提供了创建文件并顺序向文件写

入数据的方法。可以使用文件名或文件对象创建文件输出字节流对象,如果指定的文件不存在,则自动创建一个新文件;如果指定的文件已经存在,那么这个文件中原来的内容将被覆盖。通过 FileOutputStream 类的构造方法可以指定文件路径和文件名。

(1)构造方法

FileOutputStream 类有两个构造方法,如下。

① FileOutputStream(String name):使用指定的路径和文件名 name 创建流对象。例如:

```
FileOutputStream fos = new FileOutputStream("E:/fileout.txt");
```

② FileOutputStream(File file):使用文件对象 file 创建流对象。例如:

```
File newFile = new File("E:/fileout.txt");
FileOutputStream fos = new FileOutputStream(newFile);
```

(2)向文件写入数据

由于 FileOutputStream 类是 OutputStream 类的子类,因此它也继承了 OutputStream 类的以下几个 write()方法,用于向文件写入数据。

① void write(int b):向输出流中写入一个值为 b 的字节,实际写入的是 b 的低 8 位,其余的 24 位被忽略。

② void write(byte[] b):向输出流中写入一个字节数组 b。

③ void write(byte[] b,int off,int len):把字节数组 b 从 b[off]开始的 len 个字节写入输出流中,当 off 为 0、len 为 b.length 时,结果同 void write(byte[] b)。

3. FileInputStream 类和 FileOutputStream 类的实例

需要说明的是,我们所说的输入和输出的概念都是相对于应用程序而言的,而不是相对于文件而言的。因此,在实际使用 FileInputStream 类和 FileOutputStream 类时,应该创建一个输入类来读取文件 A 的内容,然后创建一个输出类来将这些内容输出到文件 B 中,如图 10-2 所示。

图 10-2 文件的输入/输出流

下面我们通过案例来具体熟悉 FileInputStream 类和 FileOutputStream 类的使用方法。

【例 10-2】用 FileOutputStream 类向文件中写入一串字符,然后用 FileInputStream 类读出写入的内容。

```
//FileStream.java
import java.io.*;
public class FileStream{
    public static void main(String[] args) throws Exception {
        //创建 FileOutputStream 对象
        FileOutputStream out = new FileOutputStream("hello.txt");
        //把字符串转化为字节数组并写入流中
        out.write("www.sina.com.cn".getBytes());
        //关闭输出流
```

```
        out.close();
        byte[] buf = new byte[1024];
        File f = new File("hello.txt");
        //创建 FileInputStream 对象
        FileInputStream in = new FileInputStream(f);
        //读取内容到字节数组中
        intlen = in.read(buf);
        //String()构造方法把字节数组转化为字符串
        System.out.println(new String(buf, 0, len));
        //关闭输入流
        in.close();
    }
}
```

运行上述程序，结果如图 10-3 所示。

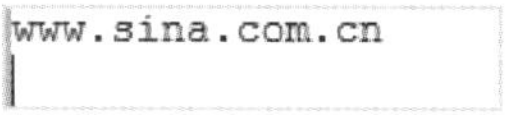

```
www.sina.com.cn
```

10.2.2　文件字符流

图 10-3　例 10-2 程序运行结果

FileReader 类和 FileWriter 类分别是 InputStreamReader 类和 OutputStreamWriter 类的子类，利用它们可以方便地对文件进行字符输入/输出处理。

1. FileReader 类

FileReader 类是文件输入字符流类，用于以字符方式顺序读取一个已经存在的文件数据，通过它的构造方法可以指定文件路径和文件名。

（1）构造方法

FileReader 类有两个构造方法，如下。

① FileReader(String fileName)：使用字符串 fileName 表示的文件构造一个文件输入流对象。例如：

```
FileReader fr = new FileReader("E:/fr.txt");
```

② FileReader(File file)：使用 File 对象表示的文件构造一个文件输入流对象。例如：

```
FileReader fr2 = new FileReader(fr);
```

（2）一般用法

FileReader 类的一般用法如下。

```
FileReader fr = new FileReader("fileread.txt");
char[] buffer = new char[1024];
int ch = 0;
while((ch = fr.read())!=-1){
  System.out.print((char)ch);
}
```

2. FileWriter 类

FileWriter 类是文件输出字符流类，它继承了 OutputStream 类的构造方法，主要有以下 3 个。

① FileWriter(String fileName)：使用字符串 fileName 表示的文件构造一个文件输出流对象。例如：

```
FileWriterfw = new FileWriter ("E:/fw.txt");
```

② FileWriter(File file)：使用 File 对象表示的文件构造一个文件输出流对象。例如：

```
FileWriter fw2 = new FileWriter (fw);
```

③ FileWriter(String filename, boolean append)：append 可以取值为 true 或 false，当 append 为 true 时，可以向输出流中添加数据；当 append 为 false 时，不可以向输出流中添加数据。

【例 10-3】使用 FileWriter 类向文件中写入数据。

```
importjava.io.FileWriter;
importjava.io.IOException;
public class FileWriterTest {
    public static void main(String []args) {
        FileWriterfw;
        String s = "How do you do!";
        try {
            fw = new FileWriter("test.txt");
            String code = fw.getEncoding();
            System.out.println(s);
            System.out.println(code);
            fw.write(s);
            fw.write(code);
            fw.close();
        } catch (IOException e) {


        }
    }
}
```

运行上述程序，结果如图 10-4 所示。

```
How do you do!
GBK
```

图 10-4　例 10-3 程序运行结果

3. FileReader 类和 FileWriter 类的实例

【例 10-4】使用 FileReader 类和 FileWriter 类将文件 test.txt 中的内容复制到 output.txt 文件中。

```
importjava.io.File;
importjava.io.FileReader;
importjava.io.FileWriter;
importjava.io.IOException;
public class CopyChars {
    /*
     * 将文件 test.txt 中的内容复制到 output.txt 文件中
     */
    public static void main(String[] args) throws IOException {
        //使用 File 类找到一个文件，如果没有就创建该文件
        File inputFile = new File("E:\\test.txt");
        File outputFile = new File("E:\\output.txt");
        //创建文件字符输入流和文件字符输出流对象
        FileReader in = new FileReader(inputFile);
        FileWriter out = new FileWriter(outputFile);
        int c;
        //从 test.txt 文件中读取内容到 output.txt 文件中
        while ((c=in.read())!=-1) {
            out.write(c);
        }
        in.close();//关闭输入流
```

```
        out.close();//关闭输出流
    }
}
```

test.txt 文件中的内容为 "adsfghjkll;qwertyuiop"。运行程
序，output.txt 文件中的内容如图 10-5 所示。

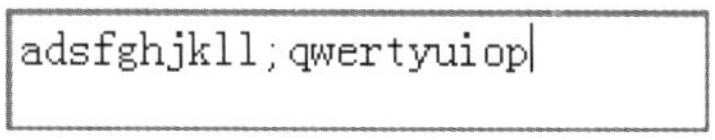

adsfghjkll;qwertyuiop

图 10-5　例 10-4 程序运行结果

10.2.3　顺序访问文件

在进行输入/输出操作时，经常需要对文件进行顺序访问。对文件进行顺序访问时一般包
括以下几个步骤。

① 使用引入语句导入 java.io 包。

```
import.java.io.*;
```

② 根据不同的数据源和输入/输出任务，建立相应的文件字节流（FileInputStream 类和
FileOutputStream 类）或字符流（FileReader 类和 FileWriter 类）对象。

③ 若需要对字节流或字符流信息进行组织加工，应该在已建立的字节流或字符流对象
的基础上构建过滤流对象。

④ 使用输入/输出流对象的相应成员方法进行读写操作，需要时可以设置读写的位置指针。

⑤ 关闭流对象。

【例 10-5】对文件 test.txt 中的内容进行区分，把数字和字符分开进行保存，字符写入
output1.txt 中，数字写入 output2.txt 中，并在屏幕上显示 "区分并保存成功！"。

```java
import java.io.File;
import java.io.FileInputStream;
import java.io.FileOutputStream;
public class FileStreamTest {
    public static void main(String[] args) throws Exception {
        File inputFile = new File("d:\\test.txt");
        File outputFile1 = new File("d:\\output1.txt");
        File outputFile2 = new File("d:\\output2.txt");
        //创建文件字节输入流和文件字节输出流对象
        FileInputStream in = new FileInputStream(inputFile);
        FileOutputStream out1 = new FileOutputStream(outputFile1);
        FileOutputStream out2 = new FileOutputStream(outputFile2);
        byte[] b = new byte[1024 * 10];
        int count;
        while((count=in.read(b, 0, 1024))!=-1){
            for(int i=0; i<count; i++){
                if(Character.isLetter((char)b[i])){
                    out1.write(b[i]);
                }
                else{
                    out2.write(b[i]);
                }
            }
        }
        System.out.println("区分并保存成功！");
    }
}
```

在 D 盘 test.txt 文件中输入如下内容，如图 10-6 所示。

运行上述程序后，结果如图 10-7 所示。D 盘 output1.txt 文件及 output2.txt 文件中的结果分别如图 10-8 和图 10-9 所示。

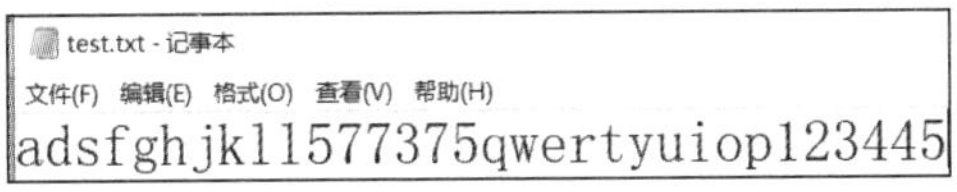

图 10-6　D 盘 test.txt 文件中的内容

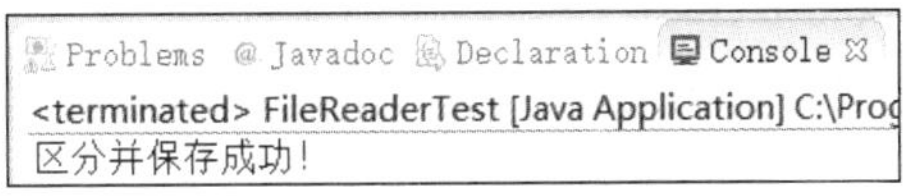

图 10-7　例 10-5 程序运行结果

图 10-8　D 盘 output1.txt 文件中的结果

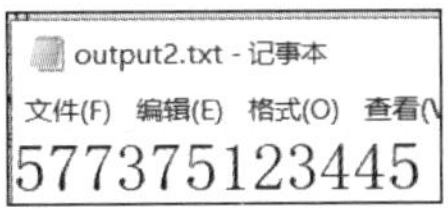

图 10-9　D 盘 output2.txt 文件中的结果

【例 10-6】针对例 10-5 的要求，编写使用字符流顺序访问文件的主要代码。

```java
import java.io.File;
import java.io.FileReader;
import java.io.FileWriter;
public class FileReaderTest {
    public static void main(String[] args) throws Exception {
        File inputFile = new File("d:\\test.txt");
        File outputFile1 = new File("d:\\output1.txt");
        File outputFile2 = new File("d:\\output2.txt");
        //创建文件字符输入流和文件字符输出流对象
        FileReader r = new FileReader(inputFile);
        FileWriter w1 = new FileWriter(outputFile1);
        FileWriter w2 = new FileWriter(outputFile2);
        char[] c = new char[1024 * 10];
        int count;
        while((count=r.read(c, 0, 1024))!=-1){
            for(int i=0; i<count; i++){
                if(Character.isLetter((char)c[i])){
                    w1.write(c[i]);
                }
                else{
                    w2.write(c[i]);
                }
            }
        }
        w1.close();
        w2.close();
        System.out.println("区分并保存成功! ");
    }
}
```

此程序的运行结果和例 10-5 中程序的运行结果是一样的，在屏幕上输出"区分并保存成功!"。

10.2.4　随机访问文件

在访问文件时，不一定必须按照从文件的头部到尾部的顺序进行读写，应该可以将文本文件作为一个类似于数据库式的文件，读完一个记录后可以跳转到另一个记录，这些记录不一定是相连的，或者允许对文件进行又读又写的操作。

Java 语言允许对文件进行随机访问，这种随机访问是通过 RandomAccessFile 类来完成的。RandomAccessFile 类使用 seek()方法从文件中的一个记录移动到下一个记录进行读或者写，而不需要知道文件中总共有多少个记录。它不需要把所有的记录全部装进内存再进行读写，对访问大文件来说，这是一种高效的选择。

（1）构造方法

RandomAccessFile 类有两种构造方法来创建对应的文件，分别为 RandomAccessFile(File file,String mode)和 RandomAccessFile(String name,String mode)。

① RandomAccessFile(File file,String mode)：使用文件对象 file 和访问文件的方式 mode 创建随机访问文件对象。

② RandomAccessFile(String name,String mode)：使用文件绝对路径 name 和访问文件的方式 mode 创建随机访问文件对象。其中，mode 为访问文件的方式，有 r 和 rw 两种形式。如果为 r，则表示文件只能读，对这个对象的任何写操作都将抛出 IOException 异常。如果为 rw 并且文件已经存在，则表示可以对文件进行读写操作；如果文件不存在，则将创建文件。如果 name 为目录名，程序也将抛出 IOException 异常。

（2）读写方法

RandomAccessFile 类常用的读写方法有如下几个。

① void close()：关闭此随机访问文件流并释放与该流关联的所有系统资源。

② int read()：从此文件中读取一个字节。

③ int read(byte[] b)：将最多 b.length 个字节从此文件读入字节数组 b。

④ int read(byte[] b, int off, int len)：将最多 len 个字节从此文件读入字节数组 b，并从 b[off]开始。

⑤ void seek(long pos)：将文件指针定位到 pos 的位置，在该位置发生下一个读或写操作。

⑥ void write(byte[] b)：从当前文件指针开始，将 b.length 个字节从指定字节数组 b 写入此文件。

⑦ void write(byte[] b, int off, int len)：将 len 个字节写入此文件。

⑧ void write(int b)；向此文件写入指定的字节。

【例 10-7】使用 RandomAccessFile 类随机访问文件。

```java
importjava.io.RandomAccessFile;
public class RandomAccessTest {
    public static void main(String[] args) throws Exception {
        //以读写方式建立类的实例
        RandomAccessFile access = new RandomAccessFile("D:\\a.txt", "rw");
        access.writeBytes("Hello World!");  //写入数据
        access.writeBytes("\r\n");              //写入行结束符号
        access.writeUTF("hehehehe");           //以 UTF-8 形式写入数据
        access.close();
        access = new RandomAccessFile("D:\\a.txt", "rw");
        String context = access.readLine();//读取数据
        access.close();
```

```
        System.out.println(context);
    }
}
```

运行上述程序后，结果如图 10-10 所示。D 盘 a.txt 文件中的内容，如图 10-11 所示。

图 10-10 例 10-7 程序运行内容

图 10-11 D 盘 a.txt 文件中的内容

任务 10.3 拓展实践任务

本任务包含两个拓展实践任务，即用户磁盘文件的保存和用户磁盘文件的读取，通过这两个拓展实践任务，将前文介绍的关于文件的相关知识点联系起来，进一步强化读者对文件处理操作的掌握。

拓展实践任务

10.3.1 用户磁盘文件的保存

在学习了 Java 程序的文件处理操作之后，下面通过实践任务来考核一下大家对文件处理相关知识点的掌握情况。

【实践任务 10-1】编写 Java 控制台程序，实现用户磁盘文件的保存操作。最终文件中的内容如图 10-12 所示。

① 解题思路：首先通过 File 类创建一个 File 类的文件对象，即需要写入并保存的文件，然后将文件写入文件输出流中，再将文件写入输出流 OutputStreamWriter，最后将输出流文件写入缓冲流 BufferWriter 中再写入文件，最后关闭资源。

图 10-12 用户磁盘文件的保存结果

② 参考代码。

```
importjava.io.BufferedWriter;
importjava.io.File;
importjava.io.FileNotFoundException;
importjava.io.FileOutputStream;
importjava.io.IOException;
importjava.io.OutputStreamWriter;
importjava.io.UnsupportedEncodingException;
public class SaveFile{
    public static void main(String[] args) {
        try {
            //要保存的文件位置
            File file2=new File("D:/result.txt");
            //文件输出流
            FileOutputStream fos=new FileOutputStream(file2);
            //输出流
            OutputStreamWriter os=new OutputStreamWriter(fos,"utf-8");
            //写入缓冲流
            BufferedWriter bw=new BufferedWriter(os);
```

```
            //写入
            bw.write("锄禾日当午\n");
            bw.write("汗滴禾下土\n");
            bw.write("谁知盘中餐\n");
            bw.write("粒粒皆辛苦\n");
            //关闭资源
            bw.close();
            os.close();
            fos.close();
        } catch (FileNotFoundException e) {
            e.printStackTrace();
        } catch (UnsupportedEncodingException e) {
            e.printStackTrace();
        } catch (IOException e) {
            e.printStackTrace();
        }
    }
}
```

10.3.2 用户磁盘文件的读取

【实践任务 10-2】编写 Java 控制台程序，实现用户磁盘文件的读取操作。最终运行结果如图 10-13 所示。

① 解题思路：首先通过 File 类创建一个 File 类的文件对象，即需要读取的文件，然后将文件写入文件输入流中，再将文件写入输入流 InputStreamReader，最后将输入流文件写入缓冲流 BufferedReader 中。

② 参考代码。

图 10-13　用户磁盘文件的读取结果

```
importjava.io.BufferedReader;
importjava.io.File;
importjava.io.FileInputStream;
importjava.io.FileNotFoundException;
importjava.io.IOException;
importjava.io.InputStreamReader;
importjava.io.UnsupportedEncodingException;
public class ReadFile {
    public static void main(String[] args) {
        File file = new File("D:/result.txt");
        try {
            //创建文件输入字节流
            FileInputStream fis=new FileInputStream(file);
            //FileInputStream 字符流转换成字节流时要注意编码
            InputStreamReader isr=new InputStreamReader(fis,"utf-8");
            //创建缓冲流对象
            BufferedReader br=new BufferedReader(isr);
            //读取文件中的内容
            String line;//用来保存读取到的数据
```

```
        while((line = br.readLine())!=null){//每次读取一行不为空
        System.out.println(line);
        }
        //依次关闭流对象
        br.close();
        isr.close();
        fis.close();
    }catch (FileNotFoundException e) {
        e.printStackTrace();
    }catch (UnsupportedEncodingException e) {
        e.printStackTrace();
    }catch (IOException e) {
        e.printStackTrace();
    }
    }
}
```

项目小结

本项目首先介绍了文件处理的基本内容,包括绝对路径和相对路径、文件名称等文件概述相关内容,以及文件的输入/输出流、字节流和字符流、File 类的使用和一些常用方法;然后介绍了文件的输入/输出处理相关内容,包括文件输入字节流 FileInputStream 类和文件输出字节流 FileOutputStream 类、文件输入字符流 FileReader 类和文件输出字符流 FileWriter 类、顺序访问文件、随机访问文件;最后在拓展实践任务环节,通过用户磁盘文件的保存和用户磁盘文件的读取两个实践任务将本章的相关知识点综合起来,进一步强化读者对文件处理的实际操作能力。

课后习题

1. 填空题

① 在 java.io 包中专门用来表示并存储文件的基本操作的类是（   ）。

② 文件输入/输出字节流指的是（   ）类和（   ）类。

③ 字符输出流类都是（   ）抽象类的子类。

④ 对 Java 对象进行读、写的过程被称为（   ）。

⑤ FileInputStream 类是（   ）类的子类,FileOutputStream 类是（   ）类的子类。

⑥ FileReader 类是（   ）类的子类,FileWriter 类是（   ）类的子类。

⑦ Java 语言中对文件进行随机访问是通过（   ）类来完成的。

2. 选择题

① （   ）类用来创建磁盘文件的输入流对象,它提供了以字节方式顺序读取一个已经存在的文件数据的方法。

    A. FileInputStream   B. FileOutputStream   C. FileReader   D. FileWriter

② 下列选项属于字符流的是（   ）。

    A. ByteArrayOutputStream   B. DataOutputStream

    C. InputStreamReader   D. OutputStream

③ 下列 InputStream 类中，（   ）方法可以用于关闭流。

  A．skip()　　　　　B．close()　　　　　C．mark()　　　　　D．reset()

④ 在程序读入字符文件时，能够以该文件作为直接参数的类是（   ）。

  A．FileReader　　　　　　　　　　B．BufferedReader

  C．FileInputStream　　　　　　　　D．ObjectInputStream

⑤ 要从文件 file.dat 中读出第 10 个字节到变量 c 中，下列方法（   ）合适。

  A．FileInputStream in = new FileInputStream("file.dat"); in.skip(9); int c =in.read();

  B．FileInputStream in = new FileInputStream("file.dat"); in.skip(10); int c =in.read();

  C．FileInputStream in = new FileInputStream("file.dat"); int c =in.read();

  D．RandomAccessFile in = new RandomAccessFile("file.dat"); in.skip(9); int c = in.readByte();

3．判断题

① InputStream 类是一个具体的类，不需要其他类继承就可以直接使用。　　（　　）

② File 类的 createNewFile()方法既可以用于创建新文件，也可以用于创建文件夹。（　　）

③ FileInputStream 类是 InputStream 类的子类。　　　　　　　　　　　（　　）

④ OutputStream 类是字符输出流类。　　　　　　　　　　　　　　　　（　　）

⑤ FileReader 类是 InputStreamReader 类的子类。　　　　　　　　　　（　　）

4．简答题

① 什么是数据流？什么是输入/输出流？

② 什么是字节流和字符流？它们对应的基础抽象类分别是什么？

③ 简述 File 类常用的方法。

④ 简述文件的顺序访问与文件的随机访问。

项目 ⑪ Java 程序的多线程处理

从 C 语言开始，任何一门高级语言的默认执行顺序是按照编写的代码的顺序执行，日常开发过程中写的业务逻辑，但凡不涉及并发的，都是让一个任务顺序执行以确保得到想要的结果。但是，当我们的任务需要处理的业务比较多，且这些业务前后之间没有依赖时，我们可以将一个任务拆分成多个小任务吗？本项目中主要讲解 Java 程序的多线程处理，包括线程的生命周期、多线程编程、线程的创建及启动、多线程优先级的调度、多线程的互斥与同步，以及死锁的处理。

学习目标

知识目标：
1. 掌握线程的生命周期及 5 种基本状态
2. 理解多线程编程
3. 掌握线程的创建及启动
4. 理解多线程优先级的调度
5. 理解多线程的互斥与同步
6. 掌握死锁的处理

能力目标：
1. 能够熟练区分线程各状态的特点
2. 会创建并启动线程
3. 能够使用多线程优先级的调度分析并解决实际问题
4. 能够使用多线程的互斥与同步分析并解决实际问题
5. 能够处理死锁问题

素养目标：
1. 提高学习的主观能动性
2. 培养运用多线程解决实际问题的能力

程序人生

本项目中，我们将开始学习 Java 程序的多线程处理，进而理解 Java 如何使用多线程处理实际问题。无论是过去还是现在，世界上大多数计算机仍然采用的是冯·诺依曼结构，这种结构的特点就是顺序处理，一个处理器在同一时刻只能处理一件事情。这就像生活中的我们，每个时刻只能处理一件事情。当多件事情同时摆在我们面前时，如果想把这几件事情都做好，我们可以按照事情的重要程度来进行排序，按照重要程度由高到低的顺序依次对事情进行处理，这样才能高效地完成任务。大多数计算机采用的任务调度策略，即把一个进程划分为多个线程，每个线程轮流占用 CPU 的运算时间，操作系统不断地把线程挂起、唤醒、再挂起、唤醒，如此反复。这种方式不仅降低资源消耗，还有利于提高响应速度，节省大量时间和资源。

任务 11.1 线程概述

本任务的目标是理解线程，主要包括线程的概念、线程的生命周期、多线程编程概述。通过本任务的学习，要求读者对线程有初步的认识，了解线程的概念，掌握线程的生命周期及 5 种基本状态，并掌握 5 种基本状态间的转换，了解多线程编程。

线程概述

11.1.1　线程的概念

线程（Thread）是一个独立运行的程序，有自己专用的运行栈。我们可以在计算机上运行各种计算机软件程序。每一个运行的程序可能包括多个独立运行的线程。线程有可能和其他线程共享一些资源，比如内存、文件、数据库等。

通常，我们把操作系统的多个任务称为进程（Process），而程序中的多任务则称为线程。

线程与进程相似，是一段完成某个特定功能的代码，是程序中单个顺序的流控制；但与进程不同的是，同类的多个线程共享一块内存空间和一组系统资源，而线程本身的数据通常只有微处理器的寄存器数据，以及一个供程序执行时使用的堆栈。

1. 线程和进程的区别

线程和进程的区别主要体现在以下方面。

① 每个进程都有独立的代码和数据空间，进程间的切换会有较大的开销，一个进程包含 1～n 个线程。

② 同一类线程共享代码和数据空间，每个线程有独立的运行栈和程序计数器，线程切换开销小。

③ 和进程间的通信相比，线程间的通信要快得多，也方便得多。

④ 多进程在操作系统中能同时运行多个任务（程序）。

⑤ 多线程在同一应用程序中有多个顺序流同时执行。

⑥ 线程可以理解为比进程更小的程序单元，具有并发执行多任务的能力，线程包含在进程内。

2. 线程的主要特点

线程有以下几个特点。

① 线程不能以一个文件名的方式独立存在于磁盘中。

② 线程不能单独执行，只有在进程启动后才可启动。

③ 线程可以共享进程相同的内存（代码与数据）。

11.1.2 线程的生命周期

一个线程从被创建到停止执行要经历一个完整的生命周期。在这个生命周期中线程处于不同的状态，线程的状态转换是线程控制的基础，线程的状态用来表明线程的活动情况及线程在当前状态中能够实现的功能。线程的整个生命周期有 5 种状态：新建状态、就绪状态、运行状态、阻塞状态、死亡状态。图 11-1 形象地展示了一个线程完整的生命周期。

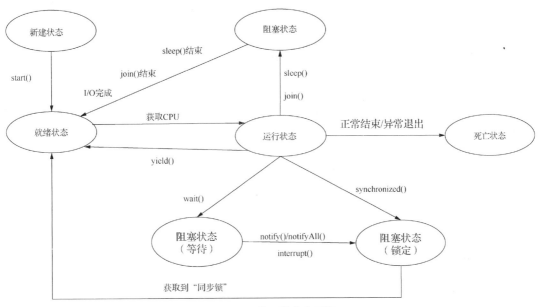

图 11-1　线程的生命周期

1. 新建状态

当线程被创建后，即进入新建状态，用 new 关键字创建一个新的线程。如执行下列语句时，线程就处于新建状态：

```
Thread thread = new MyThread();
```

当一个线程处于新建状态时，系统并不会为它分配资源，而是由 JVM 为其分配内存，并初始化成员变量的值，此时仅仅是一个空的线程。

2. 就绪状态

对于新建状态的线程，一旦调用对象的 start()方法，该线程即进入就绪状态。例如：

```
Thread thread = new MyThread();
thread.start();
```

处于就绪状态的线程，系统为这个线程分配了它所需的系统资源，安排其运行并调用线程运行方法。需要注意的是，处于就绪状态的线程，只是说明此线程已经做好了准备，随时等待 CPU 调度执行，并不是说执行了 thread.start()此线程立即就会被执行。

3. 运行状态

当 CPU 开始调度处于就绪状态的线程时，线程才得以真正执行，即进入运行状态，该线程即占有了 CPU 的控制权。如果有更高的优先级线程出现，则该线程将被迫放弃 CPU 的控制权，进入就绪状态。使用 yield()方法可以使线程主动放弃 CPU 的控制权。线程也可能由于

231

执行结束或执行 stop()方法放弃 CPU 的控制权，进入死亡状态。

需要注意的是，就绪状态是进入运行状态的唯一入口，也就是说，线程要想进入运行状态执行，首先必须处于就绪状态。

为了线程切换后能恢复到正确的执行位置，每个线程都有一个独立的程序计数器，各条线程之间计数器互不影响，独立存储。

当一个线程开始执行后，它不可能一直持有 CPU（除非该线程执行体非常短，瞬间就执行结束了）。所以，线程在执行过程中需要被中断，目的是让其他线程获得持有的 CPU 的机会。线程的调度细节取决于底层平台所采用的策略。

4. 阻塞状态

处于运行状态中的线程由于某种原因，暂时放弃对 CPU 的使用权，停止执行，此时进入阻塞状态，直到其进入就绪状态，才有机会再次被 CPU 调用以进入运行状态。进入阻塞状态的原因有如下几个：

① 调用了 sleep()方法；

② 调用了 suspend()方法；

③ 该线程正在等待 I/O 操作完成；

④ 调用了 wait()方法；

⑤ 输入/输出流中发生线程阻塞。

状态切换如图 11-2 所示。

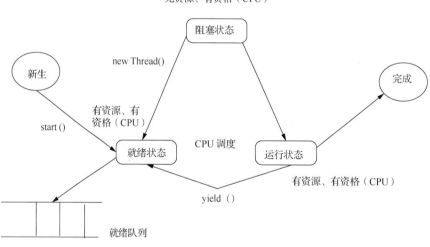

图 11-2　状态切换

5. 死亡状态

线程执行完或因异常退出了 run()方法，该线程的生命周期结束。进入死亡状态的几个因素如下：

① run()/call()方法执行完成，线程正常结束；

② 线程抛出一个未捕获的异常或错误；

③ 直接调用线程的 stop()方法结束该线程——该方法容易导致死锁，通常不建议使用。

11.1.3　多线程编程概述

多线程编程是指将程序任务分成几个并行的子任务，由这些子任务并发执行，一起协作实现程序的功能。多线程的执行是并发的，即在逻辑上是"同时"的，而不管是否是物理上的"同时"。如果系统只有一个 CPU，那么真正的"同时"是不可能的，而只能采用各线程轮流使用 CPU 的方法来模拟"同时执行"（只是由于 CPU 的速度非常快，用户感觉不到其中的区别）；但是如果是在多 CPU 系统中，则多线程的并行执行是可能的，可以把不同的线程分配到不同 CPU 上同时执行。

Java 为多线程编程提供了内置的支持。一个线程指的是进程中一个单一顺序的控制流，一个进程中可以并发多个线程，每个线程并行执行不同的任务。多线程是多任务的一种特别的形式，但多线程使用了更小的资源开销。多线程能让程序员编写高效率的程序，从而能达到充分利用 CPU 的目的。

任务 11.2　线程的创建与启动

本任务将介绍线程的创建，以及 Java 多线程的两种实现方式：继承 Thread 类和实现 Runnable 接口，要求读者能够掌握线程的创建及启动方法。

线程创建

11.2.1　线程的创建

在创建线程之前，必须先编写一个线程类，并在该线程类的一个特定方法中定义该线程所需执行的任务。Java 多线程实现方式主要有 3 种：继承 Thread 类、实现 Runnable 接口，以及使用 ExecutorService、Callable、Future 实现有返回结果的多线程。其中，前两种方式在线程类中都必须重定义 run()方法，并将要执行的代码放在 run()方法中，在线程执行完后都没有返回值。

1. 继承 Thread 类

创建一个线程最简单的方法是继承线程类 java.lang.Thread。在默认情况下，线程类可以被所有的 Java 程序调用。java.lang.Thread 类中定义的方法有以下几个。

① public Thread()：构造新的线程。

② public Thread(String name)：构造有名字的线程。

③ public Thread(Runnable target，String name)：构造有名字的线程，target 是实现了 Runnable 接口并提供 run()方法的对象。

④ run()：该方法用于线程的执行。在创建线程时，需要重写该方法，以让线程做特定的工作。

⑤ start()：该方法使得线程启动 run()方法。

⑥ sleep(long t)：线程休眠的方法，休眠时间为 t ms。

⑦ stop()：该方法与 start()方法的作用相反，用于停止线程的运行。

⑧ setName(String name)：设置线程名字为 name。

⑨ getName()：获取线程名称。

通过派生 Thread 类来创建线程的基本步骤如下。

第一步，建立继承 Thread 类的派生类。

```
class MyThread extends Thread
```

第二步，根据线程的需求定义构造方法，以便传递所需要的参数。

```
public MyThread(String name)
{…}
```

第三步，重写 run() 方法。

第四步，在主类的 main() 方法中建立线程。

【例 11-1】通过继承 Thread 类创建线程。

```
public class MyThread extends Thread {
    privateint i = 0;
    public void run() {
        for (int i = 0; i <5; i++) {
            System.out.println(Thread.currentThread().getName()+""+i);
        }
    }
}
public class ThreadTest {
    public static void main(String[] args) {
        for (int i = 0; i <5; i++) {
            System.out.println(Thread.currentThread().getName() + "" + i);
            if (i == 3) {
                //创建一个新线程 myThread1，此线程进入新建状态
                Thread myThread1 = new MyThread();
                //创建一个新线程 myThread2，此线程进入新建状态
                Thread myThread2 = new MyThread();
                //调用 start() 方法使得线程 myThread1 进入就绪状态
                myThread1.start();
                //调用 start() 方法使得线程 myThread2 进入就绪状态
                myThread2.start();
            }
        }
    }
}
```

运行结果如图 11-3 所示。

在例 11-1 中，MyThread 类继承 Thread 类，通过重写 run() 方法定义了一个新的线程类 MyThread，其中 run() 方法的方法体代表线程需要完成的任务，称为线程执行体。当创建此线程类对象时一个新的线程得以被创建，并进入线程新建状态。

2. 实现 Runnable 接口

许多情况下，我们不能重新定义类的父类，或者不能定义派生的线程类，但有时候类的层次要求父类为特定的类，然而，Java 语言是不支持多父类的。在这些情况下，可以通过 Runnable 接口来实现多线程的功能。

```
<terminated> ThreadT
main 0
main 1
main 2
main 3
main 4
Thread-0 0
Thread-0 1
Thread-1 0
Thread-0 2
Thread-1 1
Thread-0 3
Thread-1 2
Thread-0 4
Thread-1 3
Thread-1 4
```

图 11-3　例 11-1 程序运行结果

实际上，Thread 类本身也实现了 Runnable 接口。一个 Runnable 接口提供了一个 public void run() 方法。

通过用 Runnable 接口创建线程的基本步骤如下。

第一步，实现 Runnable 接口。

```
class MyThread implements Runnable
```
第二步，声明一个拥有 Thread 对象的变量。
```
MyThread  r = new  MyThread ();  //创建自定义的线程对象
Thread t = new Thread(r);
```
第三步，实现 run()方法。
```
public void run()
```
【例 11-2】通过接口 Runnable 创建线程。
```
public class MyRunnable implements Runnable{
    privateint i = 0;
    public void run() {
        for (int i = 0; i <5; i++) {
            System.out.println(Thread.currentThread().getName() + "" + i);
        }
    }
}
public class ThreadTest {
    public static void main(String[] args) {
        for (int i = 0; i <5; i++) {
                System.out.println(Thread.currentThread().getName() + "" + i);
                if (i == 3) {
                    Runnable myRunnable = new MyRunnable();
                Thread thread1 = new Thread(myRunnable);
                Thread thread2 = new Thread(myRunnable);
                thread1.start();
                thread2.start();
            }
        }
    }
}
```
运行结果如图 11-4 所示。

11.2.2　线程的启动

通过调用线程对象引用的 start()方法，使得该线程进入就绪状态，此时此线程并不一定会马上得以执行，这取决于 CPU 调度时机。

【例 11-3】用线程实现钟表程序。
```
importjava.applet.*;
importjava.awt.*;
importjava.util.Date;
importjava.text.SimpleDateFormat;
public class Clock extends Applet implements Runnable
//实现线程接口
{
    private Thread m_Clock = null;
    public void init()                            //初始化方法
    {
        resize(200,100);
    }
```

```
<terminated> ThreadTest
main 0
main 1
main 2
main 3
main 4
Thread-0 0
Thread-1 0
Thread-1 1
Thread-1 2
Thread-1 3
Thread-1 4
Thread-0 1
Thread-0 2
Thread-0 3
Thread-0 4
```
图 11-4　例 11-2 程序运行结果

```
public void paint(Graphics g)                        //绘制方法
{
    Date    now = new Date();                         //获得当前的时间对象
    SimpleDateFormat matter1=new SimpleDateFormat("HH: mm: ss");
    g.drawString(matter1.format(now),20,50);          //显示当前时间
}
public void start()                                   //启动方法
{
    if (m_Clock == null)
    {
        /*线程体是 Clock 对象本身，线程名字为"Clock"*/
        m_Clock = new Thread(this, "Clock");
        m_Clock.start();                              //线程的启动方法
    }
}
public void stop()                                    //停止方法
{
    if (m_Clock != null)
    {
        m_Clock = null;
    }
}
public void run()                                     //运行方法
{
    while (true)
    {
        repaint();                                    //刷新显示画面
        try
        {
            Thread.sleep(1000);                       //睡眠 1 秒，即每隔 1 秒执行一次
        }
        catch (InterruptedException e)
        {
            stop();                                   //线程的停止
        }
    }
}
}
```

运行结果如图 11-5 所示。

程序分析如下。

① 在 start()方法中，首先创建一个线程，然后启动该线程。

② 由于使用 new Thread(this, "Clock")创建了新线程 m_Clock，因此 Clock 中的 run()就成为新 m_Clock 中的 run()，m_Clock 启动以后，Clock 中的 run()即被启动运行。

图 11-5　例 11-3 程序运行结果

③ 在 run()中不断调用 repaint()，则使 paint()不断被执行。run()方法中一般都包含一个循环结构，以便当线程序启动以后，会不断运行这段程序。在这

段代码中，sleep()方法的作用是使当前线程在指定时间内处于休眠状态，暂时让出 CPU 的控制权，该方法的参数是时间整数，单位为 ms。执行这个方法需要捕获异常。

Applet 最先执行 init()方法，当 init()方法执行完后，Applet 就进入就绪状态；然后马上执行 start()方法，Applet 进入运行状态。本程序在 start()中，将当前对象作为线程的目标对象，建立线程并启动线程。

上面这个例子是通过每隔 1s 就执行线程的刷新画面功能，显示当前的时间；效果就是一个时钟，每隔 1s 变化 1 次。由于采用的是实现接口 Runnable 的方式，所以该类 Clock 还继承了 Applet，Clock 就能以 Applet 的方式运行。如果使用 Thread 类来实现该程序就无法实现，因为 Java 只支持单重继承。

综上所述，实现线程有两种方法。

① 定义一个线程类，它继承线程类 Thread 并重写其中的方法 run()方法，这时在初始化这个类的实例时，目标 target 可为 null，表示由这个实例对来执行线程体。由于 Java 只支持单重继承，用这种方法定义的类不能再继承其他父类。

② 定义一个线程类，让它实现 Runnable 接口并重写里面的 run()方法，与集成不同的是，接口中的 Runnable 里面没有 start()方法。所以在 main()方法中创建对象时，还需要创建 Thread 类的一个对象，把这个对象传入 Thread 里面，这样才能调用 start()方法。

任务 **11.3** 多线程的控制

多线程的控制

本任务的目标是掌握 Java 程序的多线程的控制，主要包括 Java 程序多线程优先级的调度、多线程的互斥与同步，以及死锁的处理，为今后实现程序的多线程控制打下坚实的基础。

11.3.1 多线程优先级的调度

通常，一个程序可能包含若干线程，如何来管理这些线程呢？把这些线程按功能分类是一个不错的办法。Java 语言提供了线程组，线程组可以让你同时控制一组线程。实际上，线程组就是一种可以管理一组线程的类。

同一时刻如果有多个线程处于可运行状态，则它们需要排队等待 CPU 资源。此时每个线程自动获得一个线程的优先级，优先级的高低反映线程的重要或紧急程度。可运行状态的线程按优先级排队，线程调度依据优先级基础上的"先到先服务"原则。

线程调度管理器负责线程排队和 CPU 在线程间的分配，并由线程调度算法进行调度。当线程调度管理器选中某个线程时，该线程获得 CPU 资源而进入运行状态。

线程调度是先占式调度，即如果在当前线程执行过程中一个更高优先级的线程进入可运行状态，则这个线程立即被调度执行。先占式调度分为：独占方式和分时方式。

独占方式下，当前执行线程将一直执行下去，直到执行完毕或由于某种原因主动放弃 CPU，或 CPU 被一个更高优先级的线程抢占。

分时方式下，当前运行线程获得一个时间片，时间到时，即使没有执行完也要让出 CPU，进入可运行状态，等待下一个时间片的调度。系统选中其他可运行状态的线程执行。

分时方式的系统使每个线程工作若干步，实现多线程同时运行。

线程的优先级用 1～10 表示，1 表示优先级最高，默认值是 5。每个优先级对应一个 Thread

Java 语言程序设计与实现（微课版）（第 2 版）

类的公用静态常量。例如：

```
public static final int NORM_PRIORITY=5
public static final int MIN_PRIORITY=1
public static final int MAX_PRIORITY=10
```

下述方法可以对优先级进行操作。

```
int getPriority();                    //得到线程的优先级
void setPriority(intnewPriority);     //当线程被创建后，可通过此方法改变线程的优先级
```

【例 11-4】 生成 3 个不同线程，其中一个线程在最低优先级下运行，而另外两个线程在最高优先级下运行。

```
public class ThreadTest{
    public static void main( String []args ) {
        Thread t1 = new MyThread("T1");
        t1.setPriority( Thread.MIN_PRIORITY ); //设置优先级为最小
        t1.start();
        Thread t2 = new MyThread("T2");
        t2.setPriority( Thread.MAX_PRIORITY ); //设置优先级为最大
        t2.start();
        Thread t3 = new MyThread("T3");
        t3.setPriority(10); //设置优先级为最大
        t3.start();
    }
}
classMyThread extends Thread {
    String message;
    MyThread( String message ) {
        this.message = message;
    }
    public void run() {
        for ( int i=0; i<3; i++ )
        System.out.println( message+""+getPriority() );//输出线程的优先级
    }
}
```

优先级高的线程 T2 和 T3 先执行，优先级最低的线程 T1 最后执行。运行结果如图 11-6 所示。

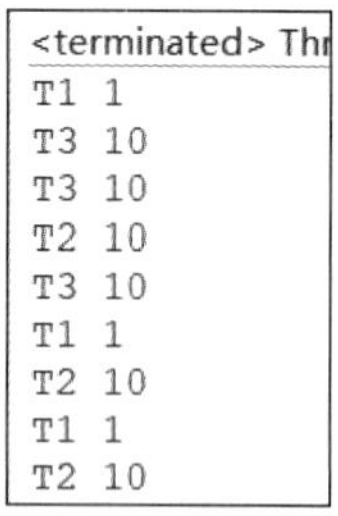

需要注意的是，并不是在所有系统中运行 Java 程序时都采用时间片策略调度线程，所以一个线程在空闲时应该主动放弃 CPU，以使其他同优先级和低优先级的线程得到执行。

```
<terminated> Thr
T1  1
T3  10
T3  10
T2  10
T3  10
T1  1
T2  10
T1  1
T2  10
```

图 11-6　例 11-4 程序运行结果

11.3.2　多线程的互斥与同步

1. 互斥

前文所提到的线程都是独立的，而且是异步执行的，也就是说每个线程都包含运行时所需要的数据或方法，而不需要外部的资源或方法，也不必关心其他线程的状态或行为。但是经常有一些同时运行的线程需要共享数据，此时就需要考虑其他线程的状态和行为，否则不能保证程序的运行结果的正确性。

【例 11-5】出压栈操作。部分参考代码如下。

```
class stack{
    int i=0;                        //堆栈指针的初始值为 0
    char[] data = new char[6];      //堆栈有 6 个字符的空间
    public void push(char a){       //压栈操作
        i++;                        //指针向上移动一位
        data[i] = a;                //数据入栈
    }
    public char pop(){              //出栈操作
        i--;                        //指针向下移动一位
        return data[i] ;            //数据出栈
    }
}
```

若线程 A 和 B 同时使用堆栈 stack，线程 A 通过 push()方法往堆栈里放入一个数据，线程 B 则要通过 pop()方法从堆栈中取出一个数据，由于线程 A 和 B 在对 stack 对象的操作上的不完整性，会导致操作失败。

具体过程说明如下。

① 若堆栈无数据，此时 i=0。

② 线程 A 往堆栈中放入一个数据 a，调用函数 push(a)，应执行以下语句：

```
i++;
data[i]=a;
```

但是，若线程 A 刚执行完 i++;语句，还未执行 data[i]=a;语句，此时线程 B 开始运行，线程 A 的执行被阻断。

③ 线程 B 执行 pop()方法取出数据，可此时堆栈中无数据，取值错误。

产生这种问题的原因在于对共享数据访问的操作的不完整性。为解决对共享数据访问的操作的不完整性问题，在 Java 语言中，引入了对象互斥锁的概念来保证共享数据访问的操作的完整性。每个对象都对应一个可称为"互斥锁"的标记，这个标记用来保证在任一时刻，只能有一个线程访问该对象。用关键字 synchronized 来与对象的互斥锁联系。当某个对象用关键字 synchronized 修饰时，表明该对象在任一时刻只能由一个线程访问，这就是线程的同步访问。

在 Java 语言中，可以用 3 种方式来使用关键字 synchronized。

① 用于为对象加锁。语法形式如下。

```
synchronized(obj){
    //若干语句序列
}
```

为避免例 11-5 中线程 A 被线程 B 中断的情况发生，程序修改如下。

【例 11-6】出压栈加锁。部分参考代码如下。

```
public class StackLock{
    int i=0;                        //堆栈指针的初始值为 0
    char[] data = new char[6];      //堆栈有 6 个字符的空间
    public void push(char a){
        synchronized(this){         //this 表示 stackLock 的当前对象
```

```
            data[i]=a;
            i++;
        }
    }
    public char pop(){
        synchronized(this){          //this 表示 stackLock 的当前对象
            i--;
            return data[i];
        }
    }
}
```

例 11-6 中的程序，如果线程 A 和线程 B 同时使用 stack 的同一个实例对象，由于出栈、进栈都进行了互斥锁定，线程 A 和线程 B 同一时刻只能有一个在执行出栈或入栈，那么堆栈中的数据将是完整的。

② 用于标志同步方法。

关键字 synchronized 可以放在方法声明中，表示整个方法为同步方法。

```
public synchronized void push(char c){
    …
}
```

这样，一旦有线程进入 push()方法，则其他线程只能等待第一个线程从 push()方法返回后才能进入 push()方法。

③ 为某个类加锁。

有时希望某些类中的一些类方法（静态方法）必须由各线程互斥执行，则可以把这些方法声明为同步。这样做实际上是为相应的类加锁，使得该类中的类方法在任意时刻最多只能由一个线程执行。为类加锁的一个例子是定义单实例类，这样的类只能被实例化一次。

Java 中特别注意保证即使出现中断或异常而使得执行流跳出 synchronized 代码块，锁也会自动返回。此外，如果一个线程对同一个对象两次发出 synchronized 调用，则在跳出最外层的块时，标记会被正确地释放，而最内层的将被忽略。

2. 同步

由于多线程在程序中引入了一个异步行为，故在需要的时候必须有加强同步性的方法。如果你希望两个线程相互通信并共享一个数据结构（堆栈），就需要某些方法来确保它们没有相互冲突。也就是说，你必须防止一个线程写入数据而另一个线程正在读取链表中的数据。

当两个或两个以上的线程需要共享资源时，它们需要某种方法来确定资源在某一刻仅被一个线程占用，达到此目的的过程叫作同步。Java 为此提供了独特的、有效的支持机制。

一般将程序中不允许多个并发线程交叉执行的一段代码称为临界部分或者临界区。产生临界区的原因是属于不同并发线程的程序段共享公有数据。临界区采用关键字 synchronized 来标记，它既可以是若干语句组成的语句块，也可以是一个方法。一旦一个对象中含有 synchronized 标记的语句块或者方法，Java 运行环境将为该对象分配唯一的对象锁。无论哪个线程要进入对象的临界区，都必须先竞争得到该对象的对象锁；如果线程竞争不到对象锁，则线程将会进入阻塞状态，直到其他线程释放了对象锁从而重新唤醒它，让它再一次参加对象锁的竞争。

"监控器"是一些特定的数据项（状态变量）以及限制数据使用的函数集合。当一个线程通过监控器来访问一些数据时，其他线程将被锁在外面，无法读取或修改这些数据。

Java 语言运行时系统通过使用监控器来支持线程同步运行。

监控器与同步函数的关系：每当执行一个同步函数时，调用这个同步函数的线程获取这个对象的监控器，这时其他线程不能调用这个对象中的任何同步函数，直到这个监控器被释放。

下面我们将通过生产者-消费者这一经典问题来说明怎样实现多线程的同步。我们把系统中使用某类资源的线程称为消费者，产生或释放同类资源的线程称为生产者。

在下面的 Java 程序中，生产者线程向堆栈中写入数据，消费者从堆栈中读取数据，这样，在这个程序中同时运行的两个线程共享同一个文件资源。通过这个例子我们来了解怎样使它们同步，如图 11-7 所示。

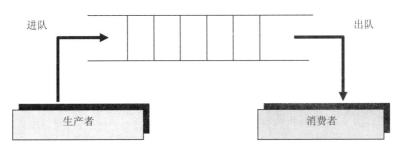

图 11-7　生产者-消费者问题

【例 11-7】生产者-消费者问题。把一个最多只能容纳 6 个元素的缓冲区与一群生产者（Producer）和一群消费者（Consumer）联系起来，生产者不停地向缓冲区写入数据，消费者则不停地取出生产者写入的数据。

可以看到上述生产者-消费者问题中，生产者和消费者必须满足如下关系。

① 消费者接收数据时该缓冲区必须是非空的。

② 生产者想发送数据时该缓冲区必须不是满的。

程序如下。

```
class SyncStack{                               //同步堆栈类
    private int index = 0;                     //堆栈指针初始值为 0
    private char []buffer = new char[6];       //堆栈有 6 个字符的空间
    public synchronized void push(char c){     //加上互斥锁
        while(index == buffer.length){         //堆栈已满，不能压栈
            try{
                this.wait();                   //未消费等待，直到有数据出栈
            }catch(InterruptedException e){}
        }
        this.notify();                         //通知其他线程把数据出栈
        buffer[index] = c;                     //数据入栈
        index++;                               //指针向上移动
    }
```

```java
    public synchronized char pop(){                         //加上互斥锁
        while(index == 0){                                  //堆栈无数据，不能出栈
            try{
                this.wait();                                //等待其他线程把数据入栈
            }catch(InterruptedException e){}
        }
        this.notify();                                      //通知其他线程入栈
        index--;                                            //指针向下移动
        return buffer[index];                               //数据出栈
    }
}
class Producer implements Runnable{                          //生产者类
    SyncStacktheStack;
    //生产者类生成的字符都保存到同步堆栈中
    public Producer(SyncStack s){
        theStack = s;
    }
    public void run(){
        char c;
        for(int i=0; i<20; i++){                            //共产生 20 个
            c =(char)(Math.random()*26+'A');                //随机产生 20 个字符
            theStack.push(c) ;                              //把字符入栈
            System.out.println("Produced: "+c);             //输入字符
            try{
                Thread.sleep((int)(Math.random()*1000));
                /*每产生一个字符线程就睡眠*/
            }catch(InterruptedException e){

            }
        }
    }
}
class Consumer implements Runnable{                          //消费者类
    SyncStacktheStack;                                      //消费者类获得的字符都来自同步堆栈
    public Consumer(SyncStack s){
        this.theStack = s;
    }
    public void run(){
        char c;
        for(int i=0; i<20; i++){                            //消费 20 个
            c = theStack.pop();                             //从堆栈中读取字符
            System.out.println("Consumed: "+c);
            try{
                Thread.sleep((int)(Math.random()*1000));
                /*每读取一个字符线程就睡眠*/
            }catch(InterruptedException e){}
        }
```

```
        }
    }
public class SyncTest{                                  //主类：测试
    public static void main(String []args){
        SyncStack stack = new SyncStack();
        //下面的消费者类对象和生产者类对象所操作的是同一个同步堆栈对象
        Runnable source=new Producer(stack);            //Producer 线程
        Runnable sink = new Consumer(stack);            //Consumer 线程
        Thread t1 = new Thread(source);                 //线程实例化
        Thread t2 = new Thread(sink);                   //线程实例化
        t1.start();                                     //启动生产者线程
        t2.start();                                     //启动消费者线程
    }
}
```

类 Producer 是生产者模型，其中的 run()方法中定义了生产者线程所做的操作，循环调用 push()方法，将生产的 20 个字符送入堆栈中，每次执行完 push()操作后，调用 sleep()方法睡眠一段随机时间，以给其他线程执行的机会。类 Consumer 是消费者模型，循环调用 pop()方法，从堆栈中取出一个数据，一共取 20 次，每次执行完 pop()操作后，调用 sleep()方法睡眠一段随机时间，以给其他线程执行的机会。程序执行结果如图 11-8 所示。

图 11-8　例 11-7 程序运行结果

在例 11-7 中，通过运用 wait()和 notify()方法来实现线程的同步。在同步中有时还会用到 notifyAll()方法，用于唤醒等待同一个锁的所有线程。一般来说，每个共享对象的互斥锁存在两个队列，一个是锁等待队列，另一个是锁申请队列，锁申请队列中的第一个线程可以对该共享对象进行操作，而锁等待队列中的线程在某些情况下将移入锁申请队列。下面比较一下 wait()、notify()和 notifyAll()方法。

wait()方法告知被调用的线程退出监视器并进入等待状态，直到其他线程进入相同的监视器并调用 notify()方法。notify()方法通知同一对象上第一个调用 wait()方法的线程。notifyAll() 方法通知调用 wait()方法的所有线程，具有最高优先级的线程将先运行。

其中 wait()方法有如下 3 种不同的格式。

```
void wait();
void wait(long timeout);
void wait(long timeout, int nanos);
```

第一种格式是使线程一直等待，直到被 notify()或 notifyAll()方法唤醒。后面两种格式是使线程等待到被唤醒或者经过指定时间后结束等待。需要注意的是，这些方法只能在 synchronized ()方法中才能被调用。

对于生产者-消费者问题，在设计程序时必须解决，生产者比消费者快时，消费者会漏掉一些数据没有取到的问题；以及消费者比生产者快时，消费者取相同的数据的问题。对这类问题，一般都设置一个中间类，该类负责对共享变量的读写。读写共享变量的方法需要使用同步控制。但只有同步控制并不能完全解决问题，两个线程还必须能够通知对方"我已经做完了操作，你可以来了"，同时需要一个信号变量，来表明某线程进来时所需共享变量是否已经满足要求，若不满足要求则需要继续等待。为此这类程序要在 synchronized 代码被执行期间，线程可以调用对象的 wait()方法，释放对象锁标志，进入等待状态，并且可以调用 notify()或者 notifyAll()方法通知正在等待的其他线程。notify()方法通知等待队列中的第一个线程，notifyAll()方法通知等待队列中的所有线程。需要注意的是，wait()、nofity()、notifyAll()方法必须在已经持有锁的情况下执行，所以它们只能出现在 synchronized 作用的范围内，也就是出现在用 synchronized 修饰的方法或类中。

11.3.3 死锁的处理

所谓死锁，就是不同的线程分别占用对方需要的同步资源不放弃，都在等待对方放弃自己需要的同步资源。

首先我们看一下死锁的问题。一个简单的例子就是，你到自动取款机（Automatic Teller Machine，ATM）上取钱，却看到如下的信息："现在没有现金，请等会儿再试。"你需要钱，所以你等了一会儿再试，但是你又看到了同样的信息；与此同时，在你后面，一辆运钞车正等待着把钱放进 ATM 中，但是运钞车到不了 ATM，因为你的汽车挡着道。在这种情况下，就发生了所谓的死锁。

在多个进程同时需要同一资源时，系统并不处于死锁状态中，因为有一个进程仍在处理之中，只是其他进程永远得不到执行的机会而已。一旦发生下面 4 种情况之一，就会导致死锁的发生。

相互排斥：一个线程或者进程永远占有一共享资源，例如独占该资源。

循环等待：进程 A 等待进程 B，而后者又在等待进程 C，而进程 C 又在等待进程 A。

部分分配：资源被部分分配。例如，进程 A 和 B 都需要访问一个文件，并且都要用到打印机，进程 A 获得了文件资源，进程 B 获得了打印机资源。

缺少优先权：一个进程访问了某个资源，但是一直不释放该资源，即使该进程处于阻塞状态。

为了避免出现死锁的情况，我们必须在多线程程序中做同步管理，为此必须编写使它们交互的程序。如果线程对一个同步对象 x 发出一个 wait()调用，则该线程会暂停执行，直到

244

另一个线程对同一个同步对象 x 也发出一个 wait()调用。

为了让线程对一个对象调用 wait()或 notify()方法，线程必须锁定那个特定的对象。也就是说，只能在它们被调用的实例的同步块内使用 wait()和 notify()方法。当某个线程执行包含对一个特定对象执行 wait()调用的同步代码时，这个线程就被放到与那个对象相关的等待池中。此外，调用 wait()方法的线程自动释放对象的锁标记。

对一个特定对象执行 notify()调用时，将从对象的等待池中移走一个任意的线程，并放到锁池中。锁池中的对象一直在等待，直到可以获得对象的锁标记。notifyAll()方法将从等待池中移走所有等待那个对象的线程，并把它们放到锁池中。只有锁池中的线程能获取对象的锁标记，锁标记允许线程从上次因调用 wait()方法而中断的地方开始继续运行。

例 11-8 通过模拟吃饭的程序，来演示线程同步和解决死锁的方法。

【例 11-8】哲学家用餐问题：5 位哲学家坐在餐桌前，他们在思考并在感到饥饿时就吃东西。每两位哲学家之间只有一根筷子，为了吃到东西，一位哲学家必须要用两根筷子。

如果每位哲学家拿起右筷子，然后等待拿左筷子，问题就产生了。在这种情况下，就会发生死锁。当哲学家放下筷子时，需要通知其他等待拿筷子的哲学家。

为筷子单独创建一个类，它有一个标记变量 available 来指明是否可用。由于任何时候只有一位哲学家能拿起一根特定的筷子，takeup()方法将被同步。还有一个 putdown()方法用于表示释放资源，即当哲学家进餐完毕后，放下他的筷子。当一位哲学家思考时，他通过 think()方法放下他的两根筷子，使其他哲学家可以用餐。

程序如下。

```java
class ChopStick{                                        //筷子类
    boolean available;
    int n;
    ChopStick(int n){
        available=true;
        this.n=n;
    }
    public synchronized void takeup(String name){    //拿起筷子
        while(!available){
            System.out.println(name+"在等待拿起第"+n+"个筷子");
            try{
                wait();                                 //等待
            }catch(InterruptedException e){}
        }
        available=false;
    }
    public synchronized void putdown(){                //放下筷子
        available=true;
        notify();                                       //通知其他线程
    }
}
class Philosopher extends Thread{
    ChopStick left, right;
    String name;
```

```java
    Philosopher(String name, ChopStick left, ChopStick right){
        this.name=name;
        this.left=left;
        this.right=right;
    }
    public void think(){                            //思考问题
        left.putdown();                             //放下左筷子
        right.putdown();                            //放下右筷子
        System.out.println(name+"在思考....");
    }
    public void eat(){
        left.takeup(name);                          //拿起左筷子
        right.takeup(name);                         //拿起右筷子
        System.out.println(name+"在吃饭....");
    }
    public void run(){
        while(true){
            eat();
            try{
                Thread.sleep(1000);
            }catch(InterruptedException e){
                System.out.println(e);
            }
            think();
            try{
            Thread.sleep(1000);
            }catch(InterruptedException e){
                System.out.println(e);
            }
        }
    }
}
public class Dining{
    staticChopStickcp[]=new ChopStick[5];
    static Philosopher ph[]=new Philosopher[5];
    public static void main(String []args) {
        for(int n=0;n<5;n++){
            cp[n]=new ChopStick(n);
        }
        for(int n=0;n<5;n++){
            ph[n]=new Philosopher("哲学家", cp[(n+4)%5], cp[(n+1)%5]);
        }
        for(int n=0; n<5; n++){
            ph[n].start();
        }
    }
}
```

程序运行结果如图 11-9 所示。

```
Problems  @ Javadoc  Declaration  Console
<terminated> Dining [Java Application] C:\Program File
哲学家在吃饭....
哲学家在吃饭....
哲学家在等待拿起第0个筷子
哲学家在等待拿起第1个筷子
哲学家在等待拿起第2个筷子
哲学家在吃饭....
哲学家在思考....
哲学家在吃饭....
哲学家在等待拿起第3个筷子
哲学家在思考....
哲学家在等待拿起第4个筷子
哲学家在等待拿起第0个筷子
哲学家在吃饭....|
哲学家在思考....
哲学家在等待拿起第1个筷子
哲学家在思考....
哲学家在吃饭....
哲学家在等待拿起第3个筷子
哲学家在吃饭....
哲学家在思考....
哲学家在等待拿起第4个筷子
```

图 11-9　哲学家用餐问题运行结果

哲学家问题避免死锁的方法如下。

① 最多只允许 4 位哲学家同时坐在桌子旁。

② 只有两根筷子都可用时才允许一个哲学家拿起它们。

③ 使用非对称解决：即奇数哲学家先拿起他左边的筷子，接着拿起他右边的筷子，而偶数哲学家先拿起他右边的筷子，接着拿起他左边的筷子。

任务 11.4　拓展实践任务

拓展实践任务

本任务综合运用本项目所讲的 Java 程序的多线程处理的相关知识，通过一组拓展实践任务，将线程的基本状态、线程的创建及启动以及多线程的调度结合起来使用，进一步强化读者对线程知识点的理解。

11.4.1　哲学家用餐问题的处理

在掌握了线程的概念及创建，以及多线程优先级的调度、互斥与同步后，下面通过实践任务来考核一下大家对相关知识点的掌握情况。

【实践任务 11-1】哲学家用餐问题的处理：在例 11-8 的哲学家用餐问题中，有可能会产生死锁的现象。在此进一步完善这个程序。

① 解题思路：如果 5 个哲学家都同时拿起左手边的筷子，那么永远都不可能有人能吃到饭，只能饿死。为了避免这种情况的发生，我们一次只能允许 4 个哲学家去拿筷子，让一个人暂时思考，等待别人吃完饭，他再去拿筷子。在这里，我们可以利用信号量 Semaphore 来实现。

② 参考代码。

```
import java.util.concurrent.Semaphore;
public class PhilosopherTest {
    //依次只允许 4 个人抢筷子
```

```java
        static final Semaphore count = new Semaphore(4);
        //5 双筷子
        static final Semaphore[] mutex = {new Semaphore(1),
                                          new Semaphore(1),
                                          new Semaphore(1),
                                          new Semaphore(1),
                                          new Semaphore(1)};
        static class Philosopher extends Thread {
            Philosopher(String name){
                super.setName(name);
            }
            public void run(){
                do{
                    try{
                        //只有 4 个人有抢筷子的资格
                        count.acquire();
                        int i = Integer.parseInt(super.getName());
                        //规定都先拿左手边的筷子，于是 4 个人左手都有筷子
                        mutex[i].acquire();
                        //大家开始抢右边的筷子
                        mutex[(i+1)%5].acquire();
                        //谁先抢到谁就第一个开始吃
                        System.out.println("哲学家" + i + "号吃饭! ");
                        //吃完放下左手的筷子，对左面人来说，就是他的右手的筷子
                        mutex[i].release();
                        //再放下右手的筷子
                        mutex[(i+1)%5].release();
                        //吃完开始思考，由于放下右手的筷子，相当于给一个筷子都没有的哲学家一个
左筷子
                        count.release();
                        //模拟延迟
                        Thread.sleep(2000);
                    }catch(InterruptedException e){
                        System.out.println("产生异常");
                    }
                }while(true);
            }
        }
        public static void main(String[] args) {
            //5 位哲学家
            Philosopher p0 = new Philosopher("0");
            Philosopher p1 = new Philosopher("1");
            Philosopher p2 = new Philosopher("2");
            Philosopher p3 = new Philosopher("3");
            Philosopher p4 = new Philosopher("4");
            //哲学家们开始吃饭
            p0.start();
            p1.start();
            p2.start();
```

```
        p3.start();
        p4.start();
    }
}
```

程序运行结果如图 11-10 所示。

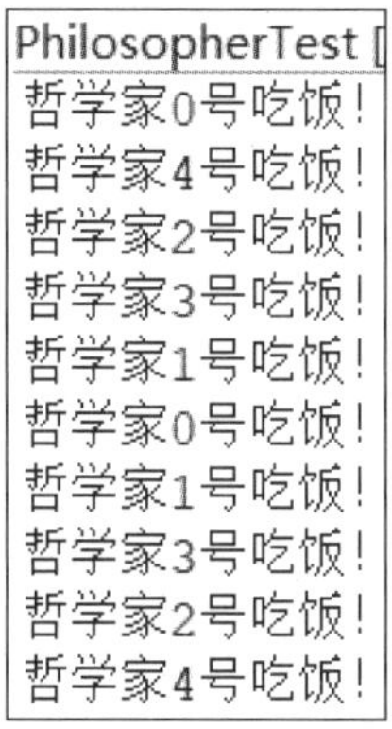

图 11-10　实践任务 11-1 程序运行结果

11.4.2　计时钟的实现

【**实践任务11-2**】在开发中我们经常需要做一些周期性的操作，比如每隔 3 min 就清空一次文件夹，用定闹钟的方式来实现肯定是不合适的，这时可以通过多线程实现一个计时钟的功能，定时完成具体任务，如图 11-11 所示。

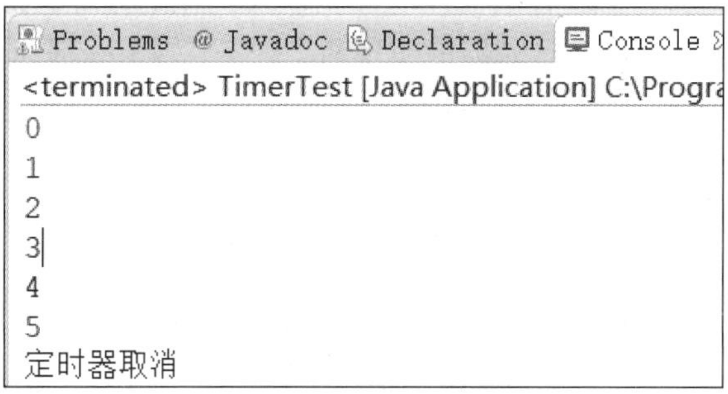

图 11-11　计时钟的效果

① 解题思路：利用 Timer()创建一个计时器，利用 schedule()方法在指定的延迟之后开始，重新执行固定延迟的指定任务，直到执行 cancel()方法终止此计时器，并丢弃当前计划的任务，指定任务是由 schedule()方法括号里面的第一个参数给定的。

② 参考代码。

```
importjava.util.Timer;
importjava.util.TimerTask;
public class TimerTest {
    public static void main(String[] args) {
        myTimer();
    }
    private static void myTimer() {
        //将 a 改为引用对象，使用 run()方法改变其值
```

```
        finalint[] a = {0};
        //可以用 ScheduledExecutorService 代替 Timer
        //当多线程并行处理定时任务，Timer 运行多个 TimeTask 时，只要其中之一没有捕获抛出的
异常，
        //其他任务便会自动终止运行，而使用 ScheduledExecutorService 则没有这个问题
        final Timer timer = new Timer();
        timer.schedule(new TimerTask() {
            public void run() {
                System.out.println(a[0]++);
                if (a[0] == 6) {
                    System.out.println("定时器取消");
                    timer.cancel();
                }
            }
        //延时 1s，每间隔 1s 再执行一次
        }, 1000, 1000);
    }
}
```

项目小结

本项目讲解了 Java 程序的多线程处理，首先介绍了 Java 线程的基本知识，包括线程的概念、线程的生命周期以及多线程编程；其次介绍了线程的创建、线程的启动，以及 Java 多线程的两种实现方式，即继承 Thread 类和实现 Runnable 接口；然后介绍了多线程的控制，包括多线程优先级的调度、多线程的互斥与同步以及死锁的处理；最后在拓展实践任务部分通过哲学家用餐问题的处理及计时器的实现两个任务，将多线程相关的知识点综合起来，展示了现实生活中遇到的多线程问题的处理方法，进一步强化了读者对多线程问题知识点的掌握。

课后习题

1. 填空题

① （　　　）是一段完成某个特定功能的代码，是程序中单个顺序的流控制。

② 线程的整个生命周期有 5 种状态：（　　　）、（　　　）、（　　　）、（　　　）、（　　　）。

③ Java 多线程的两种实现方式：（　　　）和（　　　）。

④ （　　　）是指将程序任务分成几个并行的子任务，由这些子任务并发执行，一起协作实现程序的功能。

2. 选择题

① 以下（　　　）不是线程的特点。

    A. 线程不能以一个文件名的方式独立存在于磁盘中

    B. 线程不能单独执行，只有在进程启动后才可启动

    C. 线程可以共享进程相同的内存（代码与数据）

    D. 线程有独立的代码和数据空间

② 处于（　　　）的线程，系统为这个线程分配了它所需的系统资源，安排其运行并调用线程运行方法。

    A. 新建状态　　　　B. 就绪状态　　　　C. 运行状态　　　D. 阻塞状态

③ 线程进入（　　　）状态就占有了 CPU 的控制权。

    A. 新建状态　　　　B. 就绪状态　　　　C. 运行状态　　　D. 阻塞状态

④ 处于运行状态中的线程由于某种原因，暂时放弃对 CPU 的使用权停止执行，此时进入（　　　）。

    A. 新建状态　　　　B. 就绪状态　　　　C. 阻塞状态　　　D. 死亡状态

⑤ 不同的线程分别占用对方需要的同步资源不放弃，都在等待对方放弃自己需要的同步资源，这种现象称为（　　　）。

    A. 死锁　　　　　　B. 多线程处理　　　C. 互反　　　　　D. 同步

3. 判断题

① Java 程序只支持控制台编程方式，不支持图形化编程方式。　　　　　（　　　）

② Java 源程序的文件名应和定义的公共类名保持一致，包括字母大小写的匹配。（　　　）

4. 简答题

① 什么是多线程编程？

② 为什么我们调用 start()方法时会执行 run()方法，而不能直接调用 run()方法？

项目 ⑫ 综合案例项目开发

在之前的各个项目中，我们学习了 Java 语言的基本语法，面向对象程序设计的基础知识，以及 Java 的异常处理、图形化应用程序开发、数据库应用程序开发等不同情境下的程序开发方法。那么在一个实际的 Java 应用程序项目的开发过程中，应该如何灵活运用这些基础知识呢？下面就让我们通过一个综合案例的讲解和演练，将本书中所讲授的相关知识点进行综合性的应用，熟悉应用程序项目的开发过程。

学习目标

知识目标：
1. 熟悉项目开发的基本过程
2. 熟悉项目的业务需求

能力目标：
1. 掌握项目设计方案
2. 掌握项目通用类的实现方法
3. 掌握项目功能类的实现方法

素养目标：
1. 培养善于思考、勤于实践的能力
2. 培养不断获取新知识和新技能的能力

程序人生

在本项目中，我们将综合运用之前所讲的各项知识来完成一个综合案例项目的开发。项目的实现过程，也是我们对所学知识的整合和实践过程，是一步步从生疏走向熟练的过程。在这个过程中会遇到很多困难。"学海无涯苦作舟"，要时刻保持认真、严谨、不骄不躁的态度，刻苦钻研，注重专业知识的积累，不断开拓创新，将知识不断付诸实践。"失之毫厘，谬以千里"，细节决定成败。这就要求大家在项目开发的过程中要养成认真、细心和耐心的习惯，要有意识地培养一丝不苟的学习和工作的态度。要想做好一项工作，不仅要考虑清楚工作的目的、内容、内外部制约因素，还要考虑好工作时可能涉及的各种细节。让我们享受这次学习之旅吧！自己掌握的每一点知识或者获得的每一项新技能，都应让自己感到快乐和喜悦。让我们在解决问题的过程中感到自豪，坚定地向前迈出走向胜利的每一步。

任务 12.1 项目的分析与设计

本任务是综合案例项目的系统设计部分,将主要以使用 Java 语言开发的中国象棋游戏项目为例,介绍中国象棋游戏的基本规则、项目的功能需求以及程序的结构设计等内容。

12.1.1 中国象棋游戏的需求分析

中国象棋(以下简称象棋)在我国有着悠久的历史,属于二人对抗性游戏的一种,由于用具简单、趣味性强,成为非常流行的棋艺活动。

1. 象棋游戏的规则分析

象棋是由两人轮流走子,以"将死"或"困毙"对方"将(帅)"为胜的一种棋类运动。

象棋棋盘由 9 条平行的竖线和 10 条平行的横线相交组成,共有 90 个交叉点,棋子就摆在交叉点上,如图 12-1 所示。中间部分,也就是棋盘的第 5、第 6 条横线之间未画竖线的空白地带称为"河界"。两端的中间部分,也就是棋盘两端、第 4 条和第 6 条竖线之间、以斜交叉线构成"米"字方格的位置称为"九宫"。整个棋盘由"河界"分为相等的两部分。

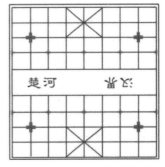

象棋棋子共有 32 个,分为红、黑两组,每组 16 个,各分为 7 种,其名称和数目如下。

图 12-1 中国象棋棋盘

- 红棋子:帅 1 个,车、马、炮、相、士各 2 个,兵 5 个。
- 黑棋子:将 1 个,车、马、炮、象、士各 2 个,卒 5 个。

对局时,由执红棋的一方先走,双方轮流各走一着,直至分出胜、负、和,对局即结束。走棋的一方将某个棋子从一个交叉点走到另一个交叉点,或者吃掉对方的棋子而占领其交叉点,都算走了一着。双方各走一着,称为一个回合。

具体行棋规则如下。

- 帅(将)每一着只许走一步,前进、后退、横走都可以,但不能走出"九宫"。将和帅不准在同一直线上直接对面,如一方已先占据,另一方必须回避。
- 士每一着只许沿"九宫"斜线走一步,可进可退。
- 相(象)不能越过"河界",每一着斜走两步,可进可退,即俗称"相(象)走田字"。当田字中心有别的棋子时,俗称"塞(相)象眼",则不许走过去。
- 马每一着走一直(或一横)一斜,可进可退,即俗称"马走日字"。如果在要去的方向有别的棋子挡住,俗称"蹩马腿",则不许走过去。
- 车每一着可以直进、直退、横走,不限步数。
- 炮在不吃子的时候,走法同车一样。
- 兵(卒)在没有过"河界"前,每一着只许向前直走一步;过"河界"后,每一着可向前直走或横走一步,但不能后退。
- 走一着棋时,如果己方棋子能够走到的位置有对方棋子存在,就可以把对方棋子吃掉而占领那个位置。只有炮吃子时必须隔一个棋子(无论是哪一方的)跳吃,即俗称"炮打隔子"。
- 除帅(将)外,其他棋子都可以听任对方吃,或主动送吃。吃子的一方,必须立即把被吃掉的棋子从棋盘上拿走。

● 一方的棋子攻击对方的帅（将），并在下一着要把它吃掉，称"将"。被"将"的一方必须立即"应将"，即用自己的着法去化解被"将"的状态。如果被"将"而无法"应将"，就算被"将死"。轮到走棋的一方，无子可走，就算被"困毙"。

2. 象棋游戏所需功能分析

当开发象棋游戏系统时，需要使用计算机模拟象棋对弈的过程。象棋游戏系统应实现如下的基本功能。

● 开局和重新开局功能。
● 悔棋功能。
● 判定胜负功能。
● 棋子控制移动功能，包括移动和吃子。

从用户使用时的体验角度看，象棋游戏系统还应实现如下的辅助性功能。

● 当前激活棋子提示。
● 红黑方行棋提示。

12.1.2 中国象棋游戏程序的结构设计

根据之前象棋游戏的规则分析和程序系统的功能分析，进行如下的程序结构设计。可将象棋游戏程序结构分为 3 个部分，如表 12-1 所示。

表 12-1 象棋游戏程序结构设计

模块名称	模块的功能说明
通用模块	系统管理控制模块
实体模块	系统实体类模块，如棋子、位置等
窗体模块	系统内窗体类相关模块

根据象棋游戏程序的结构设计，可以进一步规划在 Java 程序中的包和类的名称。程序主要由 3 个包及其下类所组成，如图 12-2 所示。

图 12-2 程序中的包和类

程序中各包所包含的类功能说明如表 12-2 所示。

表 12-2 程序中各包所包含的类的功能说明

包名称	类名称	类的功能说明
com.chess.common	SysManager	系统启动类
com.chess.entity	ChessMap	棋盘类
	Position	位置类
	Chess	棋子父类
	BlackChe	黑车
	BlackMa	黑马
	BlackXiang	黑象
	BlackShi	黑士
	BlackJiang	黑将
	BlackZu	黑卒
	BlackPao	黑炮
	RedChe	红车
	RedMa	红马
	RedXiang	红相
	RedShi	红士
	RedJiang	红将
	RedZu	红卒
	RedPao	红炮
com.chess.form	MainForm	主窗口

程序中所需的图片素材如图 12-3 所示。相关的素材图片，读者可以在本书配套的资源库中获得或自行准备。

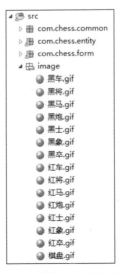

图 12-3 程序中所需的图片素材

任务 12.2 项目的功能实现

项目的功能实现

本任务讲解项目的功能实现，主要包括象棋游戏项目中通用模块的实现，实体模块中各个主要类的实现，窗口模块的实现以及项目的运行与发布方式。因为本书篇幅所限，本任务中不展示所有的代码，只进行核心代码的讲解和展示。读者可以在本书配套的资源库中获得象棋游戏项目全部的完整演示代码。

12.2.1 通用模块的实现

通用模块中只有一个 SysManager 类，用于启动程序。其代码如下。

```java
package com.chess.common;
import com.chess.form.MainForm;
/*
 * 启动类
 */
public class SysManager{
    public static void main(String []args){
        new MainForm("中国象棋游戏程序");
    }
}
```

该代码只是简单地包含 main()方法，其中实例化了一个 MainForm 主窗口对象，并传递了参数"中国象棋游戏程序"。

12.2.2 实体模块的实现

1. ChessMap 类

ChessMap 类是棋盘类，其代码如下。

```java
package com.chess.entity;
import javax.swing.Icon;
import javax.swing.JLabel;
public class ChessMap extends JLabel{
    public ChessMap(){
        super();
    }
    public ChessMap(Icon i){
        super(i);
        this.setBounds(0, 30, 558, 620);
    }
}
```

ChessMap 类继承 JLabel 类，在其构造方法 ChessMap(Icon i)中，设置了当前棋盘的大小，宽为 558 像素，高为 620 像素。

2. Position 类

Position 类是位置类，其代码如下。

```java
package com.chess.entity;
public class Position{
    private int x;
    private int y;
```

```
    public int getX(){
        return x;
    }

    public int getY(){
        return y;
    }

    public void setX(int value){
        x = value;
    }

    public void setY(int value){
        y = value;
    }

    public  Position(){

    }

    public Position(int x, int y){
        this.x = x;
        this.y = y;
    }
}
```

Position 类的 2 个成员变量分别代表当前坐标位置的横坐标和纵坐标。

3. Chess 类

Chess 类是所有棋子类型的父类，其代码如下。

```
package com.chess.entity;
import javax.swing.Icon;
import javax.swing.JLabel;
public class Chess extends JLabel implements Cloneable{
    private int index;
    public Chess(){
        super();
    }
    public Chess(Icon i){
        super(i);
    }
    public int getIndex(){
        return index;
    }
    public void setIndex(int index){
        this.index = index;
    }
    public boolean move(Position v,Chess q[]){
        return true;
    }
    public boolean eat(Chess other,Chess q[],Position v){
        return true;
    }
```

```
public Object clone(){
  Object obj=null;
  try{
   obj=(Chess)super.clone();
  }
  catch(CloneNotSupportedException e){
      System.out.println(e.toString());
  }
  return obj;
 }
}
```

Chess 类继承 JLabel 类，同时实现了 Cloneable 接口。Cloneable 接口是 Java 系统环境下的标记接口，规定了对象复制的接口标准。Cloneable 接口中提供的 clone() 方法是产生复制对象的核心方法。Chess 类中实现的 clone() 方法实现了深层复制。

Chess 类中包含 index 属性，该属性用来标记棋子的顺序，具有唯一性。

4. 棋子的行棋和吃子方法

下面以"马"这个棋子为例，介绍棋子的行棋和吃子方法。

（1）"马"的行棋

"马"的行棋路线如图 12-4 所示，有如下几种：上移左边、左移上边、下移右边、上移右边、下移左边、右移上边、右移下边、左移下边。

"马"的行棋路线是走一个"日"字。图 12-4 中标记的点都可能成为"马"落子的位置。但是，"马"走"日"是有前提条件的：首先，落子点上不能有己方的棋子；其次，落子点的对边中点上不能有棋子。

例如，在图 12-5 中，红马上方的位置相对于 A 点为对边中点，但该位置上存在棋子（红兵），所以在这种情况下红马不能走到 A 点位置。C 点位置上明显存在红方自己的兵，所以红马也不能走到 C 点位置。而 B 点位置上不存在己方的棋子，B 点的对边中点上也无棋子，所以红马可以走到 B 点位置。

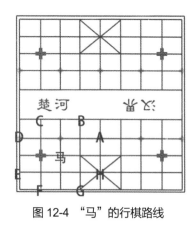

图 12-4 "马"的行棋路线   图 12-5 "马"的行棋路线有其他字的情况

一般情况下马行棋的约束条件如下。

- 目标点不能存在己方的棋子。
- 不能在目标点的对边中点有棋子，无论是己方的棋子还是对方的棋子。

- 不能超出棋盘边界。
- 走棋为"日"字。

前文已经提到了上述条件中的前两点，第三点容易被忽略，第四点是关键。

设置如下变量，变量 a 代表棋子半径，变量 b 代表一格（"口"字形方格）的边长，(x,y)代表"马"当前的位置。以图 12-5 为例，计算红马移动到 B 点时的坐标(Bx,By)。可知，Bx=x+2b，By=y+b。注意：y 轴数值沿向下的方向递增，这点与数学坐标系相反。

因为鼠标单击事件传递坐标位置(Xnew,Ynew)，按照上述约束条件的倒序进行判定。

- 判定坐标是否能够构成"日"字。
- 判定是否超出棋盘边界。
- 不能在目标点的对边中点有棋子，无论是己方的棋子还是对方的棋子。
- 目标点不能存在己方的棋子。

下面以图 12-4 中的 B 点为例，分析红马行棋至 B 点位置的算法过程。

首先分析一下基本移动行为的计算过程。

① 判定坐标是否能够构成"日"字。棋子向右下方移动时，鼠标传递的 y 轴坐标差应该大于一个基本值，设单元格长度为 distance，此时 y 轴坐标差小于一个棋子的直径+distance；鼠标传递的 x 轴坐标差大于一个棋子的直径+distance，但小于一个棋子的直径+distance×2。

② 计算落子点坐标。轮询棋子所在 x 轴、y 轴边界值范围内的所有落子点坐标，找出最接近鼠标单击位置的坐标位置。在这一步可以设定一个基本值，作为判定是否接近的依据。一般这个值设为棋子宽度的一半或者接近一半。

③ 判断是否会"蹩马脚"。轮询所有可见棋子与当前红马位置的 x 轴坐标差，当差为一个方格的边长，且此时 y 轴坐标差为 0 时，表示有一个棋子在红马的正右方，则此时不能向右下方移动红马。

上述过程的实现代码段如下。

```
else if (v.getY() - this.getY() >= 30
&& v.getY() - this.getY() <= 87
        && this.getX() - v.getX() <= 141
&& this.getX() - v.getX() >= 87 ){
    for (int i=56;i<=571;i+=57){
        if (i - v.getY() >= -27 && i - v.getY() <= 27){
            Ey = i;
        }
    }
    for (int i=24;i<=480;i+=57){
        if (i - v.getX() >= -55 && i-v.getX() <= 0){
            Ex = i;
        }
    }
    for (int i=0;i<32;i++){
        if (q[i].isVisible() && this.getY() - q[i].getY() == 0
                && this.getX() - q[i].getX() == 57 ){
            Move = 1;
            break;
        }
    }
```

```
if (Move == 0){
    this.setBounds(Ex,Ey,55,55);
    return true;
}
}
```

以上代码段只是红马移动行为实现代码的一部分。代码中首先判断红马是否近似"日"字形向右下方向移动，之后找到目标位置的坐标，然后判断红马正右方是否存在棋子，即是否"蹩马腿"。如果没有"蹩马腿"，就设置标记变量 Move 为 1，接下来通过 JLabel 的方法 setBounds()重置位置到目标位置处。

下面来看红马向左上方移动的实现代码段，具体如下。

```
if (this.getX() - v.getX() >= 2
&& this.getX() - v.getX() <= 57
        && this.getY() - v.getY() >= 87
        && this.getY() - v.getY() <= 141){
    for (int i=56;i<=571;i+=57){
        if (i - v.getY() >= -27 && i - v.getY() <= 27){
            Ey = i;
            break;
        }
    }
    for (int i=24;i<=480;i+=57){
        if (i - v.getX() >= -55 && i-v.getX() <= 0){
            Ex = i;
            break;
        }
    }
    for (int i=0;i<32;i++){
        if (q[i].isVisible() && this.getX() - q[i].getX() == 0
                && this.getY() - q[i].getY() == 57 ){
        Move = 1;
        break;
        }
    }
    if (Move == 0){
        this.setBounds(Ex,Ey,55,55);
        return true;
    }
}
```

上面两段代码段的不同之处在于判断是否"蹩马腿"的部分。对向左上方移动红马而言，需要判断红马正上方是否存在棋子。对于其他方向的移动，这里不重复描述，请读者参考本书配套的资源库中的完整案例代码加以实现。

（2）"马"的吃子

下面来看一下"马"吃子的规则，具体如下。

- 被吃子必须是对方的棋子。
- 要判断是否存在"蹩马腿"的情况。
- 要设置被吃子的显示属性。
- 要将"马"的位置移动到被吃子的位置。

"马" 吃子的代码如下。

```
public boolean eat(Chess other,Chess q[],Position e){
    int Move=0;
    boolean Chess=false;
    if (this.getName().charAt(1)!=other.getName().charAt(1)
            && this.getX() - other.getX() == 57
            && this.getY() - other.getY() == 114 ){
        for (int i=0;i<32;i++){
            if (q[i].isVisible() && this.getX() - q[i].getX() == 0
                && this.getY() - q[i].getY() == 57){
                    Move = 1;
                    break;
                }
        }
        Chess = true;
    }
    else if (this.getY() - other.getY() == 114 && other.getX() - this.getX() ==
57 ){
        for (int i=0;i<32;i++){
            if (q[i].isVisible() && this.getX() - q[i].getX() == 0
                && this.getY() - q[i].getY() == 57){
                Move = 1;
                break;
            }
        }
        Chess = true;
    }
    else if (this.getY() - other.getY() == 57 && this.getX() - other.getX() ==
114 ){
        for (int i=0;i<32;i++){
            if (q[i].isVisible() && this.getY() - q[i].getY() == 0
                && this.getX() - q[i].getX() == 57){
                Move = 1;
                break;
            }
        }
        Chess = true;
    }
    else if (other.getY() - this.getY() == 57 && this.getX() - other.getX() ==
114 ){
        for (int i=0;i<32;i++){
            if (q[i].isVisible() && this.getY() - q[i].getY() == 0
                && this.getX() - q[i].getX() == 57){
                Move = 1;
                break;
            }
        }
        Chess = true;
    }
    else if (this.getY() - other.getY() == 57 && other.getX() - this.getX() ==
114 ){
        for (int i=0;i<32;i++){
```

```
        if (q[i].isVisible() && this.getY() - q[i].getY() == 0 && q[i].getX() -
this.getX() == 57){
                Move = 1;
                break;
            }
        }
        Chess = true;
    }
    else if (other.getY() - this.getY() == 57  && other.getX() - this.getX() ==
114 ){
        for (int i=0;i<32;i++){
            if (q[i].isVisible() && this.getY() - q[i].getY() == 0 && q[i].getX() -
this.getX() == 57){
                Move = 1;
                break;
            }
        }
        Chess = true;
    }
    else if (other.getY() - this.getY() == 114 && this.getX() - other.getX() ==
57 ){
        for (int i=0;i<32;i++){
            if (q[i].isVisible() && this.getX() - q[i].getX() == 0
                    && this.getY() - q[i].getY() == -57 ){
                Move = 1;
                break;
            }
        }
        Chess = true;
    }
    else if (other.getY() - this.getY() == 114 && other.getX() - this.getX() ==
57){
        for (int i=0;i<32;i++){
            if (q[i].isVisible() && this.getX() - q[i].getX() == 0
                    && this.getY() - q[i].getY() == -57 ){
                Move = 1;
                break;
            }
        }
        Chess = true;
    }
    if (Chess && Move == 0
            && other.getName().charAt(1) != this.getName().charAt(1)){

        other.setVisible(false);
        this.setBounds(other.getX(),other.getY(),55,55);
        return true;
    }
    return false;
}
```

  eat 方法传递的第一个参数就是被吃子的对象的引用。eat 方法中设置了移动标记 Chess 和障碍标记 Move。代码中首先判断吃子是否能够移动一个"日"字路径，如果是"日"字路径，则设置 Chess 为 true。如果存在"蹩马腿"的情况，则设置 Move 为 1。其他棋子的吃子过程与此类似，这里不重复描述，请读者参考本书配套的资源库中的完整案例代码加以实现。

12.2.3　窗口模块的实现

窗口模块是关键模块。此模块下只有一个 MainForm 类，该类需要实现的功能如下。

- 建立按钮，响应用户操作，包括"新游戏"按钮、"悔棋"按钮和"退出"按钮。
- 建立坐标系，显示棋盘和棋子。
- 响应用户的鼠标操作。
- 根据用户的鼠标操作数据，判断棋子移动和吃子。
- 根据象棋规则，判断输赢。
- 显示提示用户操作的信息。

MainForm 类包含的成员变量如下。

```
Chess chess[] = new Chess[32];
ChessMap cm;
Container con;
JToolBar jtbMain;            //工具栏
JButton jbNew;               //新游戏按钮
JButton jbRepent;            //悔棋按钮
JButton jbExit;              //退出按钮
JLabel jlMsg;                //提示文本
Vector<Chess> var;           //线程
boolean chessClick;          //Chess 闪动
int chessPlayerClick = 2;    //1 表示黑棋走棋；2 表示红棋走棋；3 表示双方暂停
Thread tMain;
static int Man,I;
```

Chess 类型的数组 chess[]用于存储黑红双方的所有棋子。Vector 类型的变量 var 用于记录行棋步骤。Thread 类型的 tMain 用于控制棋子闪烁。Man 和 I 是两个静态变量，用于轮询棋子。

1. MainForm 类的初始化

所有的初始化工作集中在构造方法中。构造方法有两个职责：一个是对棋子和内部变量进行初始化；另一个是对窗口进行初始化。构造方法的代码如下。

```
public MainForm(String title){
    con = this.getContentPane();
    con.setLayout(null);//容器布局
    var = new Vector<Chess>();
    jtbMain = new JToolBar();
    jlMsg = new JLabel("中国象棋");
    jlMsg.setToolTipText("信息提示");
    jbNew = new JButton("新游戏");
    jbNew.setToolTipText("重新开始");
    jbExit = new JButton("退出");
    jbExit.setToolTipText("退出象棋");
```

```
        jbRepent = new JButton("悔棋");
        jbRepent.setToolTipText("返回");
        jtbMain.setLayout(new GridLayout(0,4));  //工具栏的布局为网格布局
        //向工具栏加入元素
        jtbMain.add(jbNew);
        jtbMain.add(jbRepent);
        jtbMain.add(jbExit);
        jtbMain.add(jlMsg);
        jtbMain.setBounds(0,0,558,30);                //设置边界，从 x=0、y=0 开始，宽为 558 像
素，高为 30 像素
        con.add(jtbMain);                             //向容器中加入工具栏
        addChess();
        jbNew.addActionListener(this);               //添加开始新游戏的事件监听
        jbRepent.addActionListener(this);            //添加悔棋的事件监听
        jbExit.addActionListener(this);              //添加退出游戏的事件监听
        for(int i=0;i<32;i++){
            //将 32 颗棋子放入数组中
            con.add(chess[i]);
            chess[i].addMouseListener(this);         //添加鼠标单击事件
        }
con.add(cm = new ChessMap(new ImageIcon(getImage("image/棋盘.gif"))));
//导入棋盘图片
cm.addMouseListener(this);                           //添加鼠标单击事件
this.addWindowListener(new WindowAdapter(){
        public void windowClosing(WindowEvent we){
            System.exit(0);                          //关闭窗体时退出游戏
        }
});
Dimension screenSize = Toolkit.getDefaultToolkit().getScreenSize();
//得到屏幕容积大小（Toolkit 为工具包）
Dimension frameSize = this.getSize();
if(frameSize.height > screenSize.height){
        frameSize.height = screenSize.height;
}
if(frameSize.width > screenSize.width){
        frameSize.width = screenSize.width;
}
this.setLocation(
        (screenSize.width-frameSize.width)/2 - 280,
        (screenSize.height-frameSize.height)/2 - 350
);
this.setResizable(false);               //设置尺寸不可变
this.setIconImage(getImage("image/红将.gif"));
this.setTitle(title);
this.setSize(558, 670);//设置窗体大小
this.setVisible(true);
}
```

初始化程序首先初始化了 3 个按钮并将按钮加载到窗口中。其次执行了 addChess( )方法，该方法负责添加各个棋子。接着给各按钮和棋子添加鼠标事件监听。然后开始初始化棋盘。先设置窗口的背景图，之后添加鼠标事件监听，接着设置窗口关闭事件监听，然后根据屏幕大小设置窗口大小，并设置启动窗口位置，最后设置窗口的一些属性。

在初始化方法中引用的 addChess()方法的部分代码如下。

```
public void addChess(){
    //流程控制
    int i,k;
    //图标
    Icon in;
    //黑色棋子
    //车
    in = new ImageIcon(getImage("image/黑车.gif"));
    for (i=0,k=24;i<2;i++,k+=456){
        chess[i] = new BlackChe(in);
        chess[i].setBounds(k,56,55,55);
        chess[i].setName("车1");
        chess[i].setIndex(i);
    }
    //马
    in = new ImageIcon(getImage("image/黑马.gif"));
    for (i=4,k=81;i<6;i++,k+=342){
        chess[i] = new BlackMa(in);
        chess[i].setBounds(k,56,55,55);
        chess[i].setName("马1");
        chess[i].setIndex(i);
    }
    ......
```

这部分程序代码依次初始化黑红双方的棋子，设置棋子大小和位置。最关键的是设置了棋子的 Index 属性。其中使用父类引用指向了子类实例，如 chess[i] = new BlackMa(in)。完整的程序代码请读者参考本书配套的资源库中的项目案例代码。

2. 鼠标事件处理

在行棋过程中，黑红双方通过鼠标单击需要行棋的棋子，这一部分由鼠标事件监听方法完成。棋子第一次被单击时，将触发线程 tMain 启动，其代码如下。

```
public void run() {
    while (true){
        //棋子被第一次单击后开始闪烁
        if (chessClick){
            chess[Man].setVisible(false);
            //时间控制
            try{
                tMain.sleep(200);
            }
            catch(Exception e){
            }
```

```
                chess[Man].setVisible(true);
            }
            //闪烁当前提示信息，以免用户看不见
            else {
                jlMsg.setVisible(false);
                //时间控制
                try{
                    tMain.sleep(250);
                }
                catch(Exception e){
                }
                jlMsg.setVisible(true);
            }
            try{
                tMain.sleep(350);
            }
            catch (Exception e){
            }
        }
    }
}
```

上述代码先对变量 chessClick 进行判断，此变量表示棋子是否为首次被单击。然后通过线程休眠的方式，不断切换棋子的可显示性。切换的时间间隔为 200 ms 左右，所以棋子呈现闪烁的效果。系统同时控制信息提示标签控件的可显示性，使得信息提示标签呈现闪烁的效果。

鼠标事件监听响应方法开始部分的代码如下。

```
public void mouseClicked(MouseEvent e) {
    //当前坐标
    int Ex=0,Ey=0;
    Chess cTemp,cEat;
    //启动线程
    if (tMain == null){
        tMain = new Thread(this);
        tMain.start();
    }
```

程序先判定 tMain 是否为空，如果为空，则初始化并启动线程。对于 MouseEvent 类型的参数，可使用内置的方法 getSource()返回事件源。鼠标事件可能发生在棋子上，也可能发生在棋盘上。若 chessClick 为 true，则证明已有棋子选中，之后利用 getSource()来区分是单击了棋盘还是棋子，如果是棋盘，则说明是被选中的棋子将要做移动操作；如果是其他棋子，则说明将要发生吃子操作。

单击棋盘的代码如下。

```
if (e.getSource().equals(cm)){
    //该红棋走棋的时候
    if (chessPlayerClick == 2 && chess[Man].getName().charAt(1) == '2'){
        Ex = chess[Man].getX();
        Ey = chess[Man].getY();
        //移动卒、兵
        if (Man > 15 && Man < 26){
```

```
        RedZu rz = (RedZu)chess[Man];
        cTemp = (Chess)(rz.clone());
        if(rz.move(new Position(e.getX(),e.getY()),chess)){
            var.add(cTemp);
        }
    }
    //移动炮
    else if (Man > 25 && Man < 30){
        RedPao rp = (RedPao)chess[Man];
        cTemp = (Chess)(rp.clone());
        if(rp.move(new Position(e.getX(),e.getY()),chess)){
            var.add(cTemp);
        }
    }
```

上述程序先判断事件源是否为棋盘，之后系统根据坐标位置判断是选中红棋还是选中黑棋，如果是红棋，则先保存选中棋子的坐标，然后根据选中棋子的下标，转化棋子到子类，再执行 move()方法。

最后要判断是否有移动，如果没有移动，则需要回复提示信息，继续让行棋的一方选择棋子，相关代码如下。

```
if (Ex == chess[Man].getX() && Ey == chess[Man].getY()){
    jlMsg.setText("            黑棋走棋");
    chessPlayerClick=1;
}else {
    jlMsg.setText("              红棋走棋");
    chessPlayerClick=2;
}
```

如果单击的是棋子而非棋盘，代码如下。

```
//第一次单击棋子（闪烁棋子）
if (!chessClick){
    for (int i=0;i<32;i++){
        //被单击的棋子
        if (e.getSource().equals(chess[i])){
            //告诉线程让该棋子闪烁
            Man=i;
            //开始闪烁
            chessClick=true;
            break;
        }
    }//for
}//if
//第二次单击棋子（吃棋子）
else if (chessClick){
//当前没有操作（停止闪烁）
    chessClick=false;
    for (I=0;I<32;I++){
        //找到被吃的棋子
        if (e.getSource().equals(chess[I])){
```

```
                        //该红棋吃棋的时候
                        if (chessPlayerClick == 2 && chess[Man].getName().charAt(1) == '2'){
                            Ex = chess[Man].getX();
                            Ey = chess[Man].getY();
                            //卒、兵吃规则
                            if (Man > 15 && Man < 26){
                                RedZu rz = (RedZu)chess[Man];
                                cTemp = (Chess)rz.clone();
                                if(rz.eat(chess[I],chess,new Position(e.getX(),e.getY()))){
                                    var.add(cTemp);
                                    cEat = (Chess)chess[I].clone();
                                    var.add(cEat);
                                }
                            }
                        }
```

在以上代码中，先判断是第一次单击棋子还是第二次单击棋子。如果是第一次单击，则设置变量 chessClick 为 true，同时设置 Man 为选中棋子下标，这将造成当线程 tMain 运行时引发闪烁。如果是第二次单击，首先将 chessClick 设置为 false，然后找到被吃的棋子，调用棋子的 eat()方法完成吃子操作。

棋子移动和吃子操作都在 MainFrom 的事件响应方法中完成。

胜负判断的实现代码如下。

```
//是否胜利
if (!chess[31].isVisible()){
    JOptionPane.showConfirmDialog(
this,"黑棋胜利","玩家一胜利",
        JOptionPane.DEFAULT_OPTION,JOptionPane.WARNING_MESSAGE);
    //双方都不可以再走棋
    chessPlayerClick=3;
    jlMsg.setText(" 黑棋胜利");
}//if
else if (!chess[30].isVisible()){
    JOptionPane.showConfirmDialog(
        this,"红棋胜利","玩家二胜利",
        JOptionPane.DEFAULT_OPTION,JOptionPane.WARNING_MESSAGE);
    chessPlayerClick=3;
    jlMsg.setText(" 红棋胜利");
}//else if
```

如上述代码所示，判断胜负时，只要判断下标为 30、31 的棋子的可见性，即可得知胜负关系。

上面为了便于讲解程序代码，只给出了部分代码段，完整的程序代码请读者参考本书配套的资源库中的项目案例代码。

3. 按钮事件处理

下面介绍事件处理方法 actionPerformed()，它是 MainForm 窗体中按钮的事件处理方法。其处理流程如下。

- 判断事件源，如果是"新游戏"按钮，则重新排列棋子，将棋盘设置为初始状态。

- 如果是"悔棋"按钮，则棋子回到上一步位置。
- 如果是"退出"按钮，则退出程序。

① "新游戏"按钮的实现代码如下。

```
public void actionPerformed(ActionEvent e){
  if (e.getSource().equals(jbNew)){
    int i,k;
    //重新排列每个棋子的位置
    //黑色棋子
    //车
    for (i=0,k=24;i<2;i++,k+=456){
        chess[i].setBounds(k,56,55,55);
    }
    //马
    for (i=4,k=81;i<6;i++,k+=342){
        chess[i].setBounds(k,56,55,55);
    }
    //象
    for (i=8,k=138;i<10;i++,k+=228){
        chess[i].setBounds(k,56,55,55);
    }
    //士
    for (i=12,k=195;i<14;i++,k+=114){
        chess[i].setBounds(k,56,55,55);
    }
    //卒
    for (i=16,k=24;i<21;i++,k+=114){
        chess[i].setBounds(k,227,55,55);
    }
    //炮
    for (i=26,k=81;i<28;i++,k+=342){
        chess[i].setBounds(k,170,55,55);
    }
    //将
    chess[30].setBounds(252,56,55,55);
    //红色棋子
    //车
    for (i=2,k=24;i<4;i++,k+=456){
        chess[i].setBounds(k,569,55,55);
    }
    //马
    for (i=6,k=81;i<8;i++,k+=342){
        chess[i].setBounds(k,569,55,55);
    }
    //相
    for (i=10,k=138;i<12;i++,k+=228){
        chess[i].setBounds(k,569,55,55);
    }
```

```
    //士
    for (i=14,k=195;i<16;i++,k+=114){
        chess[i].setBounds(k,569,55,55);
    }
    //卒
    for (i=21,k=24;i<26;i++,k+=114){
        chess[i].setBounds(k,398,55,55);
    }
    //炮
    for (i=28,k=81;i<30;i++,k+=342){
        chess[i].setBounds(k,455,55,55);
    }
    //帅
    chess[31].setBounds(252,569,55,55);
    chessPlayerClick = 2;
    jlMsg.setText("            红棋走棋");
    for (i=0;i<32;i++){
        chess[i].setVisible(true);
    }
    //清除 Vector 中的内容
    var.clear();
}
```

以上程序代码通过 ActionEvent 参数的 getSource()方法的返回结果，对事件源对象进行判断。如果是"新游戏"按钮，则重新排列每个棋子的位置，回到各棋子的初始状态。

② "退出"按钮的实现代码如下。

```
// "退出"按钮
else if (e.getSource().equals(jbExit)){
int j=JOptionPane.showConfirmDialog(
        this,"真的要退出吗?","退出",
        JOptionPane.YES_OPTION,JOptionPane.QUESTION_MESSAGE);
    if (j == JOptionPane.YES_OPTION){
        System.exit(0);
    }
}
```

③ "悔棋"按钮的实现代码如下。

```
// "悔棋"按钮
else if (e.getSource().equals(jbRepent)){
try{
        Chess temp = (Chess)(var.get(var.size()-1));
        //获得 x 坐标
        int x = temp.getX();
        //获得 y 坐标
        int y = temp.getY();
        //获得下标
        int i = temp.getIndex();
        //赋给棋子
        chess[i].setBounds(x,y,55,55);
```

```
    if(((Chess)chess[i]).isVisible() == false){
        chess[i].setVisible(true);
        var.remove(var.size()-1);
        temp = (Chess)(var.get(var.size()-1));
        x = temp.getX();
        //获得 y 坐标
        y = temp.getY();
        //获得下标
        i = temp.getIndex();
        chess[i].setBounds(x,y,55,55);
    }
    if (chess[i].getName().charAt(1) == '1'){
        jlMsg.setText("              黑棋走棋");
        chessPlayerClick = 1;
    }
    else{
        jlMsg.setText("              红棋走棋");
        chessPlayerClick = 2;
    }
    //删除用过的坐标
    var.remove(var.size()-1);
    //停止旗子闪烁
    chessClick=false;
    }
    catch(Exception ex){
    }
}
```

实现悔棋操作的关键是操作变量 var 的使用。var 中存储了每一步棋子的操作过程。所有棋子的 move()和 eat()方法的返回值类型都为 boolean 类型。如果移动或吃子成功则返回 true，否则返回 false。可以将当前移动的棋子的克隆结果或被吃的棋子存储在变量 var 中。当有人需要悔棋时，单击"悔棋"按钮，系统将从 var 的底端取值，然后根据取值结果逐一还原。

例如，新游戏开始后，红炮先吃了黑马，结果如图 12-6 所示。

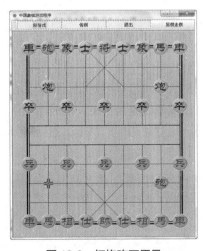

图 12-6　红炮吃了黑马

271

红炮"吃子"操作的实现代码如下。

```
//炮吃规则
else if (Man > 25 && Man < 30){
    RedPao rp = (RedPao)chess[Man];
    cTemp = (Chess)rp.clone();

    if(rp.eat(chess[I], chess,new Position(e.getX(),e.getY()))){
        var.add(cTemp);
        cEat = (Chess)chess[I].clone();
        var.add(cEat);
    }
}
```

设置临时变量 cTemp，保存红炮的克隆版本，接着执行红炮的 eat( )方法，其实现代码如下。

```
public boolean eat(Chess other,Chess q[],Position v){
    int Count = 0;
    if (this.getX() - other.getX() <= 0&& this.getX() - other.getX() >= -55){
        for (int j=0;j<32;j++){
            if (q[j].getX() - this.getX() >= -27 && q[j].getX() - this.getX() <= 27
&& q[j].getName()!=this.getName() && q[j].isVisible()){
                for (int k=this.getY()+57;k<other.getY();k+=57){
                    if (q[j].getY() < other.getY() && q[j].getY() > this.getY()){
                        Count++;
                        break;
                    }
                }
                for (int k=other.getY();k<this.getY();k+=57){
                    if (q[j].getY() < this.getY() && q[j].getY() > other.getY()){
                        Count++;
                        break;
                    }
                }
            }
        }
    }
}
```

eat()方法成功完成吃子操作后，将返回 true，否则返回 false。如果返回结果是 true，则将 cTemp 存入预置的 var 中，然后将被吃子的克隆对象也存入 var 中。之后，如果用户单击"悔棋"按钮，即可执行悔棋操作。

执行悔棋代码时，先从 var 队尾取出棋子对象，查看其是否为不可见。如果棋子为不可见，说明其属于被吃子，则将该棋子设置为可见。同时删除队尾对象，之后从 var 队尾取对象，从当前可见棋子中找到同队尾对象相同的棋子，然后将其位置设置为队尾棋子的位置。

4. 获取素材资源图片

getImage()方法用于获取包内素材资源图片，其实现代码如下。

```
public Image getImage(String filename) {
    URLClassLoader urlLoader = (URLClassLoader)this.getClass().getClassLoader();
    URL url = null;
    Image image = null;
    try {
```

```
    url = urlLoader.getResource(filename);
    image = Toolkit.getDefaultToolkit().getImage(url);
    MediaTracker mediatracker = new MediaTracker(this);
    mediatracker.addImage(image, 0);
    mediatracker.waitForID(0);
}
catch (InterruptedException _ex) {
    image = null;
}
catch(Exception _e){
    System.out.println(_e.getMessage());
}
return image;
}
```

因为本书篇幅所限，上面的讲解过程中，只给出了部分代码段，完整的程序代码请读者参考本书配套的资源库中的项目案例代码。

12.2.4 项目的运行与发布

1. 项目的运行

参照本书项目 1 中介绍过的 Eclipse 基本使用中运行 Java 程序的方式，找到本项目的系统启动类文件 SysManager.java，启动象棋游戏程序。

游戏程序启动后，主窗口的初始结果如图 12-7 所示。当红方移动红炮行棋后，结果如图 12-8 所示。

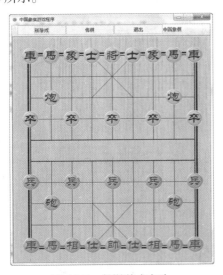
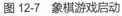

图 12-7　象棋游戏启动

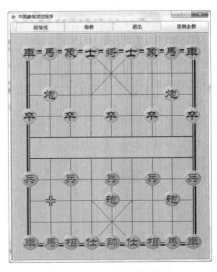

图 12-8　红方移动红炮后

当黑方将死红方，黑方获胜时，结果如图 12-9 所示。当用户单击"退出"按钮后，结果如图 12-10 所示。

2. 项目的发布

如果希望脱离集成开发环境的用户界面后，在 JDK 环境下依然可以进行项目程序的运行。这时就需要进行项目程序的发布操作了。

273

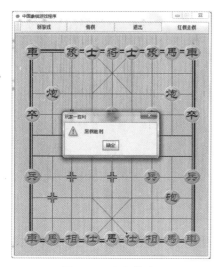

图 12-9　黑方获胜　　　　　　　　图 12-10　退出游戏

在 Eclipse 集成开发环境中发布项目程序的步骤如下。

① 在 Eclispe 的项目资源管理器中选中要发布的象棋游戏项目，用鼠标右键单击项目，在弹出的快捷菜单中选择 Export 命令。在打开的 Export 窗口中选择 JAR file 节点，如图 12-11 所示。单击 Next 按钮。

② 在打开的 JAR Export 窗口中，在 JAR file 文本框中输入 JAR 文件要保存的位置和名称，例如 "C:\ChessGame.jar"，结果如图 12-12 所示。单击 Next 按钮。

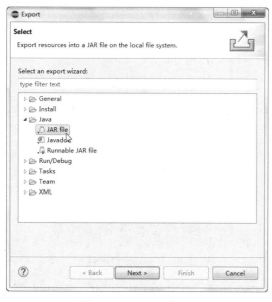

图 12-11　Export 窗口

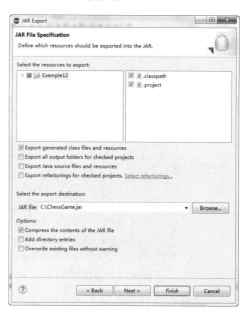

图 12-12　JAR Export 窗口

③ 进入 JAR Packaging Options 界面，如图 12-13 所示。单击 Next 按钮。

④ 进入 JAR Manifest Specification 界面，在 Main class 文本框中提供象棋游戏项目的主类名称，例如 "com.chess.common.SysManager"，结果如图 12-14 所示。

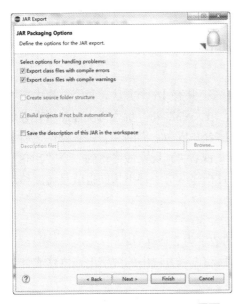

图 12-13 JAR Packaging Options 界面　　　图 12-14 JAR Manifest Specification 界面

⑤ 单击 Finish 按钮，生成象棋游戏项目的发布 JAR 文件。

⑥ 在已经配置了 JDK 环境变量的前提下（参见本教材项目 1 中的 JDK 环境变量的配置部分），选择 Windows 系统的"开始"按钮，在"搜索程序和文件"输入框中输入"cmd"命令，进入 Windows 系统的命令提示符窗口。在命令提示符窗口下进入 C 盘根目录，然后输入"java –jar ChessGame.jar"命令就可以启动象棋游戏项目了，如图 12-15 所示。

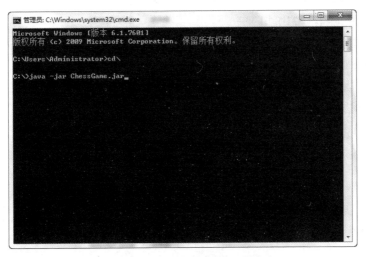

图 12-15 启动象棋游戏的 Java 命令

任务 12.3 拓展实践任务

本任务通过拓展实践任务，将前文介绍的 Java 程序开发的相关知识点结合起来进行应用。通过拓展实践任务，帮助读者强化语法知识点的实际应用能力，进一步熟悉 Java 程序的编写和运行过程。

拓展实践任务

12.3.1　2048 游戏的需求分析

本拓展实践任务将开发一个名为 2048 的桌面游戏。

1.　2048 游戏的规则分析

2048 游戏是一款非常有趣的益智类游戏，屏幕上共有 16 个方块，每个方块中有一个数字，数字全部为 2 的倍数，从 2、4、8、16 开始，最大到 2048。玩家每次控制所有方块向同一个方向运动，两个相同数字的方块撞在一起之后合并成为它们的和，每次操作之后会在空白的方格处随机生成一个方块，方块中的数字为 2 或者 4，玩家最终得到一个"2048"的方块就算胜利了。如果 16 个方块格子全部填满并且相邻的格子都不相同也就是无法移动，那么游戏失败并结束。

2048 游戏的规则描述如下。

- 开始时棋盘内随机出现两个数字，出现的数字为 2 或 4。
- 玩家可以选择上、下、左、右 4 个方向移动，若方块内的数字出现位移或合并，则视为有效移动。
- 玩家选择的方向上若有相同的数字则合并，每次有效移动可以同时合并，但不可以连续合并。
- 合并所得的所有新生成数字相加即该步的有效得分。
- 玩家选择的方向行或列前方有空格则出现位移。
- 每有效移动一步，有空位的方块（无数字处）随机出现一个数字（依然为 2 或 4）。
- 所有的方块被数字填满，无法进行有效移动，判负且游戏结束。
- 任意方块内出现 2048 数字，判胜且游戏结束。

2.　2048 游戏的系统功能分析

2048 游戏系统要实现的功能包括：游戏初始布局（16 个方块的生成和初始方块的生成）、方块的移动及合并、新方块的生成、游戏判断结束和记录得分等。

（1）游戏初始布局

需要为游戏生成一个 4×4 的 16 个方块的界面布局，作为游戏的主界面，玩家所有的操作控制全都在这 16 个方块内完成，如图 12-16 所示。

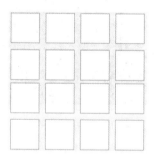

图 12-16　初始游戏布局

（2）方块的移动及合并

通过上、下、左、右或 W、S、A、D 键来控制方块的移动方向，并将数字相同的方块合并，每次有效移动可以同时合并，但是不可以连续合并。

（3）新方块的生成

每次完成有效的移动，在有空位的方块，也就是无数字的方块中随机出现一个数字，数字只能为 2 或 4 ，不能为其他数字。

（4）游戏判断结束

● 失败结束：所有的 16 个方块都被数字填满，且无法再进行有效的移动，此种情况下直接判负，游戏结束。

● 游戏胜出：任意一个方块内出现 2048，判胜，游戏结束。

（5）记录得分

● 记录历史得分：可以将历史最高分记录下来。

● 当前得分：记录当前玩家的得分。

● 得分规则：合并所得的所有新生成数字相加即该步的有效得分。

2048 游戏的计分规则非常简单，将能合并的两个数合并后，合并的结果为这一次合并玩家得到的分数。如果同时合并了两个方格，那么得分分别计算后再相加。

例如，把 1 个 2 和 1 个 2 合并，那么玩家得 4 分；把 1 个 4 和 1 个 4 合并，那么玩家得 8 分，以此类推。

如果同时合并了两个 2 和 2 ，那么玩家得(2+2)+(2+2)= 8 分。如果同时合并了 1 个 2 和 2 ，以及 1 个 8 和 8 ，那么玩家得(2+2)+(8+8)= 20 分，以此类推。

那么，如果合并到 2048，玩家得到的分数应该是多少呢？下面进行拆分。

$2048 = 1024 + 1024$

$1024 = 512 + 512$

$512 = 256 + 256$

$256 = 128 + 128$

$128 = 64 + 64$

$64 = 32 + 32$

$32 = 16 + 16$

$16 = 8 + 8$

$8 = 4 + 4$

所以，玩家至少得到的分数为：$2×1024 + 4×512 + 8×256 + 16×128 + 32×64 + 64×32 + 128×16 + 256×8 + 512×4 = 2048×9 = 18432$。

12.3.2 2048 游戏的功能实现

1．2048 游戏的核心方法描述

2048 游戏共涉及 5 个核心方法，分别为主界面窗口布局的方法、每步操作结束后产生新方块的方法、按键操作控制的方法、为不同数字方块设置不同颜色的方法和系统的主方法。核心方法功能描述如表 12-3 所示。

表 12-3 核心方法功能描述

方法名称	功能描述
Game2048()	默认构造方法，通过此方法，完成整个游戏主界面窗口的布局，包括 16 个方块和显示分值的区域等

方法名称	功能描述
Create2()	每次完成一步操作时，在有空位的方块也就是无数字的方块中随机出现一个为 2 的数字方块
LableKeyPressed(KeyEvent)	按键操作控制方法，当按上、下、左、右或 W、S、A、D 键时，触发执行的事件
setColor()	为不同数字的方块设置不同的颜色
main(String[])	系统主方法，应用程序的主入口

2．2048 游戏主界面窗口布局的方法

2048 游戏主界面窗口布局是通过 Game2048()方法来完成的，主要包括最高分区域、当前得分区域、初始 16 个方块的生成以及底部操作提示的绘制，2048 游戏主界面布局效果如图 12-17 所示。

图 12-17　2048 游戏主界面布局效果

因为本书篇幅所限，此处只给出了核心实现代码段，完整的程序代码请读者参考本书配套资源库中的项目案例代码。

```
super();
setResizable(false); //禁止调整窗体大小
getContentPane().setLayout(null); //设置空布局
setBounds(500, 50, 500, 615);
setDefaultCloseOperation(JFrame.EXIT_ON_CLOSE);
setTitle("2048 桌面小游戏"); //设置窗体标题
scoresPane = new JPanel(); //创建得分面板
scoresPane.setBackground(Color.green); //设置得分面板的背景色
scoresPane.setBounds(20, 20, 460, 40);
```

```
//设置得分面板的边框
scoresPane.setBorder(BorderFactory.createMatteBorder(2, 2, 2, 2, Color.YELLOW));
getContentPane().add(scoresPane); //将得分面板添加到窗体
scoresPane.setLayout(null); //设置得分面板空布局
labelMaxScores = new JLabel("最高分:"); //最高分标签
labelMaxScores.setFont(font); //设置字体类型和大小
labelMaxScores.setBounds(10, 5, 50, 30); //设置最高分标签的位置尺寸
scoresPane.add(labelMaxScores); //将最高分标签添加到得分容器中
textMaxScores = new JTextField("暂不可用"); //得分标签
textMaxScores.setBounds(60, 5, 150, 30);
textMaxScores.setFont(font);
textMaxScores.setEditable(false);
scoresPane.add(textMaxScores); //将得分标签添加到得分面板中
labelScores = new JLabel("得分:");
labelScores.setFont(font); //设置字体类型和大小
labelScores.setBounds(240, 5, 50, 30);
scoresPane.add(labelScores);
textScores = new JLabel(String.valueOf(scores));
textScores.setFont(font);
textScores.setBounds(290, 5, 150, 30);
scoresPane.add(textScores);
mainPane = new JPanel(); //创建游戏主面板
mainPane.setBounds(20, 70, 460, 500); //设置主面板位置尺寸
this.getContentPane().add(mainPane);
mainPane.setLayout(null); //设置空布局
texts = new JLabel[4][4]; //创建文本框二维数组
for(int i = 0; i < 4; i++){ //遍历数组,生成16个方块
for(int j = 0; j < 4; j++){
texts[i][j] = new JLabel(); //创建标签
texts[i][j].setFont(font2);
texts[i][j].setHorizontalAlignment(SwingConstants.CENTER);
texts[i][j].setText("");
texts[i][j].setBounds(120 * j, 120 * i, 100, 100); //设置方块的位置尺寸
setColor(i, j, "");
texts[i][j].setOpaque(true);
//设置方块边框颜色
texts[i][j].setBorder(BorderFactory.createMatteBorder(2, 2, 2, 2, Color.green));
mainPane.add(texts[i][j]); //将创建的文本框添加到面板中
}
}
tips = new JLabel("提示: 使用上、下、左、右键或者 W、S、A、D 键控制");
tips.setFont(font);
tips.setBounds(60,480,400,20);
mainPane.add(tips);
//为最高分标签添加按键监听器
textMaxScores.addKeyListener(new KeyAdapter(){
```

```
public void keyPressed( KeyEvent e){
LableKeyPressed(e); //调用事件处理方法
}
});
```

3. 2048 游戏空位方块产生的方法

空位方块产生是通过 Create2()方法来实现的，核心思路如下。

- 通过全局变量 times 记录当前可用的方块数，也就是空数字方块数，初始值为 16。
- 产生两个小于 4 的随机整数 i 和 j（范围为 0～3）。
- 获取上步方块上的文字，判断上面是否为空，如果为空则为空方块，可以使用，将 times 减 1；否则将继续循环执行以查找下一个空的方块位置，直至找到可用的空方块位置。
- l1、l2、l3、l4 这 4 个全局变量分别表示向上、向下、向左、向右是否可以移动，如果这 4 个变量全部为 1，则代表没有可能的空方块，游戏结束。

因为本书篇幅所限，此处只给出了核心实现代码段，完整的程序代码请读者参考本书配套资源库中的项目案例代码。

```
int i ,j;
boolean r = false;
String str;
if(times > 0){
while(!r){
i = random.nextInt(4);
j = random.nextInt(4);
str = texts[i][j].getText();
if((str.compareTo("") == 0)){
texts[i][j].setIcon(icon2);
texts[i][j].setText("2");
setColor(i, j, "2");
//当前空余的方块数
times --;
r = true;
l1 = l2 = l3 = l4 = 0;
}
}
}
//l1 到 l4 同时被键盘赋值为 1 说明任何方向键都不能产生新的数字 2，说明游戏失败
else if(l1 >0 && l2 >0 && l3 > 0 && l4 > 0){
tips.setText(" GAME OVER！");
}
```

4. 2048 游戏的按键操作控制方法

按键操作控制是通过 LableKeyPressed(KeyEvent)方法来实现的，通过按键的上、下、左、右操作来实现方块的移动和合并。

以下方法中通过 e.getKeyCode()方法来捕获键盘的输入，通过 switch 语句来对输入的左键和 A 键、右键和 D 键、上键和 W 键及下键和 S 键进行不同的处理。

因为本书篇幅所限，此处只给出核心实现代码段，完整的程序代码请读者参考本书配套资源库中的项目案例代码。

```
int code = e.getKeyCode(); //获取按键代码
int a ; //a 的引入是为了防止连加的情况出现
String str ;
String str1;
int num;
switch(code){
case KeyEvent.VK_LEFT:
case KeyEvent.VK_A: //如果按键代码是左方向键或者A键
for(int i = 0; i < 4; i++){
a = 5;
for(int k = 0; k < 3; k++){
for(int j = 1; j < 4; j++){ //遍历16个方块
str = texts[i][j].getText(); //获取当前方块标签文本字符
str1 = texts[i][j-1].getText(); //获取当前左1方块标签文本字符
if(str1.compareTo("") == 0){ //如果左1方块文本为空字符
texts[i][j-1].setText(str); //字符左移
setColor(i, j-1,str);
texts[i][j].setText(""); //当前方块字符置空
setColor(i, j, "");
}
//如果当前方块和左1方块文本字符相等
else if((str.compareTo(str1) == 0) && (j !=a) && (j != a-1)){
num = Integer.parseInt(str);
scores += num;
times ++;
str = String.valueOf(2 * num);
texts[i][j-1].setText(str); //左1方块文本字符变为两方块之和
setColor(i, j-1, str);
texts[i][j].setText(""); //当前方块字符置空
setColor(i, j, "");
a = j;
}
}
}
}
l1 = 1; //用于判断游戏是否失败
Create2();
break;
case KeyEvent.VK_RIGHT:
case KeyEvent.VK_D:
……
l2 = 1;
Create2();
break;
case KeyEvent.VK_UP:
case KeyEvent.VK_W:
……
l3 =1;
```

```
Create2();
break;
case KeyEvent.VK_DOWN:
case KeyEvent.VK_S:
……
l4 = 1;
Create2();
break;
default:
break;
}
textScores.setText(String.valueOf(scores));
```

5. 2048 游戏为方块设置颜色的方法

为方块设置颜色是通过 setColor()方法来实现的。为了区分各个数字不同的方块，系统为不同数字的方块定义了不同的颜色，如图 12-18 所示。

图 12-18　不同数字方块的颜色

因为本书篇幅所限，此处只给出核心实现代码段，完整的程序代码请读者参考本书配套资源库中的项目案例代码。

```
switch(str){
case "2":
    texts[i][j].setBackground(Color.yellow);
    break;
case "4":
    texts[i][j].setBackground(Color.red);
    break;
case "8":
    texts[i][j].setBackground(Color.pink);
    break;
case "16":
    texts[i][j].setBackground(Color.orange);
    break;
case "32":
    texts[i][j].setBackground(Color.magenta);
    break;
case "64":
    texts[i][j].setBackground(Color.LIGHT_GRAY);
    break;
case "128":
    texts[i][j].setBackground(Color.green);
    break;
case "256":
    texts[i][j].setBackground(Color.gray);
    break;
case "512":
    texts[i][j].setBackground(Color.DARK_GRAY);
    break;
```

```
case "1024":
    texts[i][j].setBackground(Color.cyan);
    break;
case "2048":
    texts[i][j].setBackground(Color.blue);
    break;
case "":
case "4096":
    texts[i][j].setBackground(Color.white);
    break;
default:
    break;
}
```

6. 2048 游戏程序的主方法

应用程序是通过主方法来启动执行的。因为本书篇幅所限，此处只给出核心实现代码段，完整的程序代码请读者参考本书配套资源库中的项目案例代码。

```
EventQueue.invokeLater(new Runnable(){
public void run(){
try{
Game2048 frame = new Game2048();
frame.setVisible(true);
}
catch(Exception e1){
e1.printStackTrace();
}
}
});
```

2048 游戏程序启动后的效果如图 12-19 所示。

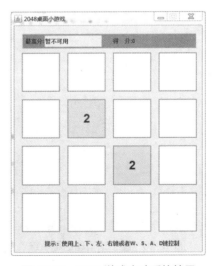

图 12-19 2048 游戏启动后的效果

项目小结

本项目首先讲解了中国象棋游戏的分析与设计，包括中国象棋游戏的需求分析以及项目程序的结构设计；然后讲解了中国象棋游戏项目的功能实现，包括通用模块的实现、实体模块的实现、窗口模块的实现以及项目的运行与发布；最后通过拓展实践任务 2048 游戏的实现，将前文介绍的知识点结合起来进行应用，帮助读者强化对相关知识点在实际项目开发中的灵活应用能力。

课后习题

1. 填空题

① 中国象棋棋子共有 32 个，分为红、黑两组，每组（　　）个棋子，各分（　　）种。

② 在中国象棋游戏项目中 SysManager 类的功能是（　　）。

2. 简答题

① 简述中国象棋游戏的基本规则。

② 简述 2048 游戏的基本规则。

3. 编程题

为方便对图书馆书籍，读者资料，借还书等进行高效的管理，请为图书馆开发图书馆管理信息系统程序，以提高图书馆的管理效率。

系统的功能包括书籍信息管理、读者信息管理、借阅管理和系统管理 4 个模块，系统的功能结构图如图 12-20 所示。（因本书篇幅所限，图书馆管理信息系统的开发说明文档和参考案例代码，请具体参见本书配套资源库中的课后习题答案部分）

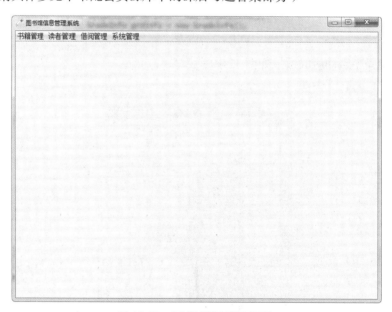

图 12-20　图书馆管理信息系统